中等职业教育计算机应用专业规划教材

Office 2010 应用基础

主　编　张　俊
副主编　赵　竞　王万珍
何潮育

中国人民大学出版社
·北京·

前　言

Office是目前使用最广泛的办公组件之一。通过它，我们可以轻松地进行文字处理、数据处理、幻灯片制作和演示等。既然Office是这么好的一个组件，那么我们如何才能又快又好地使用它来解决实际问题呢?

本书针对初、中、高级读者的学习需求，采用步步深入的方式，从Office 2010组件的基础知识出发，详细介绍了Office 2010中Word 2010、Excel 2010和PowerPoint 2010的操作技巧，以及在实际工作中如何使用Word 2010、Excel 2010和PowerPoint 2010来处理日常事务，便于读者打下扎实的基础，稳步前进。

本书内容

本书介绍了Office 2010的基础知识，包括必须掌握的Office 2010基本知识、Word 2010文档文本的录入与编辑、在Word 2010中使用表格条理化文档数据、在Word 2010中使用图形和图片美化文档、Excel 2010工作表与单元格的简单操作、Excel 2010工作表数据的简单输入与编辑、Excel 2010工作表数据的简单运算与整理、Excel 2010工作表数据关系的形象展示、PowerPoint 2010演示文稿内容的添加与整理、PowerPoint 2010演示文稿的制作、PowerPoint 2010演示文稿的放映与分享。

本书还介绍了Office 2010的一些高级应用，包括Word 2010文档的高效制作、Word 2010文档的自动化处理、Excel 2010工作表数据的高效录入与整理、用Excel 2010图表深度分析数据、快速扮靓PowerPoint 2010演示文稿、为PowerPoint 2010演示文稿增加转场特效、Office 2010组件间的协作。

本书特色

1. 循序渐进

一步一步由浅入深地介绍Word 2010、Excel 2010和PowerPoint 2010的知识点及其实战应用，并对重要知识点进行了巩固。

2. 理论与实践相结合

本书结合实际工作中经常遇到的实例来介绍Word 2010、Excel 2010和PowerPoint 2010的知识点，以便读者在学习的同时了解其可以解决哪一类问题，并能更好地运用所学知识。

本书适合对象

本书适合广大想学习 Office 2010 的初、中、高级读者，包括各行业的办公人员和管理人员。

希望本书能为广大读者学习和使用 Office 2010 处理办公事务提供帮助。

编写团队

本书由张俊组织编写，赵竞、王万珍、何潮育等参与资料收集、书稿编写和整稿处理工作。

如果读者在使用本书时遇到问题，可以通过电子邮件与我们取得联系，邮箱地址为 nxzj3@163. com。

由于作者水平有限，疏漏之处在所难免，恳请广大读者批评指正。

目　录

第 1 章　初识 Office 2010 中文版

1.1　Office 2010 的十项改进

（1）丰富的视觉特效。

通过 Office 2010，用户可以轻松实现强大的视觉效果，并且将专业级的设计效果应用到图片、文字以及 PowerPoint 的视频中。通过增强的图片编辑特效以及格式化功能，用户可以制作出更加精美的文档。如图 1—1—1 所示。

图 1—1—1

（2）更加高效地协同工作。

通过集成的通信工具 SharePoint Workplace（见图 1—1—2），用户可以查看联机状态的联系人信息；可以采用即时消息的方式轻松进行沟通；在沟通的同时，用户还可以在 Office 中共同编辑一份文档，实现更好的版本控制和更高的办公效率。

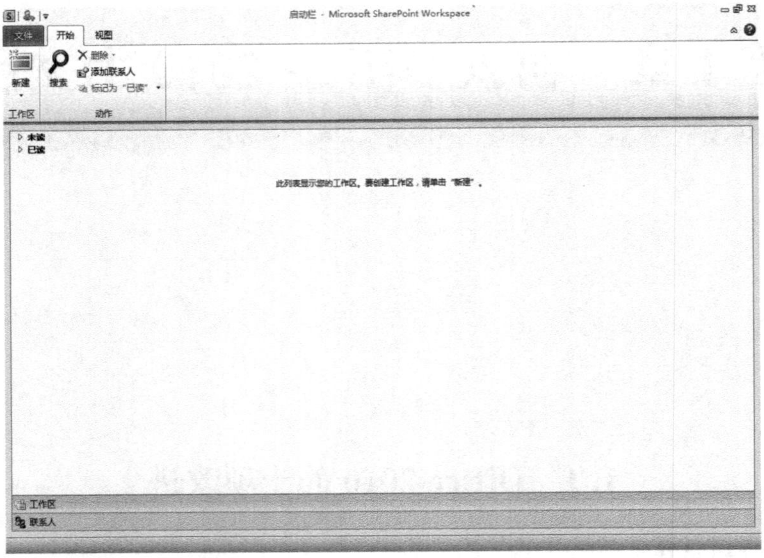

图 1—1—2

（3）更加灵活地使用 Office。

Office Web Apps 可以让用户更为灵活地使用 Office 2010。用户可以随时随地通过智能手机或者具备网络连接的计算机来访问自己的文档。

Office Web Apps 企业部署网址为：http://technet. microsoft. com/zh-cn/office/ee815687(en-us). aspx。

（4）更加丰富的模板（见图 1—1—3）。

图 1—1—3

（5）更加轻松、快速地处理文档。

Microsoft Office 后台视图（backstage）取代了传统的文件菜单，用户只需要点击几下鼠标，即可实现文档的保存、共享、打印、发布。通过增强的功能区，用户可以快速访问自己常用的命令，并通过自定义的选项卡来个性化自己的工作环境。

（6）实时预览。

在 Office 2010 中，当用户在选择实现某项功能之前，可以实时预览。比如在选择字号或者字体时，当鼠标移动到某种字号时，工作区中的字体就会瞬时改变，用户可以方便地看到所选择的效果。

（7）保护视图。

当打开从不安全位置获得的文件时，Office 2010 会自动进入保护视图，保护视图相当于沙箱，防止来自 Internet 和其他不安全位置的文件中包含的病毒、蠕虫和其他种类的恶意软件对计算机构成危害。在“受保护的视图”（见图 1—1—4）中，只能读取文件并检查其内容，不可进行编辑等操作，降低了可能发生的风险。

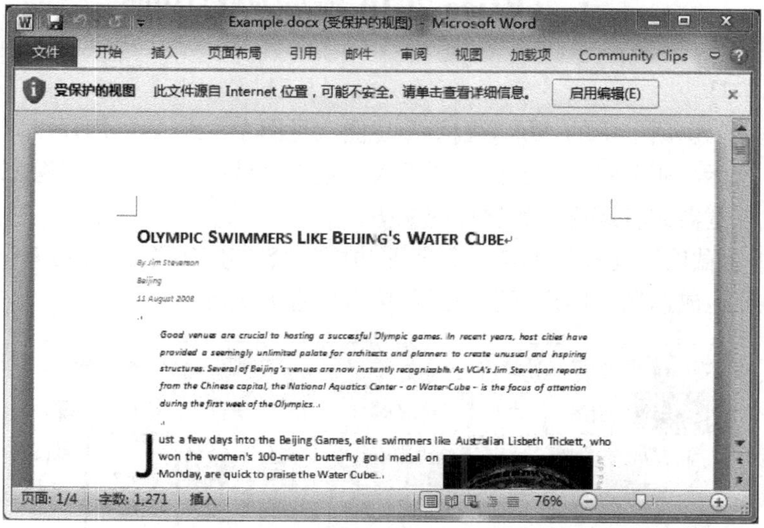

图 1—1—4

（8）自定义功能区（Ribbon）。

在 Office 2010 中，功能区不仅变得更加强大和智能，也变得更加人性化。其中一个特点便是拥有了自定义功能。用户可以根据自己的需要调整工具栏按钮，自定义设置工具选项卡、快速访问栏等。

（9）自动保存“未保存的文件”。

以往版本中，当用户退出 Office 并选择“不保存”按钮后，当前编辑的内容将不会产生任何存储。在 Office 2010 中，即使用户点击了“不保存”按钮，Office 依然会为用户提供一个自动备份的文档，避免用户由于误操作、误点击而造成的损失。

（10）保护用户信息。

在与其他人共享文档之前，用户可以使用文档检查器检查文档中的隐藏元数据、个人信息或文档中可能存储的内容。

文档检查器可以查找和删除类似如下的信息：

- 注释；
- 版本；
- 修订；
- 墨迹注释；
- 隐藏文字；

- 文档属性；
- 自定义 XML 数据；
- 页眉和页脚中的信息。

文档检查器可以帮助用户确保与其他人共享的文档不包含任何隐藏的个人信息或用户不希望发布的任何隐藏内容。此外，企业用户可以对文档检查器进行自定义，以添加对其他类型的隐藏内容的检查。

1.2 Office 2010 新增加的功能

(1) 截图工具。

通过“插入”选项卡中的“屏幕截图”功能（见图 1—2—1），用户可以轻松地截取图片，只需单击鼠标，便可将相应窗口截图插入到编辑区域中。通过可用视窗的选择，用户可以实现截取浏览器或者运行中的软件的视图。

此外，“屏幕截图”还提供了自定义截图功能，会自动隐藏 Office 组件窗口，以免对需要截图的内容造成遮挡。用户可以通过鼠标自由选取截图区域。

图 1—2—1

(2) 背景移除工具。

在 Word 的“图片工具”下或者图片属性菜单里，可以“删除背景”（见图 1—2—2），还可以添加、去除图片的水印。

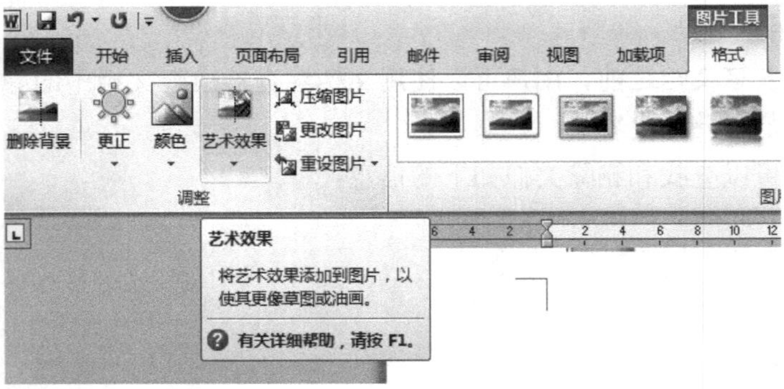

图 1—2—2

（3）SmartArt 模板。

通过使用 SmartArt 模板（见图 1—2—3），用户可以轻松、快捷地制作精美的业务流程图。在 Office 2010 中，SmartArt 自带资源得到了进一步扩充。其“图片”标签便是新版 SmartArt 的最大亮点，用它能够轻松制作出“图片＋文字”的抢眼效果，“类别”中也有新图形加入。

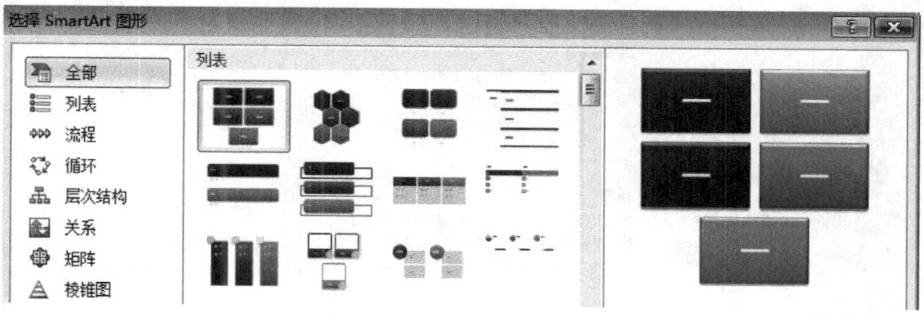

图 1—2—3

（4）文件选项。

“文件”按钮（见图 1—2—4）实则更像是一个控制面板。界面采用了“全页面”形式，分为三栏，最左侧是功能选项卡，最右侧是预览窗格。无论是查看或编辑文档信息，还是进行文件打印，随时都能在同一界面中查看到最终效果，极大地方便了对文档的管理。

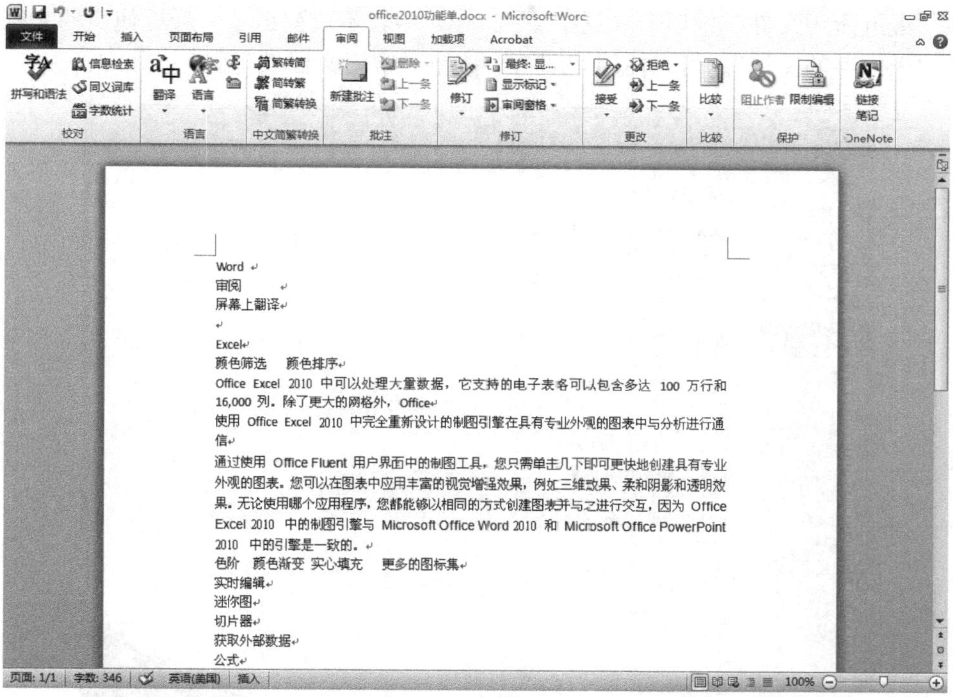

图 1—2—4

（5）“信息”选项卡。

在“信息”选项卡中集成了“权限”、“准备共享”、“版本”等功能，并可以直接在最右侧预览窗格中修改文件属性，简单易用。见图 1—2—5。

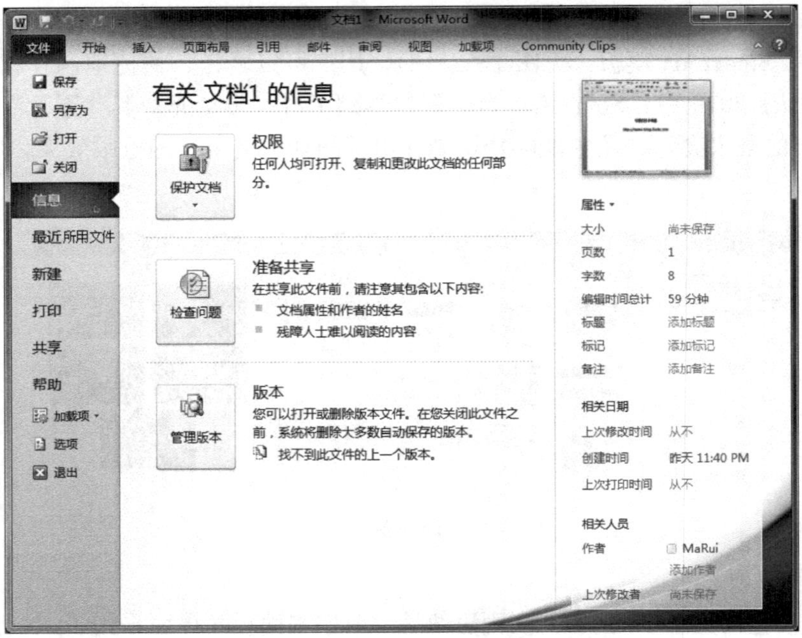

图 1—2—5

（6）“最近所用文件”选项卡。

在“最近所用文件”选项卡（见图 1—2—6）中，不仅列出了“最近使用的文档”，也列出了“未保存的文档”。可以使用“图钉”按钮对常用文档进行固定。

图 1—2—6

此外，可以直接将最常用的文档以列表的形式显示在左侧菜单下。只需勾选“快速访问此数目的‘最近使用的文档’”复选框（见图 1—2—7），设定最多显示文档数目即可。

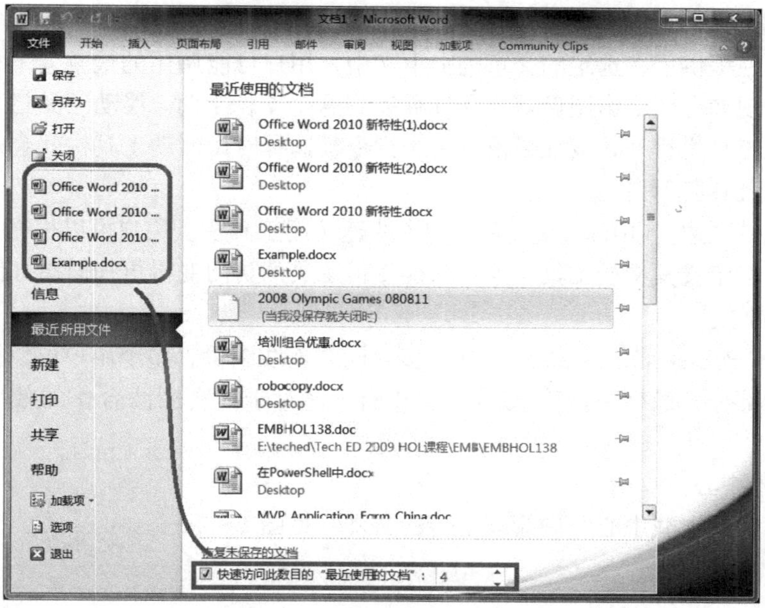

图 1—2—7

（7）“打印”选项卡。

“打印”选项卡（见图 1—2—8）整合了打印预览、打印设置等多项内容，所有与打印相关的操作都可以在这里一站式完成。

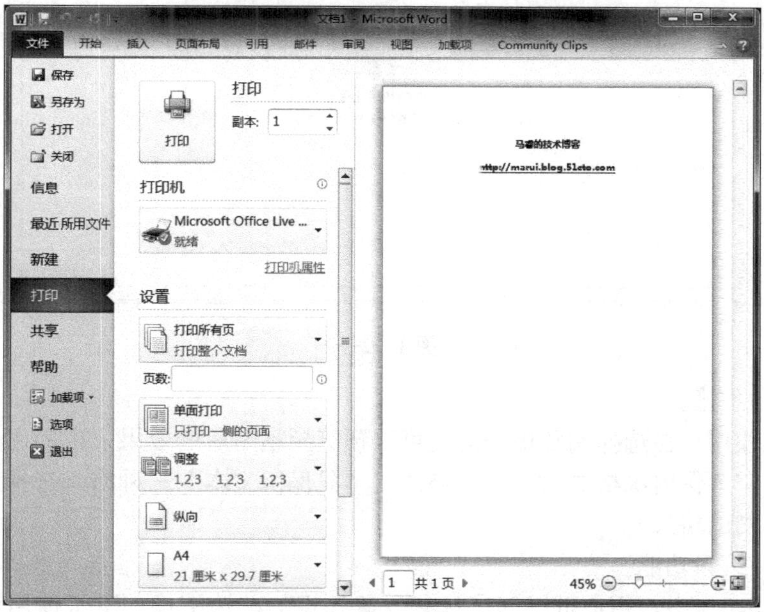

图 1—2—8

（8）翻译器。

可在“审阅”选项卡“语言”中点击“翻译”，启用或是关闭该功能。对于文档中有大量外语的用户，这是一项十分方便有用的功能。

(9) 浮动工具栏。

浮动工具栏提供了在选定的文章的上下文中，用户可能调用的最频繁的格式命令。浮动工具栏的出现如一个幻影图像，当光标移动到这个图像上时，浮动工具栏变成格式工具栏；当光标从工具栏移开，或如果没有一个指令被选择时，浮动工具栏就会褪色消失。

(10) 快速访问工具栏。

在标题栏的左边，Office 2010 新增加了快速访问工具栏。用户可以根据自己使用工具的实际情况，自定义其中的工具。这一功能使得工具的访问变得更加简单方便。

(11) 协同工作。

通过 SharePoint，Office 2010 实现了多人同时连线编辑。多个用户可以同时分别完成文档中的不同部分，最终一起完成同一份文档。这对于提高团队合作的效率是十分有意义的。

(12) 上载中心。

用户可以在“上载中心”中管理上传的文件，见图 1—2—9。

图 1—2—9

(13) 粘贴预览。

这一功能让用户在选择粘贴操作前就可以预览到粘贴后的效果，帮助用户更明智地选择操作。其中有“保留源格式”、“合并格式”、“只保留文本”三种格式选择，用户可以根据需要选择不同的格式。

(14) 照片编辑功能。

在 Office 2010 中，用户可以创建具有专业外观的整洁图像。除了使用照片、绘图或 SmartArt，还可以利用下列功能：

1) 新增和改进的艺术效果。

对图片应用不同的艺术效果，使其看起来更像素描、绘图或绘画作品。新增艺术效果包括铅笔素描、线条图形、水彩海绵、马赛克气泡、玻璃、蜡笔平滑、塑封、影印、画图笔划等。

2）更好地压缩和裁剪功能。

更好地控制图像质量和压缩之间的取舍，以便选择工作簿将适用的相应介质（打印、屏幕、电子邮件）。

3）新增的 SmartArt 图形布局。

借助新增的图片布局功能，可以使用照片来阐述案例。

（15）屏幕快照。

快速截取屏幕快照，并将其添加到工作簿中，然后使用“图片工具”选项卡上的工具编辑和改进屏幕快照。

（16）图片修正。

可以微调图片的颜色强度（饱和度）、色调（色温），或者调整其亮度、对比度、清晰度或颜色，对图片进行修正。

1.3　Office 2010 与 Office 2003 的对比

（1）工程化——选项卡。

Office 2010 采用名为“Ribbon”的全新用户界面，将 Office 中丰富的功能按钮按照其功能分为多个选项卡。可以双击鼠标来关闭或打开选项卡。选项卡按照制作文档时的使用顺序依次从左至右排列。制作一份文档时，用户可以按照选项卡的排列，逐步完成文档的制作，如同完成一个工程。

（2）条理化——功能区分组。

Office 2010 选项卡按照功能的不同，将按钮分布到各个功能区。需要使用某项功能的时候，用户只需要找到相应的功能区便可快速找到该工具。

（3）简捷化——显示比例工具条。

Office 2010 的工作区与 Office 2003 相比，变得更加简洁。在工作区的右下方增加了“显示比例”的工具条。用户通过拖动工具条可以快速精确地改变视图大小。

（4）集成化——“文件”按钮。

在 Office 2010 中，“文件”选项集成了丰富的文档编辑以外的操作。用户在编辑文档之外的操作都可以在“文件”中找到。

其中值得一提的是，在“保存和发送”中新增加了保存为“PDF/XPS”的格式，用户不需要借助第三方软件就可以直接创建 PDF/XPS 文档。

1.4　Office 2010 软件对系统和硬件的具体要求

2010 年 11 月，微软在美国洛杉矶的专业开发者大会上发布了 Office 2010 的 Beta 测试版。微软 Office 团队在官方网站上公布了 Office 2010 的系统和硬件要求，从几个用户比较关心的方面进行了阐述：

（1）Office 2007 的硬件配置可以满足运行 Office 2010 的需求吗？

大部分情况下，答案是肯定的。Office 2010 对 CPU 和 RAM 的要求与 Office 2007 相同，所以，如果你的计算机可以满足 Office 2007 的系统需求，那么就可以运行 Office

2010。虽然显卡可以帮助提高特定功能的性能，不过大体来说：

1）如果你当前的计算机可以运行 Office 2007，那么它就可以运行 Office 2010；

2）如果你准备购买新的笔记本或上网本，那么它是可以运行 Office 2010 的；

3）如果你的计算机拥有多核心处理器，那么它可以更快地运行 Office 2010；

4）如果你的计算机当前只能运行 Office 2003，那么它有可能无法运行 Office 2010。

（2）硬件需求。

Office 2010 对 CPU 和 RAM 的要求与 Office 2007 相同：500MHz 处理器、256MB RAM。

微软表示，很多用户声称非常讨厌为了一个新版 Office 而必须添置新硬件。为了满足用户的需求，Office 2010 的一个重要目标就是不在 Office 2007 的基础上提升最低硬件需求。尽管 Office 2010 相比 Office 2007 实现了极大的飞跃，但是微软可以自豪地说，他们“成功地将其对 CPU 和 RAM 的需求保持在了与 Office 2007 相同的水平”。

（3）磁盘空间。

虽然相比 Office 2007，微软并没有更改 Office 2010 对 CPU 和 RAM 的需求，但是由于大多数 Office 应用程序变得更大，所以 Office 2010 对磁盘空间的要求更高。大多数标准组件的磁盘空间需求增大了 0.5GB，Office 2010 套件的磁盘空间需求增大了 1.0GB 或 1.5GB。

微软解释了磁盘空间需求增大的原因：

1）Office 2010 拥有很多新功能：新功能意味着更多代码，同样，就算你安装的是 32 位 Office，其代码也进行了改变，以保证可以支持 64 位 Office。

2）Office 整体范围内使用了 Ribbon 界面：在 Office 2010 中，你会发现所有应用程序中都采用了 Ribbon 界面。

3）不同的套件：以 Office 专业版为例，Office 2007 并不包括 OneNote 组件，但是 Office 2010 专业版却新增了 OneNote。Office 2010 家庭与学生版、家庭与企业版的发售版本（比如零售盒装版）还包括专业版的试用，微软在制定磁盘空间需求时也考虑到了这点。

4）保守因素：在制定硬盘空间需求时，微软采取了保守态度。比如说，如果测试需要 1.99GB 的空间，微软就会将需求定为 2.5GB，它比实际磁盘空间使用量要大，这也是为了保险起见。

（4）操作系统。

在考虑兼容 Office 2010 的操作系统时，微软主要从使用率、工程造价等方面考虑。32 位操作系统仅支持 32 位版本 Office 2010，64 位操作系统则可以支持 32 位和 64 位 Office 2010。

1）兼容 32 位 Office 2010 的操作系统：Windows 7、Windows Vista SP1、Windows XP SP3、Windows Server 2008 R2、Windows Server 2008、Windows Server 2003 R2（拥有 MSXML 6.0）；

2）兼容 64 位 Office 2010 的操作系统：Windows 7、Windows Vista SP1、Windows Server 2008 R2、Windows Server 2008、Windows Server 2003 R2（拥有 MSXML 6.0）。

1.5　Office 2010 安装步骤

（1）光盘自动运行或者双击目录下的 setup. exe 开始安装。见图 1—5—1。

图 1—5—1

（2）输入产品密钥。见图 1—5—2 和图 1—5—3。
根据安装版本的不同，有的可能不会出现此步骤。

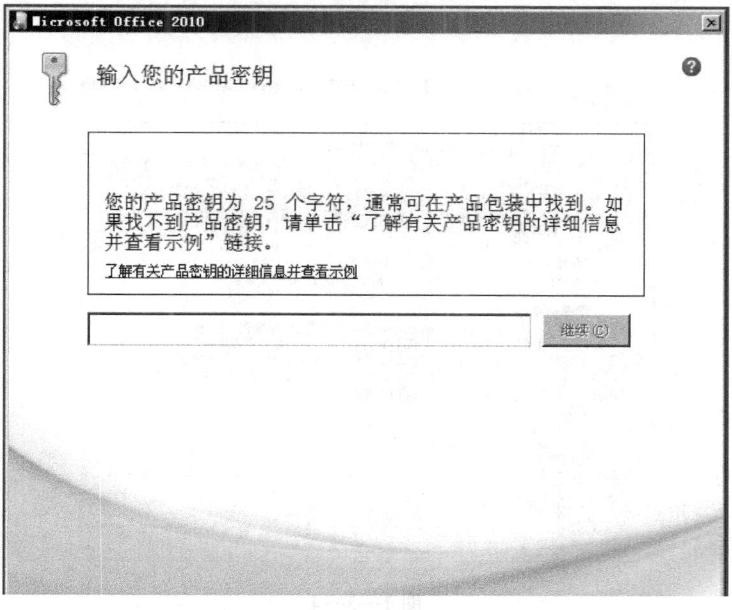

图 1—5—2

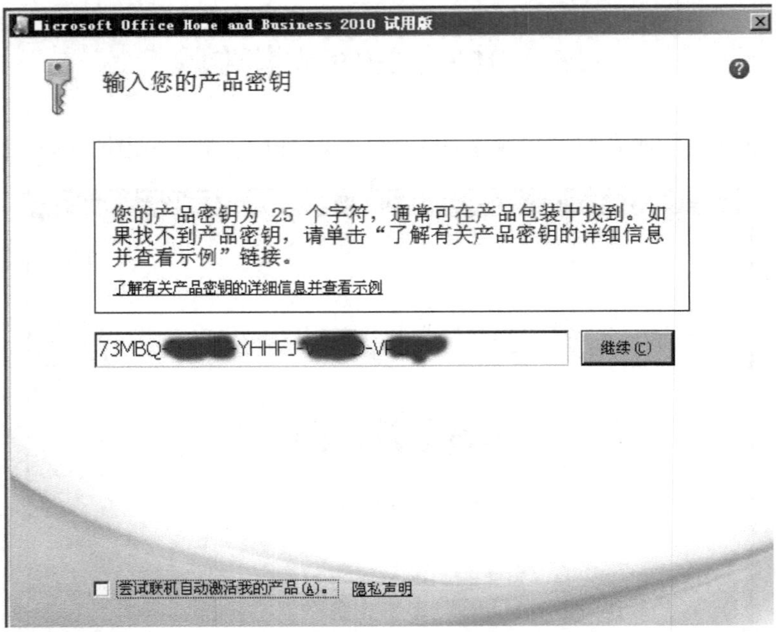

图 1—5—3

勾选“尝试联机自动激活我的产品”，会在安装结束后立即开始激活 Office 的尝试。否则，会在第一次打开软件时提示激活。

（3）接受条款并继续。

在图 1—5—4 界面底部勾选“我接受此协议的条款”，然后点击“继续”。

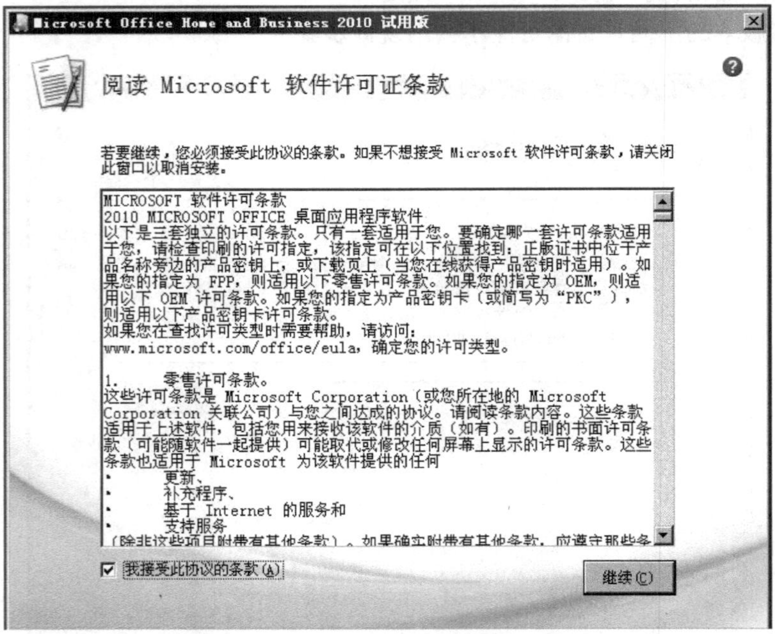

图 1—5—4

（4）选择安装模式。

在图 1—5—5 中选择“立即安装”，软件会帮助用户按照厂商的初始设定，安装一些必要的组件。

图 1—5—5

选择“自定义”安装方式，将由用户自己选择将要安装的产品。

(5) 自定义选择页。

用户可以自定义需要安装的软件，取消不使用的软件的安装。见图 1—5—6。根据版本不同，此页列出的软件可能不同。

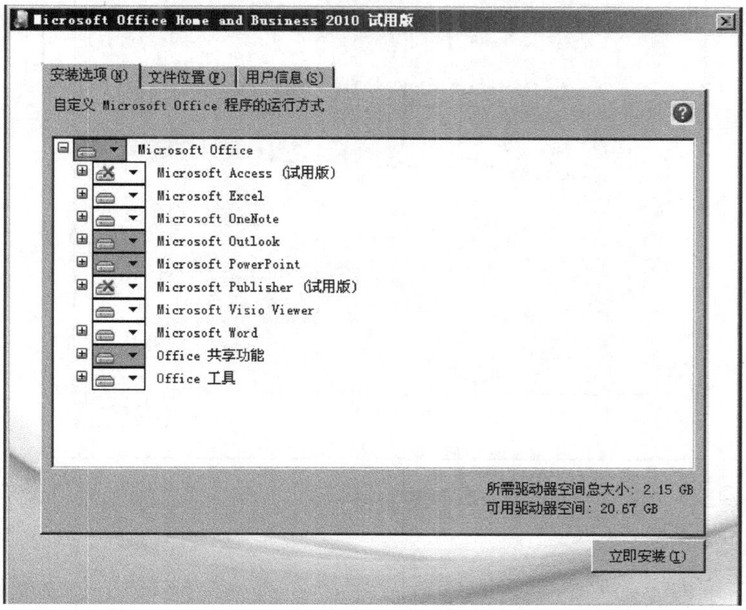

图 1—5—6

(6) 选择安装位置。

切换到“文件位置”选项卡，可以自定义文件安装的位置，见图 1—5—7。

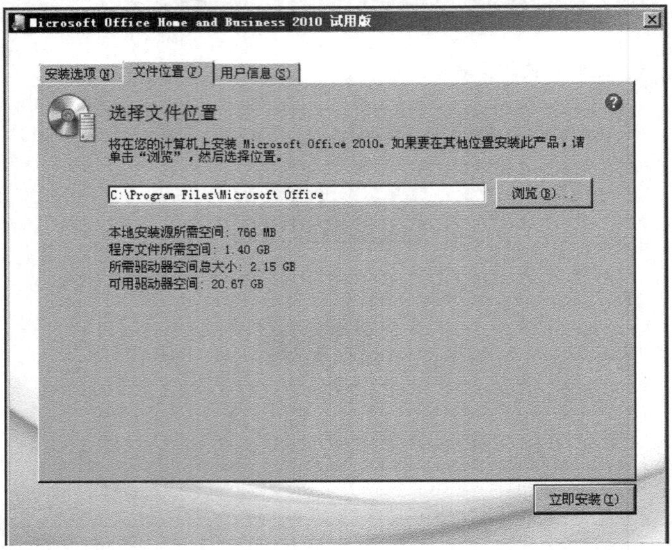

图 1—5—7

(7) 配置用户信息。

切换到“用户信息”选项卡，输入使用者的个人信息，见图 1—5—8。

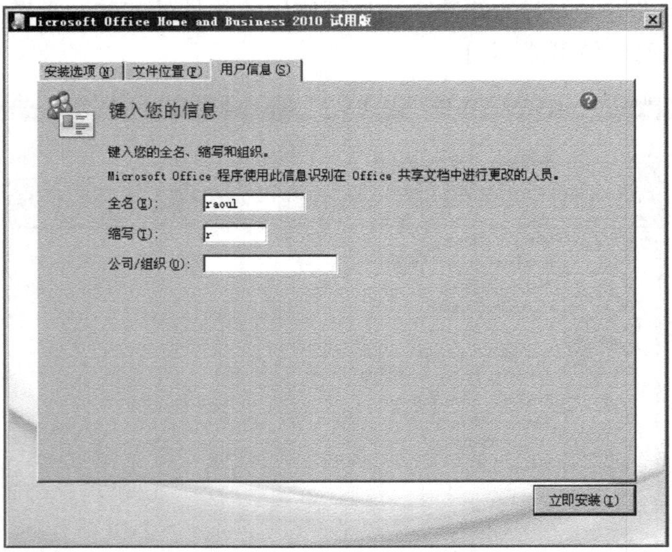

图 1—5—8

之后点击“立即安装”。

(8) 等待安装完毕。

进度条显示软件安装的百分比，见图 1—5—9。安装时间根据安装组件多少和计算机性能决定。

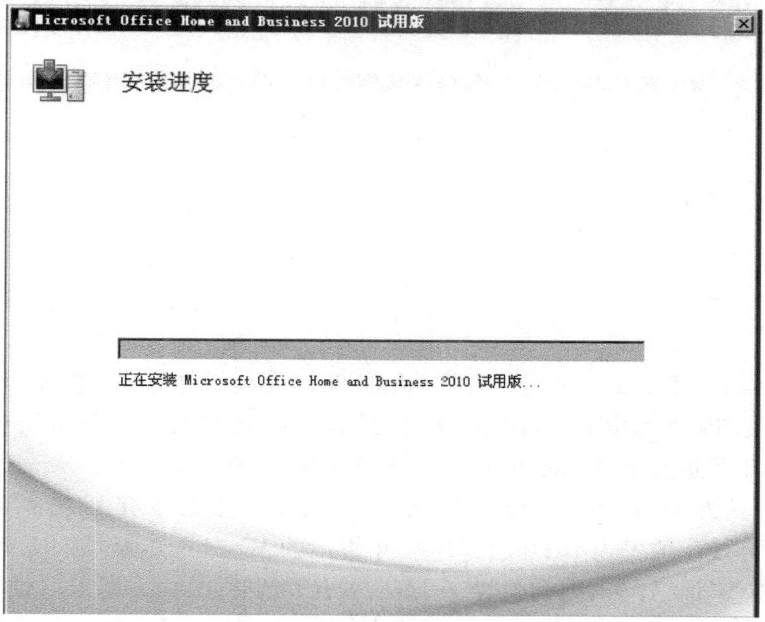

图 1—5—9

(9) 安装完毕。

出现如图 1—5—10 所示的画面，说明软件已经安装完成。

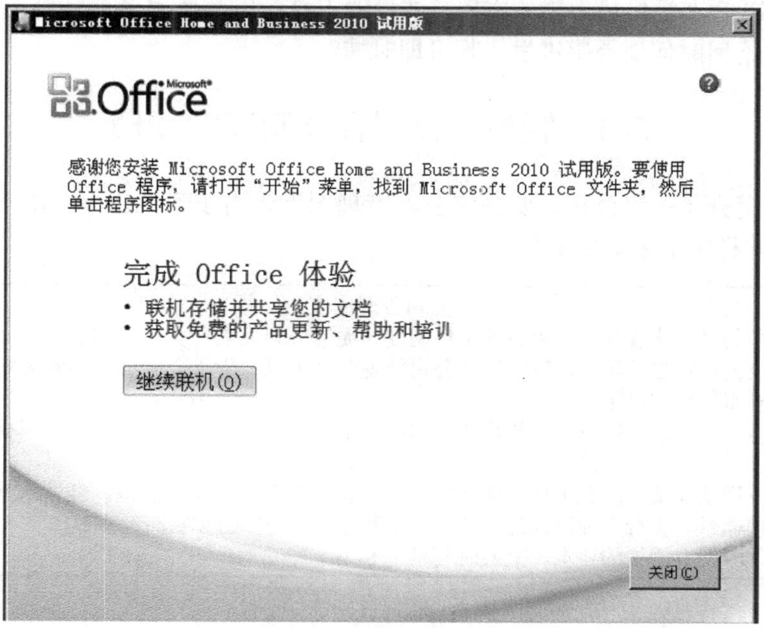

图 1—5—10

第2章　中文 Word 2010 应用

Word 2010 是 Microsoft 公司开发的 Office 2010 办公组件之一，主要用于文字处理工作。Word 的最初版本是由 Richard Brodie 为了运行 DOS 的 IBM 计算机而在 1983 年编写的。随后的版本可运行于 Apple Macintosh（1984 年）、SCO UNIX 和 Microsoft Windows（1989 年），并成为 Microsoft Office 的一部分。Word 主要版本有：1989 年推出的 Word 1.0 版、1992 年推出的 Word 2.0 版、1994 年推出的 Word 6.0 版、1995 年推出的 Word 95 版（又称作 Word 7.0，因为包含于 Microsoft Office 95 中，所以习惯称作 Word 95 版）、1997 年推出的 Word 97 版、2000 年推出的 Word 2000 版、2002 年推出的 Word XP 版、2003 年推出的 Word 2003 版、2007 年推出的 Word 2007 版、2010 年推出的 Word 2010 版。2010 版是最新版本，于 2010 年 6 月 18 日上市。

Microsoft Word 2010 增强后的功能可创建专业水准的文档，使用者可以更加轻松地与他人协同工作并可在任何地点访问自己的文件。

Word 2010 旨在提供最上乘的文档格式设置工具，以利使用者更轻松、高效地组织和编写文档，无论何时何地灵感迸发，都可即时捕获。

2.1　制作“公司管理制度”文档

小明的爸爸开了一家公司，要制定公司管理制度，由于不会用 Word，让小明帮忙在 Word 中录入并打印出来，见图 2—1—1。

公司管理制度

为加强公司的规范化管理，完善各项工作制度，促进公司发展壮大，提高经济效益，根据国家有关法律、法规及公司章程的规定，特制定本公司管理制度大纲。公司全体员工必须遵守公司章程，遵守公司的各项规章制度和决定。

公司倡导树立“一盘棋”思想，禁止任何部门、个人做有损公司利益、形象、声誉或破坏公司发展的事情。

公司通过发挥全体员工的积极性、创造性和提高全体员工的技术、管理、经营水平，不断完善公司的经营、管理体系，实行多种形式的责任制，不断壮大公司实力和提高经济效益。

公司对工作时间有严格的要求，上班时间早上 8:30，下班时间下午 5:30。

图 2—1—1

2.1.1　新建文档

（1）启动 Word 2010 程序，程序会自动建立一个名为“文档 1”的文档。

（2）也可以点击“文件”选项，选择“新建”，根据自己需求选择一种自己需要的文档类型建立新文档，如图 2—1—2 所示。

图 2—1—2

（3）Ctrl＋N 组合键也可以新建文档，但只能以默认方式建立。

2.1.2　保存文档

我们在操作 Word 的过程中，可能会遇到断电、死机等突发事故，造成正在编辑的内容丢失，所以在操作过程中应该经常使用“保存”命令。

1. “保存”命令

第一次保存会弹出“另存为”对话框，要求选择保存位置和文件名，以后再保存则不会出现对话框，都以第一次选择的位置和文件名保存，后一次的保存会覆盖前面保存的内容。为了方便，也可以用 Ctrl＋S 组合键来完成保存操作。

2. “另存为”命令

当我们需要将正在编辑的文档保存在其他位置和改用另外的文件名时，可以使用文件选项的“另存为”命令，该命令会弹出“另存为”对话框（见图 2—1—3），将该文档保存一个副本。该命令也可以用 F12 键来完成。

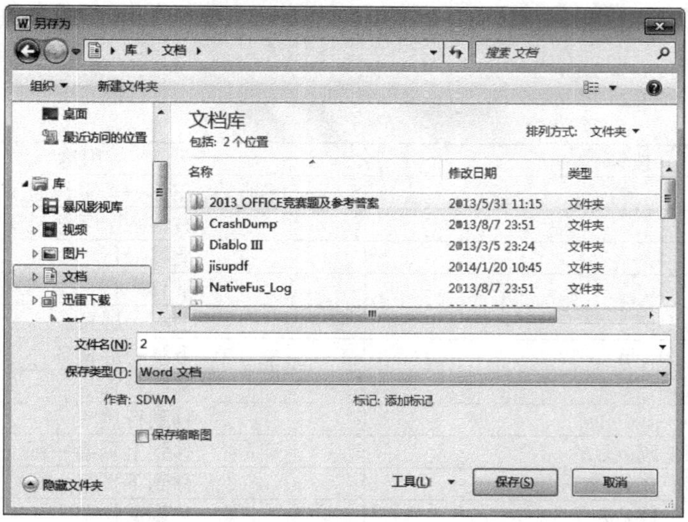

图 2—1—3

2.1.3 录入文字

（1）点击桌面右下角的输入法指示器，选择可以输入中文的输入法。

（2）也可以按 Ctrl+Shift 切换输入法。

（3）按 Ctrl+Space 可以在中英文之间切换。

（4）按 Ctrl+. 可以在中英文标点间切换。

（5）按 Shift+Space 可以在全角、半角间切换。

（6）如果要插入一些键盘上没有的符号，可以选择 Word 窗口“插入”→“符号”→“其他符号”。弹出如图 2—1—4 所示的对话框，从中可以选择需要的符号。

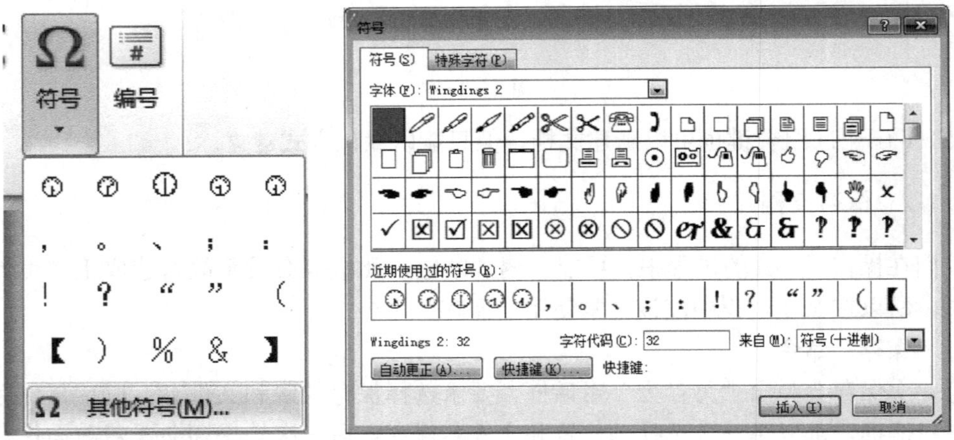

(a) (b)

图 2—1—4

2.1.4 文档的基本操作

1. 移动插入点

文档中闪烁的插入点光标“|”用于在文档中输入文字和图形的当前位置，它只能在文档区域中移动，移动插入点的方法除了鼠标在文本编辑区单击，还可以用键盘移动，见表 2—1—1。

表 2—1—1

按键	用途
←	左移一个字符或汉字
→	右移一个字符或汉字
↑	上移一行
↓	下移一行
PageUp	上移一屏幕
PageDown	下移一屏幕
Home	移到行首
End	移到行尾
Ctrl+PageUp	移到上页第一行
Ctrl+PageDown	移到下页第一行
Ctrl+Home	移到文档首
Ctrl+End	移到文档尾

2. 选择文本

具体操作见表 2—1—2。

表 2—1—2

操作区域	操作方式
任意数量的文本	在文本开始位置单击，按下鼠标左键，然后在要选中的文本上拖动指针
一个词	在单词中的任何位置双击
一行文本	在选定区，当鼠标变成反向箭头时单击
一个句子	按下 Ctrl 键不放，然后在句中任意位置单击
一个段落	在段落中任意位置三击，也可以在选定区双击
全文	在选定区三击，也可以按 Ctrl+A
矩形区域	按住 Alt 键拖动鼠标可以选定文本中一个矩形区域

3. 移动、复制和删除文本

(1) 移动文本：选定文本后，可以按“开始”选项的剪切命令，然后将光标移到目标位置，选择粘贴命令；也可以选择文本后直接用鼠标拖到目标位置。

(2) 复制文本：选定文本后，可以按“开始”选项的复制命令，然后将光标移到目标位置，选择粘贴命令；也可以选择文本后按住 Ctrl 不放，用鼠标拖到目标位置。

(3) 删除文本：按 Delete 可以删除插入点左边的字符，按 Backspace 可以删除插入点右边的字符；也可以先选定文本之后按 Delete 和 Backspace 删除选定的文本。

4. 查找和替换文本

如果要对文档中某个词统一替换，可以使用 Word 的“查找和替换”功能。

选择“开始”选项，在右边选择查找、替换功能，弹出如图 2—1—5 所示的对话框。在“公司管理制度”文档中，将“公司”替换成“企业”。

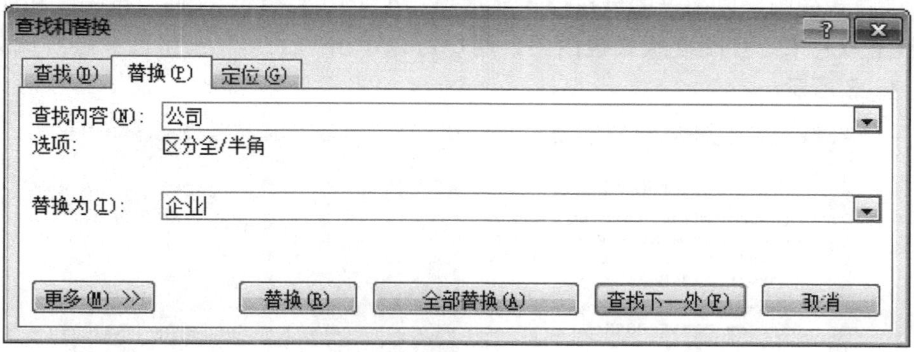

图 2—1—5

2.1.5　文档视图

文档录入完成后，可以切换不同的视图方式，观察不同的视图效果。

选择“视图”选项，在左边就可以选择视图方式，见图 2—1—6。

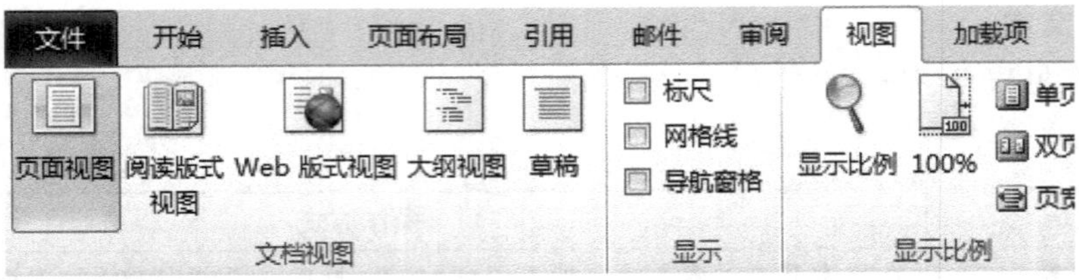

图 2—1—6

1. 页面视图

“页面视图”可以显示 Word 2010 文档的打印结果外观，主要包括页眉、页脚、图形对象、分栏设置、页面边距等元素，是最接近打印结果的视图方式，如图 2—1—7 所示。

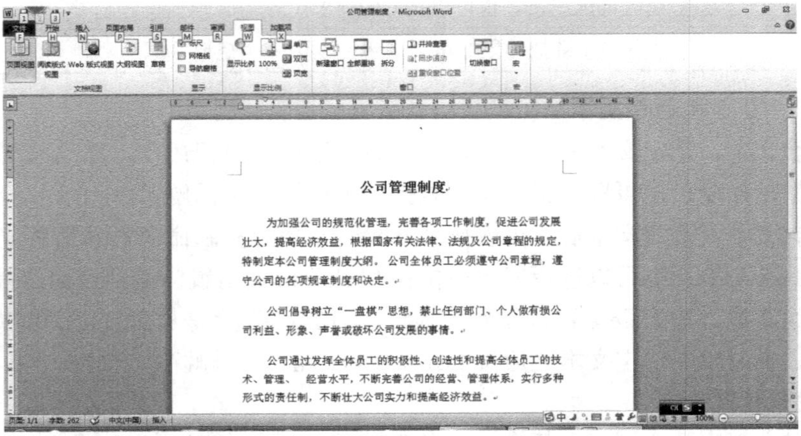

图 2—1—7

2. 阅读版式视图

“阅读版式视图”以图书的分栏样式显示 Word 2010 文档，“文件”按钮、功能区等窗口元素被隐藏起来。在阅读版式视图中，用户可以单击“工具”按钮选择各种阅读工具，如图 2—1—8 所示。

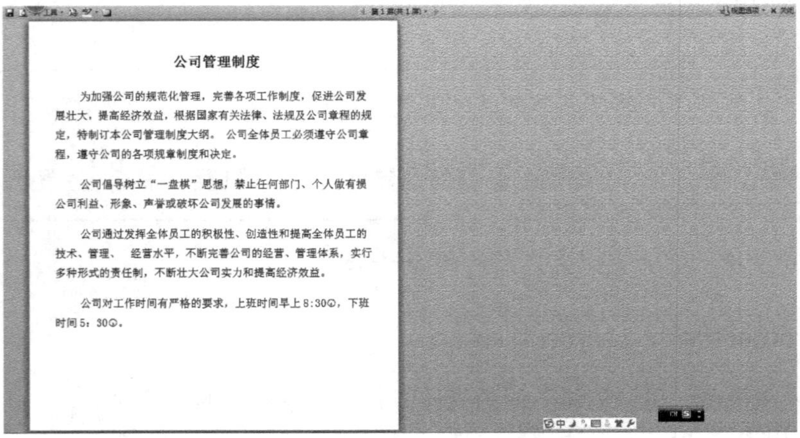

图 2—1—8

3. Web 版式视图

“Web 版式视图”以网页的形式显示 Word 2010 文档，如图 2—1—9 所示。Web 版式视图适用于发送电子邮件和创建网页。

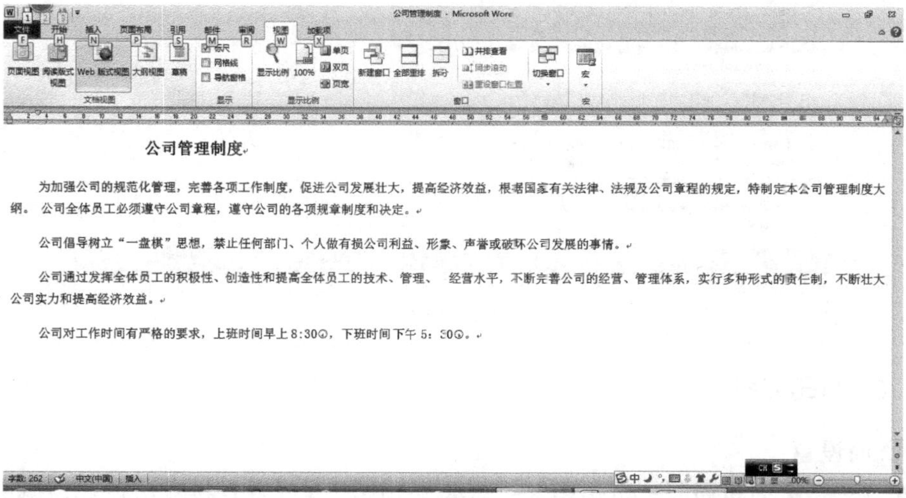

图 2—1—9

4. 大纲视图

“大纲视图”主要用于 Word 2010 文档的设置和显示标题的层级结构，如图 2—1—10 所示，可以方便地折叠和展开各种层级的文档。大纲视图广泛用于 Word 2010 长文档的快速浏览和设置中。

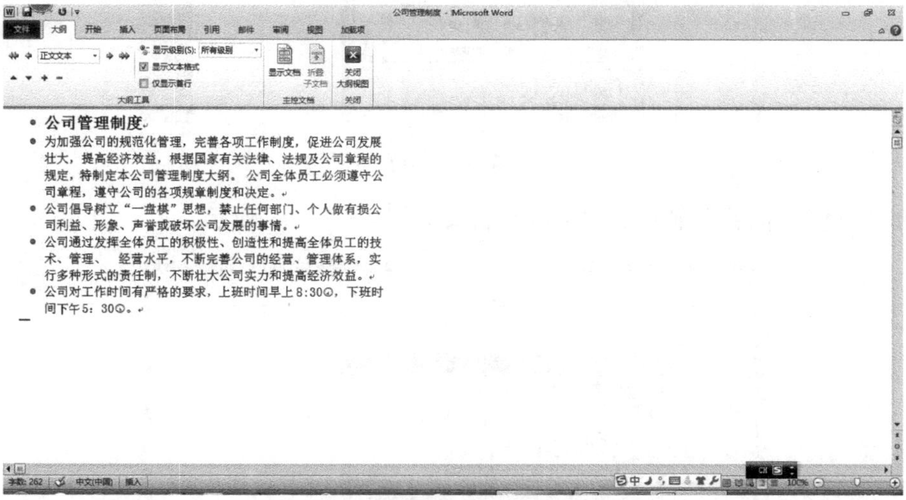

图 2—1—10

5. 草稿视图

“草稿”取消了页面边距、分栏、页眉、页脚和图片等元素，仅显示标题和正文，见图 2—1—11，是最节省计算机系统硬件资源的视图方式。现在计算机系统的硬件配置都比较高，基本上不存在由于硬件配置偏低而使 Word 2010 运行遇到障碍的问题。

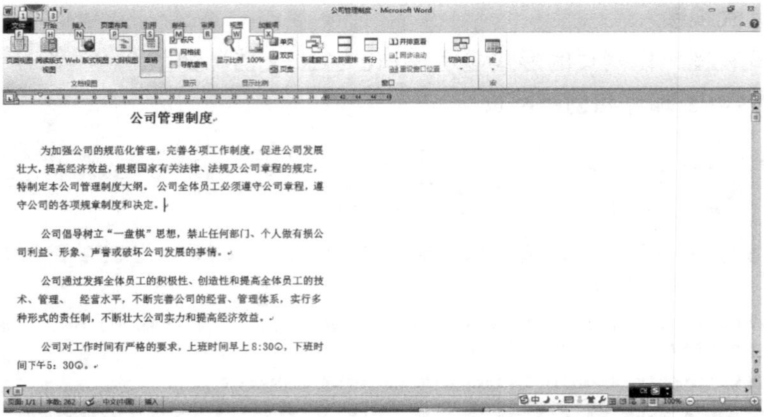

图 2—1—11

2.1.6 打印文档

1. 页面设置

依次点选“页面布局”→“页边距”→“自定义边距”（或者直接双击窗口左侧的垂直标尺），打开“页面设置”对话框。

在“页边距”标签下显示的上边距、左边距、右边距的含义如图 2—1—12 所示。

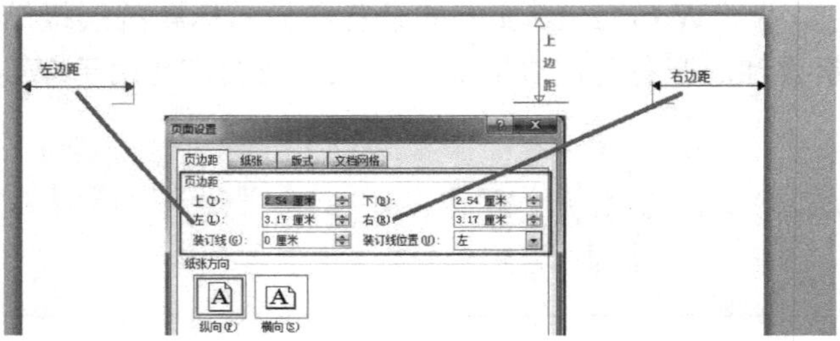

图 2—1—12

而在“纸张”标签下显示的“宽度”含义如图 2—1—13 所示。

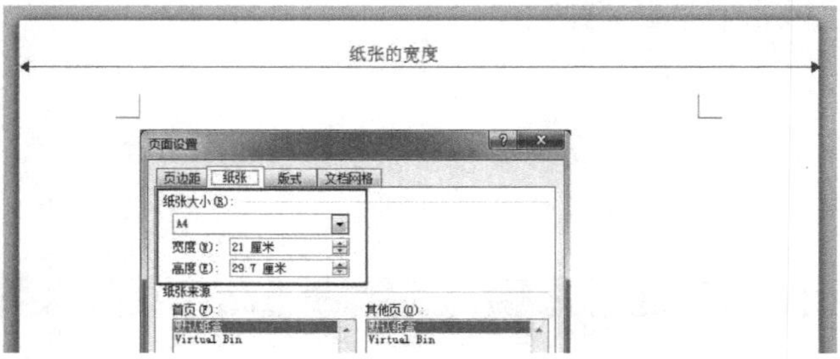

图 2—1—13

所以，文档编辑的宽度＝纸张的宽度－左边距－右边距。

“页边距”和“纸张”两个标签中使用的单位都是“厘米”，而在水平标尺栏中看到的单位则是“汉字的宽度”。注意，图 2—1—14 中，标尺中的“2”对应两个汉字的宽度，“4”对应四个汉字的宽度。很多人混淆了这两个单位，这里特别说明一下。

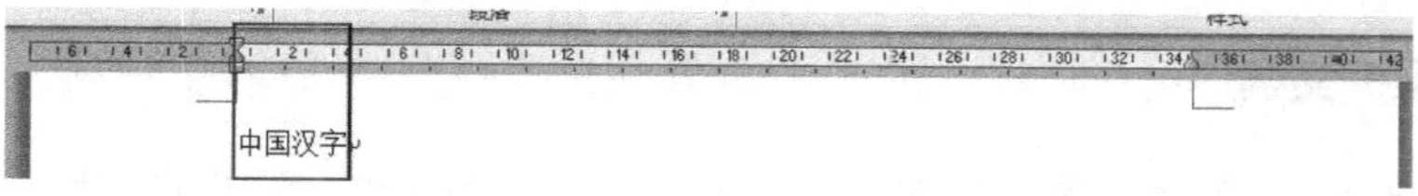

图 2—1—14

2. 预览后打印文档

用户可以通过使用“打印预览”功能查看 Word 2010 文档打印出的效果，以及时调整页边距、分栏等设置，操作步骤如下所述：

第 1 步，打开 Word 2010 文档窗口，并依次单击“文件”→“打印”命令，如图 2—1—15 所示。

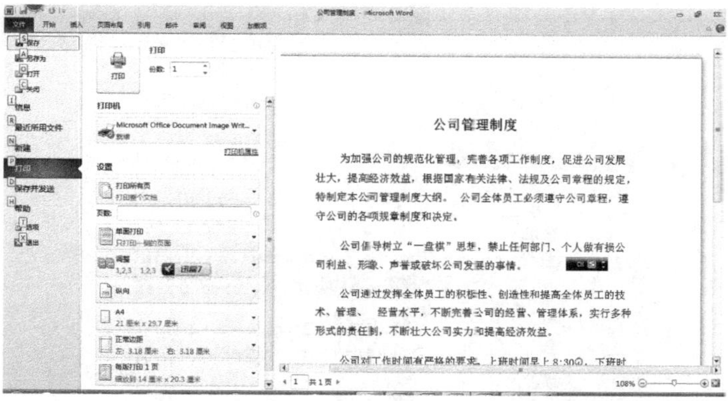

图 2—1—15

第 2 步，在打开的“打印”窗口右侧预览区域可以查看 Word 2010 文档打印预览效果，用户所做的纸张方向、页面边距等设置都可以通过预览区域查看效果。用户还可以通过调整预览区下面的滑块改变预览视图的大小，如图 2—1—16 所示。若各项都符合要求，便可打印文档。

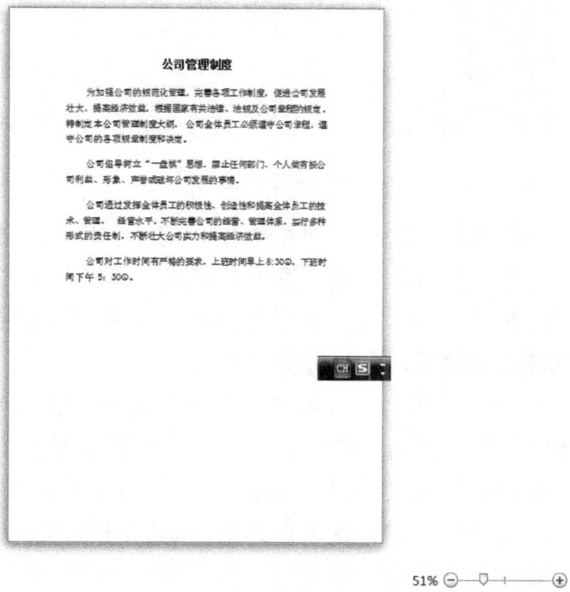

图 2—1—16

2.1.7 保护文档

保护 Word 2010 文档，限制对 Word 2010 文档进行修改，可做如下操作：

第 1 步，在 Word 2010 中选择“审阅”选项卡，在“保护”组中单击“限制编辑”按钮，如图 2—1—17 所示。在弹出的“限制格式和编辑”任务窗口中，勾选“限制对选定的样式设置格式”项，再单击“设置”文字链接，如图 2—1—18 所示。

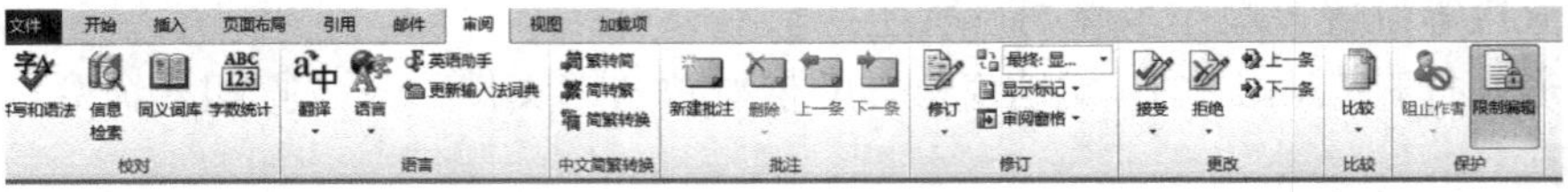

图 2—1—17

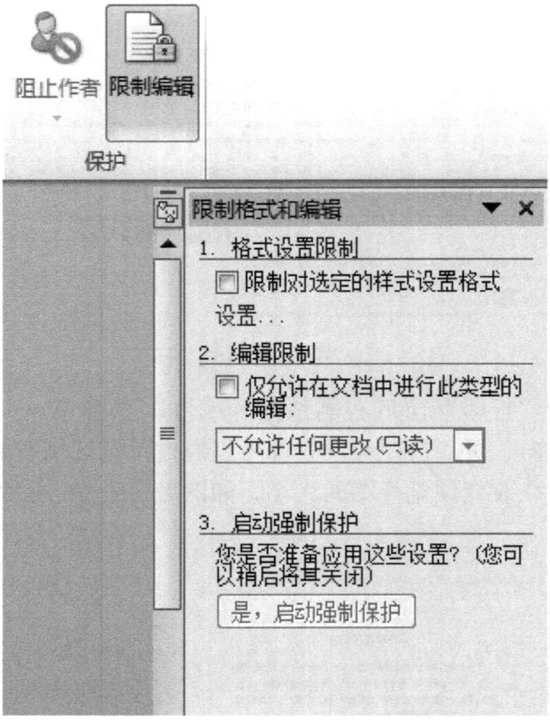

图 2—1—18

第 2 步，在弹出的“格式设置限制”对话框中，勾选“限制对选定的样式设置格式”项，单击对话框中的“全部”按钮设置允许使用的样式，然后单击“确定”按钮。

第 3 步，这个时候会弹出 Word 2010 提示对话框，提示“该文档可能包含不允许的格式或样式。您是否希望将其删除?”，在此选择“否”。

第 4 步，回到 Word 2010 文档，此时可对文档进行保护，限制对格式和样式等内容的编辑，在“限制格式和编辑”任务窗格中单击“是，启动强制保护”按钮，弹出“启动强制保护”对话框，在“新密码”和“确认新密码”文本框中输入相同的密码，单击“确定”即开始对 Word 2010 文档的保护，这个保护是限制用户对 Word 2010 文档的内容进行修改。

2.2　制作"保密协议书"文档

小明的爸爸让小明制定一份员工保密协议书，该协议的制作过程涉及 Word 2010 的一些基本操作，如字体格式、段落格式、边框和底纹、页面设置、项目符号和编号、中文版式、修改文档操作、快速替换格式等。

保密协议书

甲方：

乙方：北京大地贸易有限公司

订立本协议，乙方旨在为甲方提供规范、保密的翻译或本地化服务。双方本着平等互利的原则，经友好协商，达成以下协议：

一、译文类型

甲方委托乙方翻译（资料名称）　　　　　　，共　　　页，约　　　　字。

二、翻译时间

双方协定翻译稿件交付日期为　　　　　年　　　月　　　　日。

三、交稿形式

（双方自行添加）

四、资料保密

本协议所涉及的甲乙双方，在合作过程中或通过其他任何渠道所获知的对方未向社会公开的技术情报和商业秘密均负有保密义务，未经对方书面许可，任何一方不得将其泄露给第三方，否则应承担相应违约责任并赔偿由此造成的损失。此项保密义务在协议终止后仍然有效。

五、知识产权

所有翻译资料的知识产权归甲方所有，乙方未经许可不得用于（包括报告全文、摘录、单项数据等）公开发布、转载、使用或其他用途，否则视为违约。

- 本协议有效期内，基于业务运作需要，双方协商共同定制的其他相关制度和书面文件，其效力等同于本协议。
- 本协议未尽事项，经双方协商一致签订补充协议，补充协议与本协议具有同等效力。本协议一式两份，甲乙双方各执一份。本保密协议经签字盖章后生效。

甲方：（签章）	乙方：（签章）北京大地贸易有限公司
法人代表：	法人代表：
签约代表：	签约代表：
地址：	地址：
E-mail：	E-mail：
电话：	电话：

2.2.1　设置字体格式

1. 设置字体

方法 1：打开 Word 2010 文档页面，选中需要设置字体的文字。在"开始"→"字体"中单击其右方三角按钮，如图 2—2—1 所示。

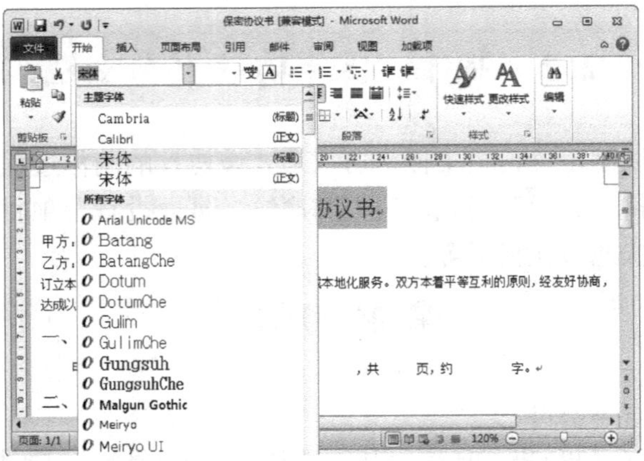

图 2—2—1

在字体列表中选择符合要求的字体即可。

方法 2：打开 Word 2010 文档页面，首先选中需要设置字体的文字。然后在“字体”中单击其右侧显示“字体”对话框按钮，如图 2—2—2 所示。接着在“字体”对话框中单击“中文字体”或“西文字体”下三角按钮，在列表中选择符合要求的字体，并单击“确定”按钮，如图 2—2—3 所示。

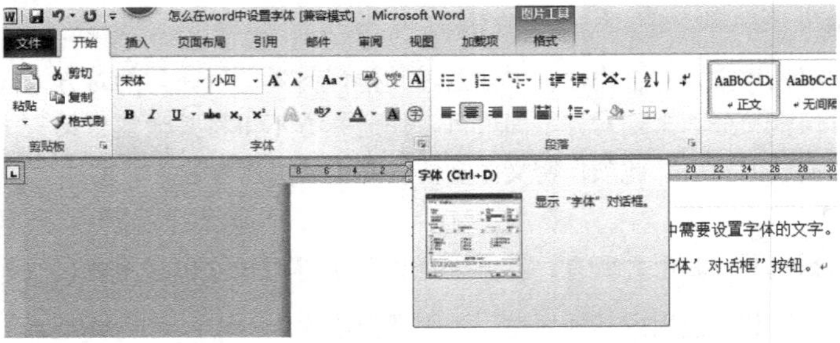

图 2—2—2

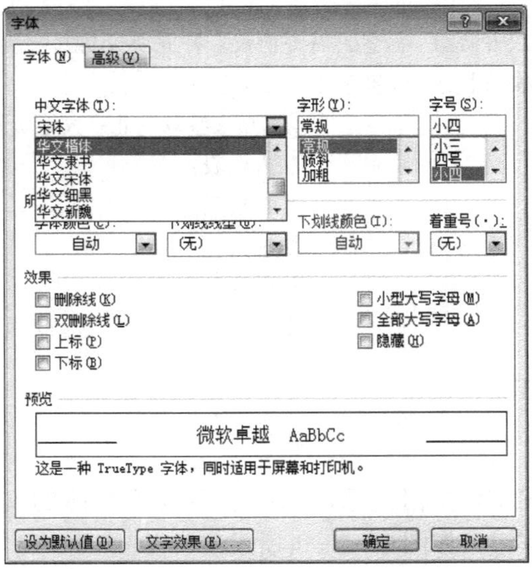

图 2—2—3

2. 设置字体大小

为 Word 2010 文档中的文本设置字体大小是最常用的 Word 设置之一，方法如下：

方法 1：选中需要改变字体大小的文本块，然后在“开始”选项卡的“字体”分组中单击“字号”下拉三角按钮，在字号下拉列表中选择合适的字体大小，如图 2—2—4 所示。

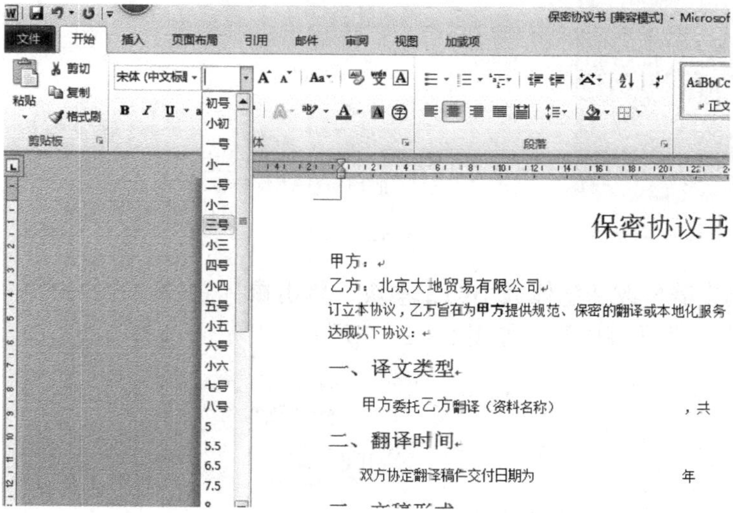

图 2—2—4

方法 2：选中需要改变字体大小的文本块，在“开始”选项卡的“字体”分组中，将字号数值输入字号编辑框中。字号以“磅”为单位，取值范围为 1～1 638，可以输入后缀为“.5”的小数，如图 2—2—5 所示。

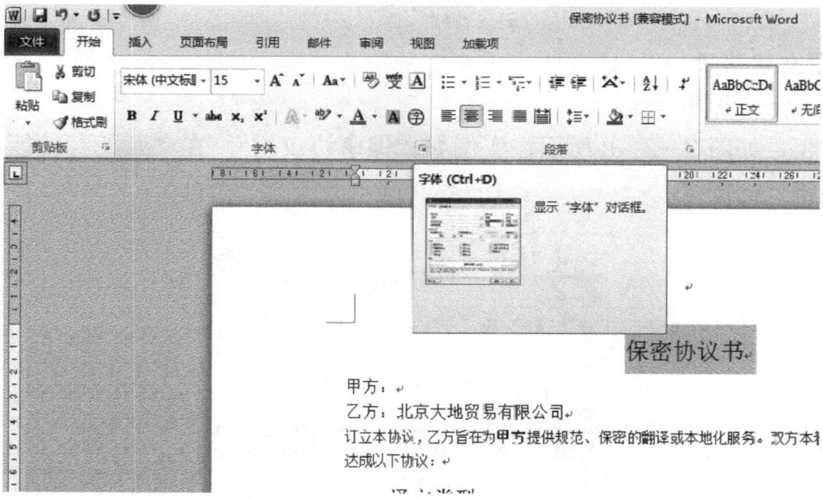

图 2—2—5

方法 3：选中需要改变字体大小的文本块，在“开始”选项卡的“字体”分组中单击“增大字体”或“减小字体”按钮改变文字大小，如图 2—2—6 所示。

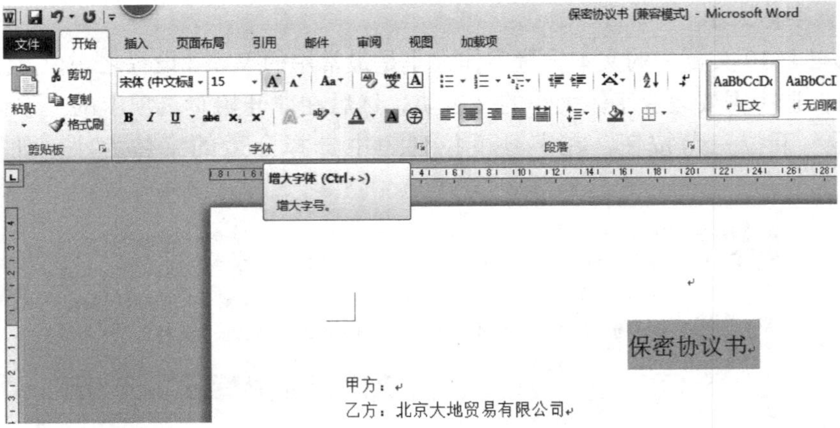

图 2—2—6

方法 4：选中需要改变字体大小的文本块，单击鼠标右键，在打开的浮动工具栏中可以设置字体大小、选择字体等，如图 2—2—7 所示。

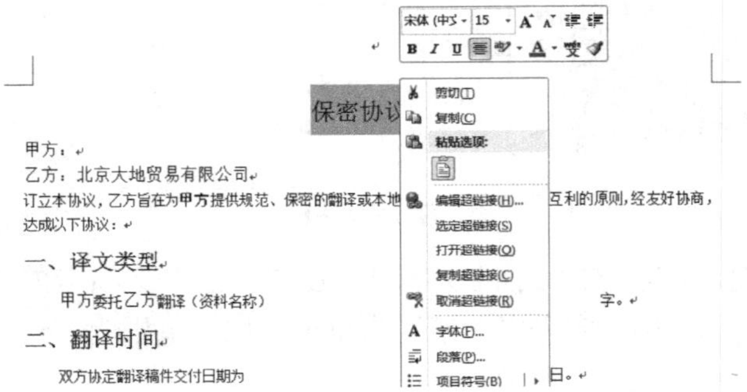

图 2—2—7

3. 设置文字格式

方法 1：快速设置。

（1）加粗，如图 2—2—8 所示。实例如“**保密协议书**”。在“开始”功能面板中有各种设置文字格式的按钮。

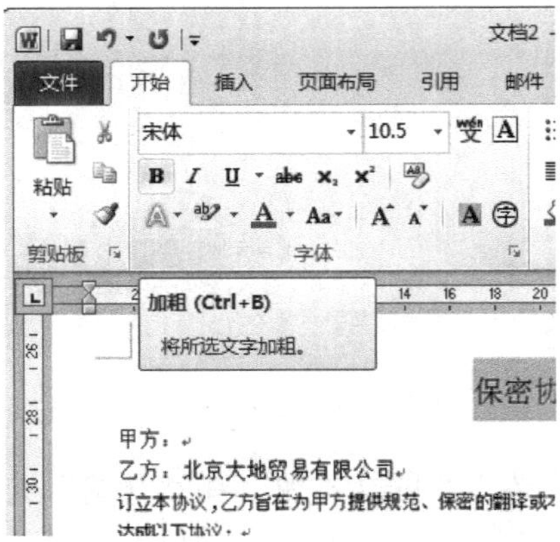

图 2—2—8

（2）倾斜，如图 2—2—9 所示。实例如“*保密协议书*”。

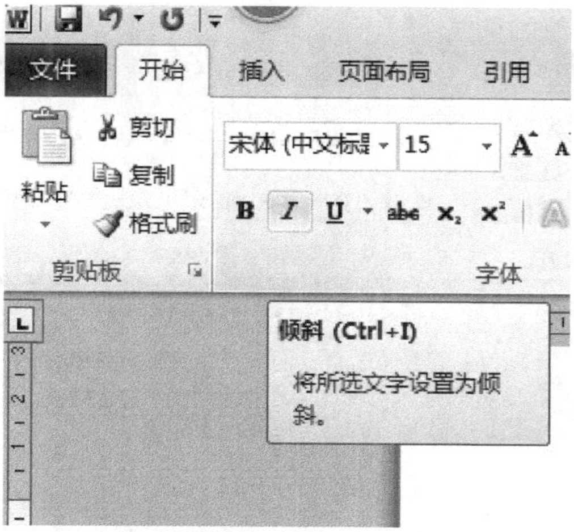

图 2—2—9

（3）加下划线，如图 2—2—10 所示，实例如“保密协议书”。

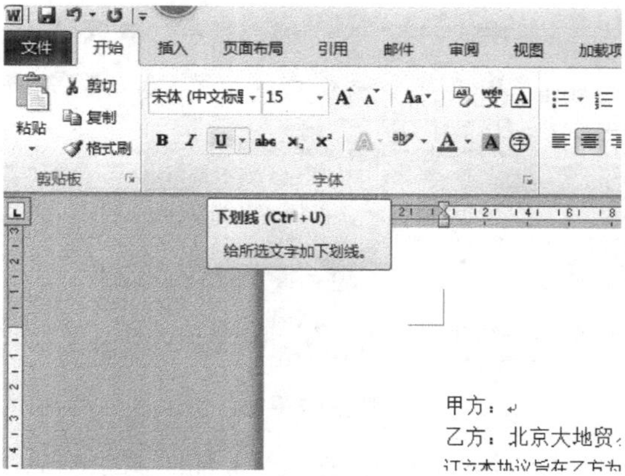

图 2—2—10

（4）加删除线，如图 2—2—11 所示。实例如“~~保密协议书~~”。

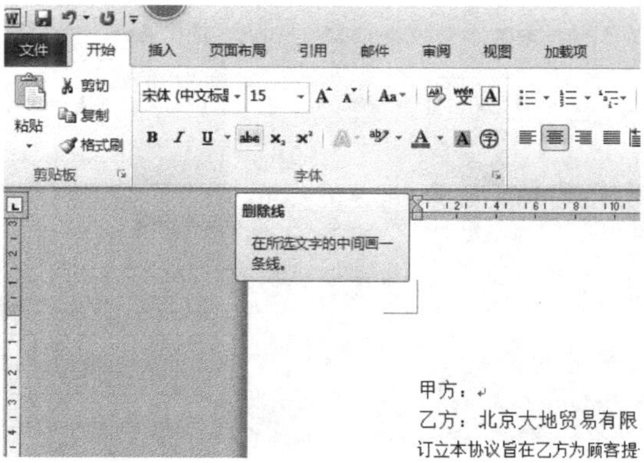

图 2—2—11

（5）加下标，如图 2—2—12 所示。实例如“保密$_{\text{协议书}}$”。

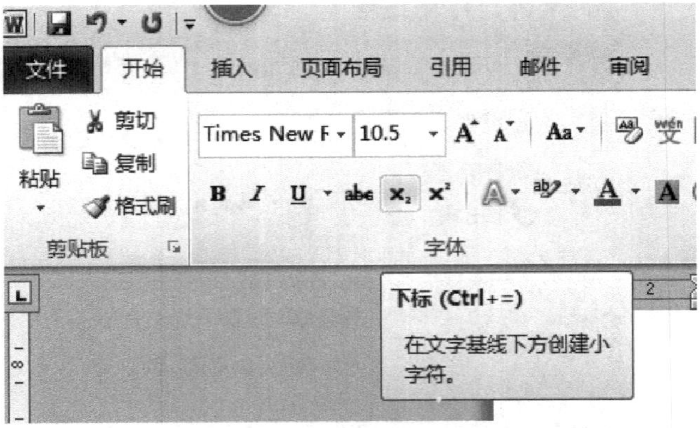

图 2—2—12

（6）加上标，如图 2—2—13 所示。实例如“保密^{协议书}”。

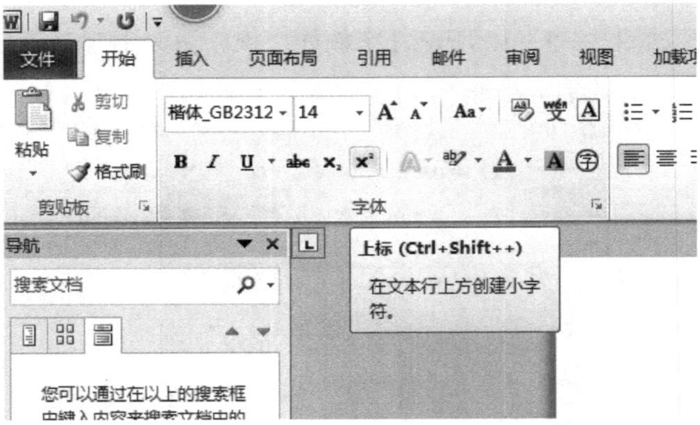

图 2—2—13

（7）设置文本效果，如图 2—2—14 所示。文本加阴影实例如“**保密协议书**”。

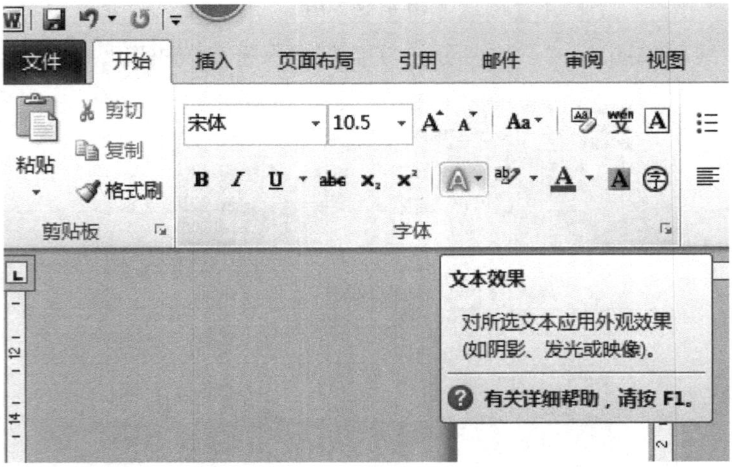

图 2—2—14

（8）以不同颜色突出显示文本，如图 2—2—15 所示。实例如“保密协议书”。

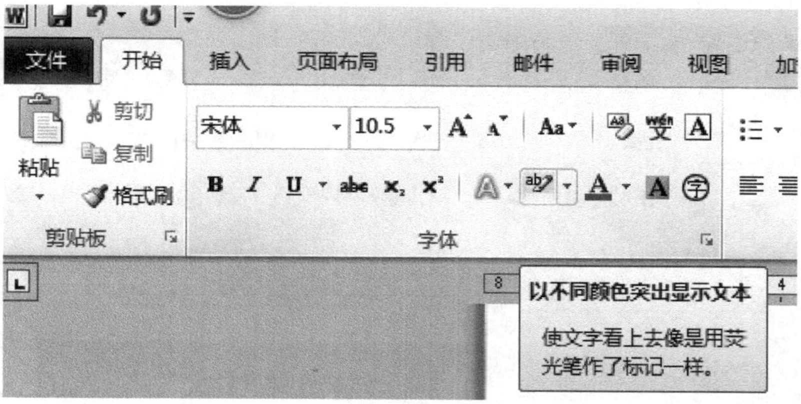

图 2—2—15

（9）改变字体颜色，如图 2—2—16 所示。实例如“保密协议书”。

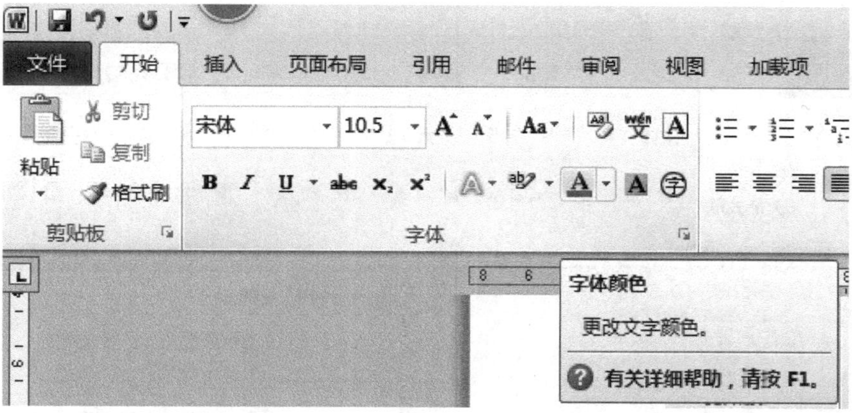

图 2—2—16

（10）为文本加底纹，如图 2—2—17 所示。实例如“保密协议书”。

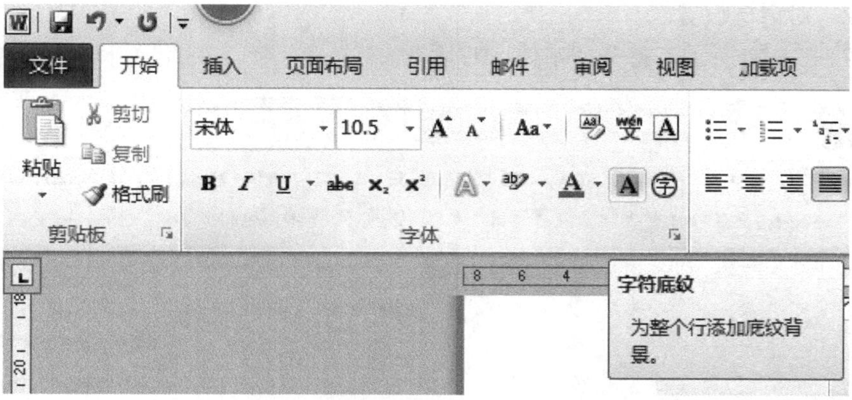

图 2—2—17

（11）为文本加边框，如图 2—2—18 所示。实例如“保密协议书”。

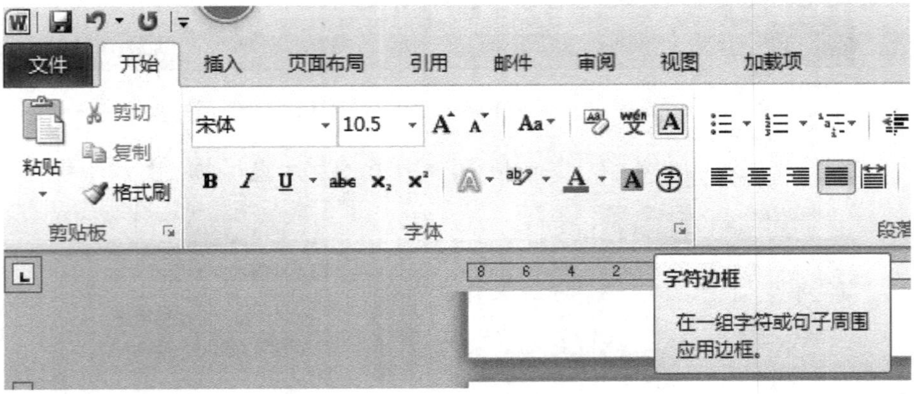

图 2—2—18

（12）清除格式，如图 2—2—19 所示。

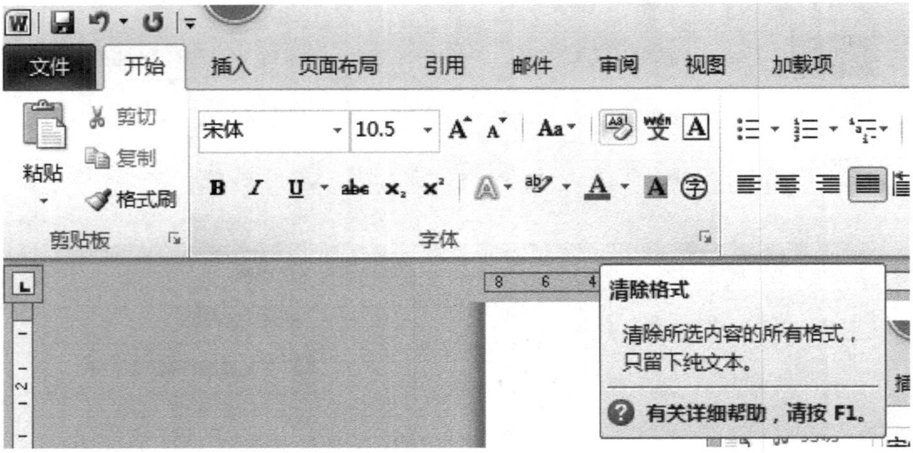

图 2—2—19

方法 2：对话框设置。

如图 2—2—20 所示，打开“字体”对话框。

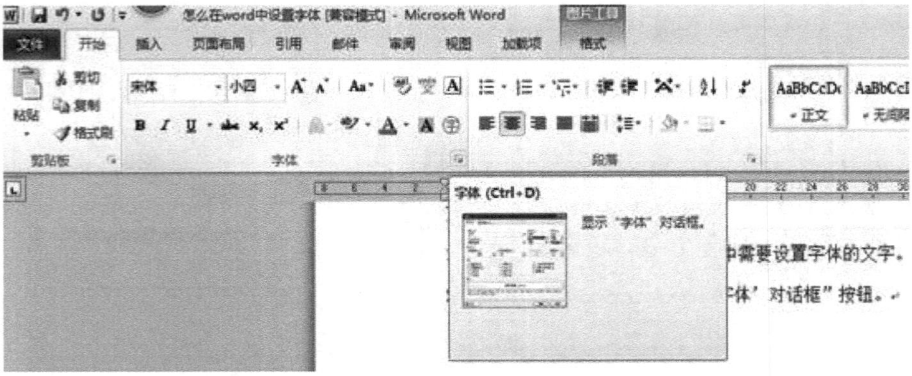

图 2—2—20

在对话框内可以选择相关命令来设置字体效果，如图 2—2—21 所示。

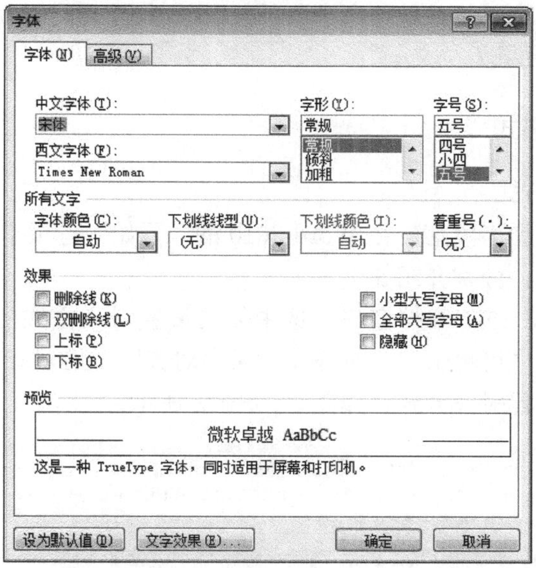

图 2—2—21

4. 字体高级设置

选择“高级”选项卡，有更多的设置选项，如图 2—2—22 所示。

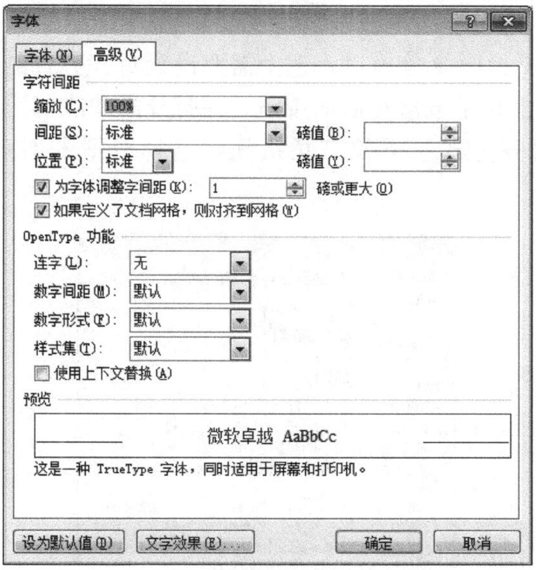

图 2—2—22

（1）缩放：一般文字为正方形，也就是说宽与高之比为 100%，缩放其实就是文字宽高比，例如“文”，缩放调整为 200%后效果为“文”，调整为 50%后为“文”。

（2）间距：指文字间的间隔距离，它有标准、加宽、紧缩三个选项，默认为标准。可以设置以“磅值”为单位的字符间距，如“文字”，加宽 2 磅后的效果为“文字”，紧缩 2 磅的效果为“文字”。

（3）位置：指的是文字在垂直方向的位置，它有标准、提升、降低三个选项，默认为标准。也是以“磅值”为单位，如“文字”，对“字”设置提升 2 磅，效果为“文字”，对“字”设置降低 2 磅，效果为“文字”。

2.2.2 设置段落格式

1. 设置段落对齐方式

对齐方式的应用范围为段落，在 Word 2010 的“开始”选项卡和“段落”对话框中均可以设置文本对齐方式，分别介绍如下：

方法 1：打开 Word 2010 文档窗口，选中需要设置对齐方式的段落。然后在“开始”选项卡的“段落”分组中可单击“左对齐”、“居中对齐”、“右对齐”、“两端对齐”和“分散对齐”按钮为文本设置对齐方式，如图 2—2—23 所示。

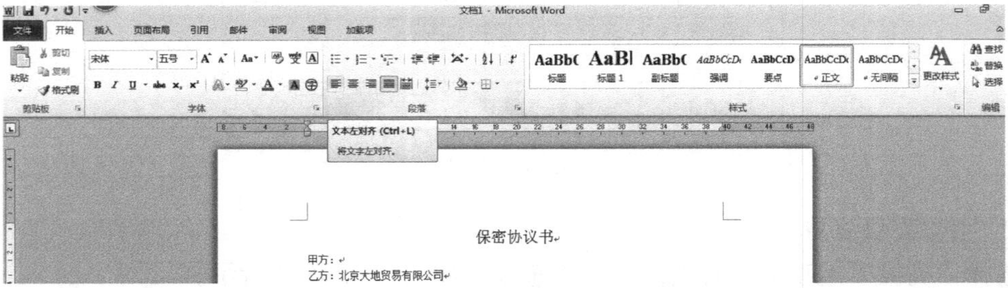

图 2—2—23

方法 2：打开 Word 2010 文档窗口，选中需要设置对齐方式的段落。在“开始”选项卡的“段落”分组中单击显示段落对话框按钮，在打开的“段落”对话框中的“缩进和间距”选项卡下单击“对齐方式”下拉三角按钮，选择合适的对齐方式，如图 2—2—24 所示。

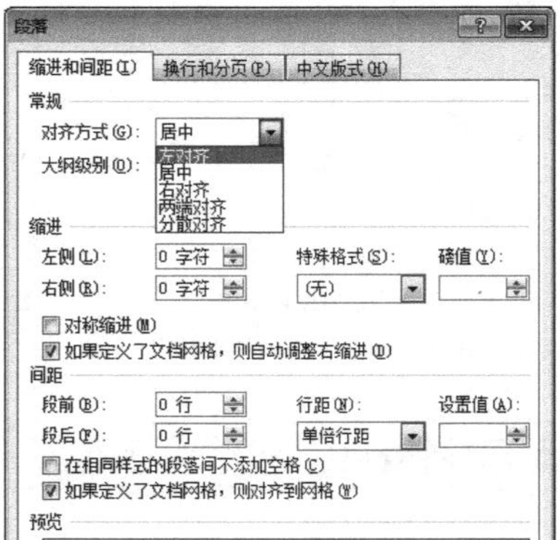

图 2—2—24

2. 设置段落缩进

设置段落缩进，可以调整 Word 2010 文档正文内容与页边距之间的距离。

方法 1：在“段落”对话框中设置段落缩进。

第 1 步，打开 Word 2010 文档窗口，选中需要设置段落缩进的文本段落。在“开始”选项卡的“段落”分组中单击显示段落对话框按钮，如图 2—2—25 所示。

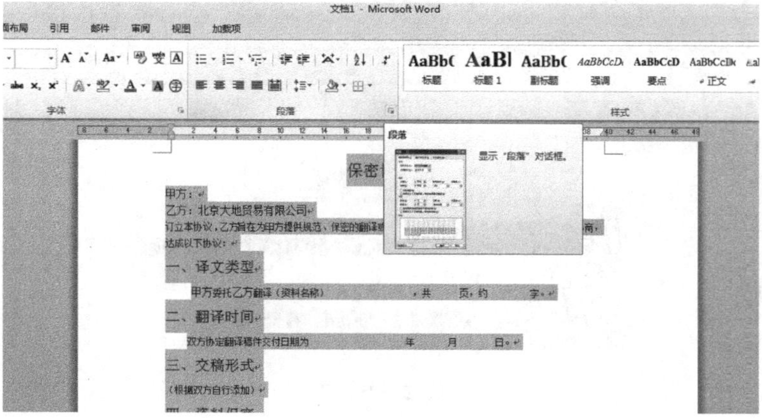

图 2—2—25

第 2 步，在打开的“段落”对话框中切换到“缩进和间距”选项卡，在“缩进”区域调整“左侧”或“右侧”编辑框设置缩进值。然后单击“特殊格式”下拉三角按钮，在下拉列表中选中“首行缩进”或“悬挂缩进”选项，并设置缩进值（通常情况下设置为 2）。设置完毕，单击“确定”按钮，如图 2—2—26 所示。

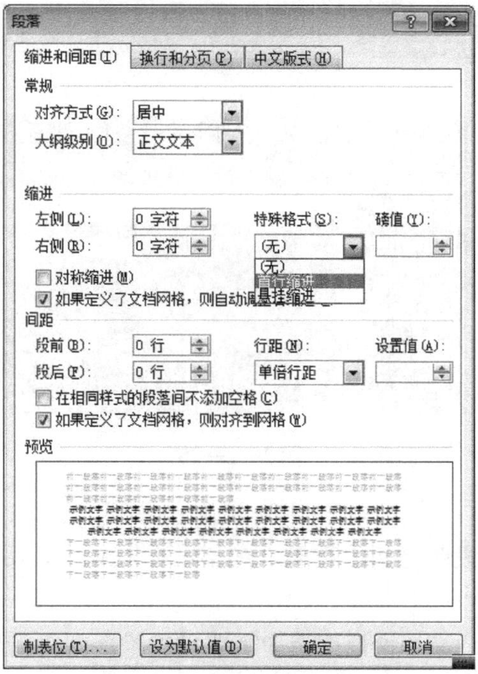

图 2—2—26

方法 2：使用标尺设置段落缩进。

第 1 步，打开 Word 2010 文档窗口，切换到“视图”选项卡。在“显示/隐藏”分组中选中“标尺”复选框，如图 2—2—27 所示。

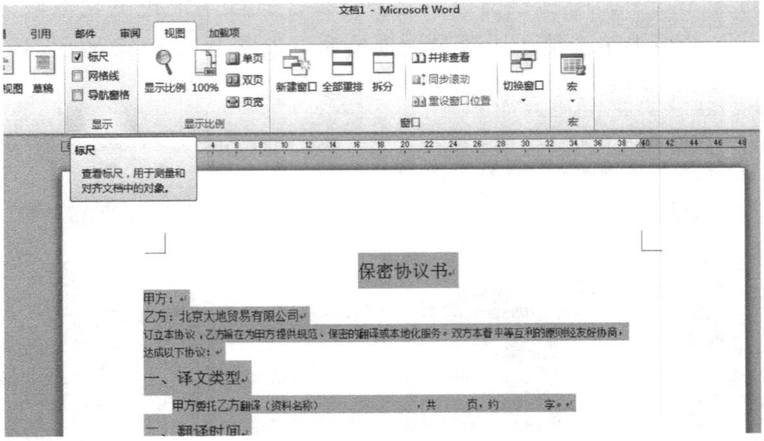

图 2—2—27

第 2 步，在标尺上出现四个缩进滑块，可以拖动“首行缩进”滑块调整首行缩进，拖动“悬挂缩进”滑块设置悬挂缩进的字符，拖动“左缩进”和“右缩进”滑块设置左右缩进，如图 2—2—28 所示。

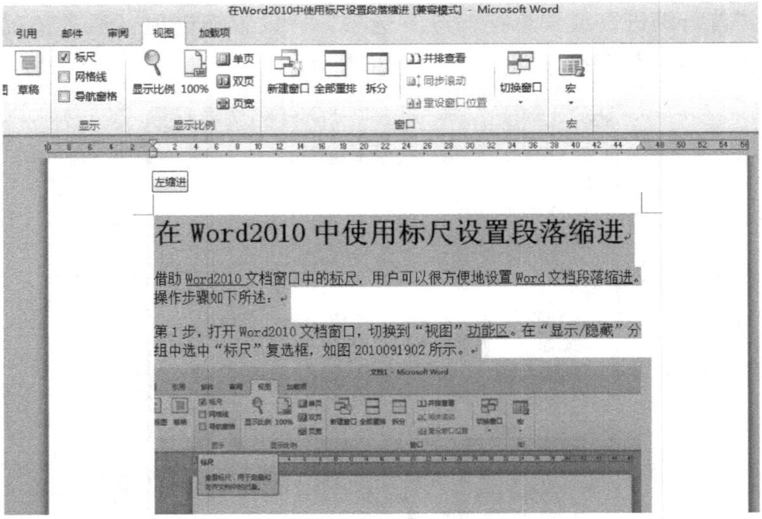

图 2—2—28

3. 设置段落间距

段落间距是指段落与段落之间的距离，在 Word 2010 中，用户可以通过多种渠道设置段落间距。

方法 1：在 Word 2010 文档窗口中选中需要设置段落间距的段落，然后在“开始”选项卡的“段落”分组中单击“行和段落间距”按钮。在打开的“行和段落间距”列表中单击“增加段前间距”或“增加段后间距”命令，以设置段落间距，如图 2—2—29 所示。

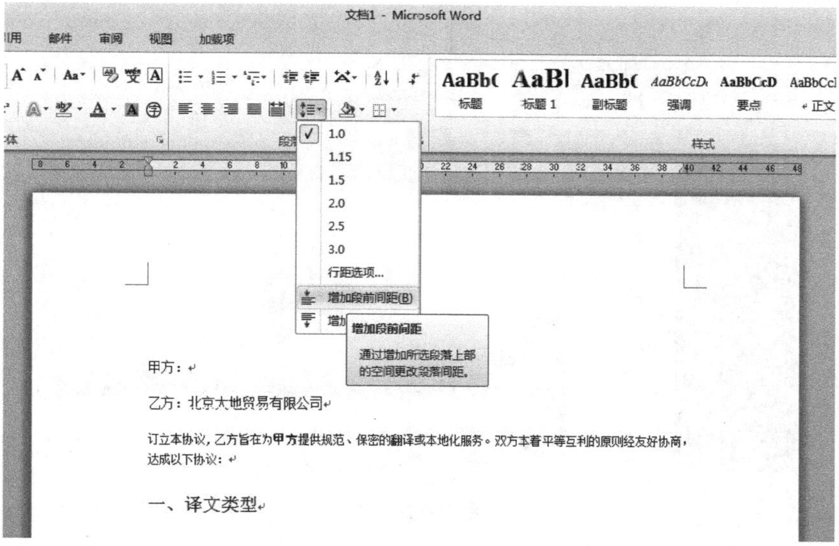

图 2—2—29

方法 2：在 Word 2010 文档窗口中选中需要设置段落间距的段落，在“开始”选项卡的“段落”分组中单击显示段落对话框按钮。打开“段落”对话框，在“缩进和间距”选项卡中的“间距”区域设置“段前”和“段后”的数值，如图 2—2—30 所示。

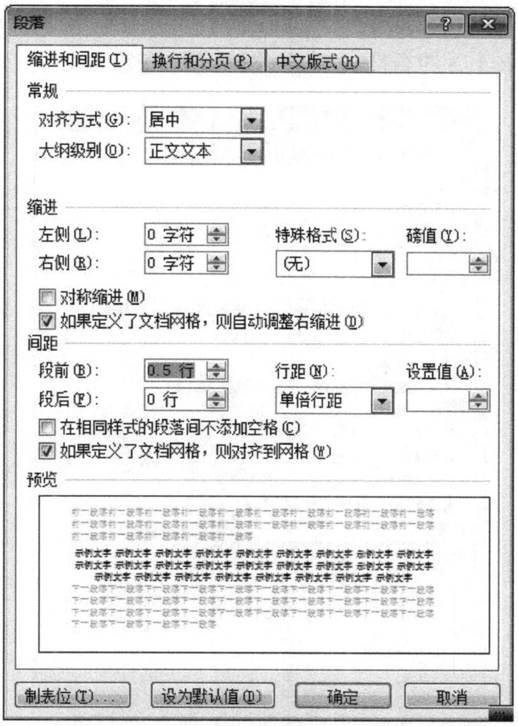

图 2—2—30

方法 3：在 Word 2010 文档窗口切换到“页面布局”选项卡，在“段落”分组的“间距”区域调整“段前”和“段后”数值，如图 2—2—31 所示。

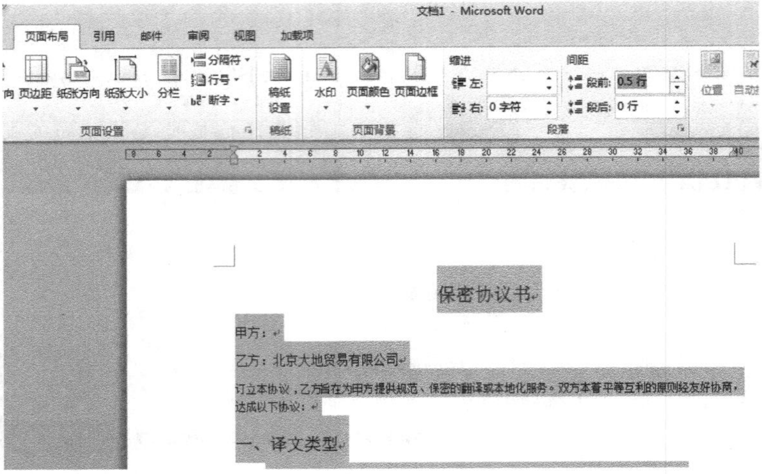

图 2—2—31

4. 设置行距

所谓行距，就是指 Word 2010 文档中行与行之间的距离。用户可以将 Word 2010 文档中的行距设置为固定的某个值（如 15 磅），也可以是当前行高的倍数。步骤如下：

第 1 步，打开 Word 2010 文档窗口，选中需要设置行间距的文档内容。然后在“开始”选项卡的“段落”分组中单击显示段落对话框按钮，如图 2—2—25 所示。

第 2 步，在打开的“段落”对话框中切换到“缩进和间距”选项卡，然后单击“行距”下拉三角按钮，选择合适的行距，单击“确定”按钮，如图 2—2—32 所示。

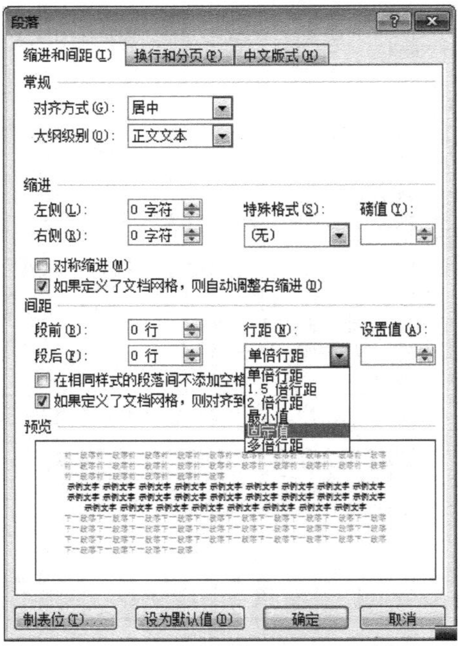

图 2—2—32

在“行距”下拉列表中包含 6 种行距类型，含义如下：

（1）单倍行距：行与行之间的距离为标准行距的 1 行；

（2）1.5 倍行距：行与行之间的距离为标准行距的 1.5 倍；

（3）2 倍行距：行与行之间的距离为标准行距的 2 倍；

（4）最小值：行与行之间使用大于或等于单倍行距的最小行距值，如果用户指定的最小值小于单倍行距，则使用单倍行距，如果用户指定的最小值大于单倍行距，则使用指定的最小值；

（5）固定值：行与行之间的距离使用用户指定的值，需要注意该值不能小于字体的高度；

（6）多倍行距：行与行之间的距离使用用户指定的单倍行距的倍数值。

5. 设置段落分页选项

设置 Word 2010 文档段落分页选项，可以有效控制段落在两页之间的断开方式。

第 1 步，打开 Word 2010 文档窗口，选中需要设置分页选项的段落或选中全文。在“开始”选项卡单击“段落”分组中的显示段落对话框按钮，如图 2—2—25 所示。

第 2 步，在打开的“段落”对话框中切换到“换行和分页”选项卡，在“分页”区域根据实际需要选中合适的复选框，并单击“确定”按钮，如图 2—2—33 所示。

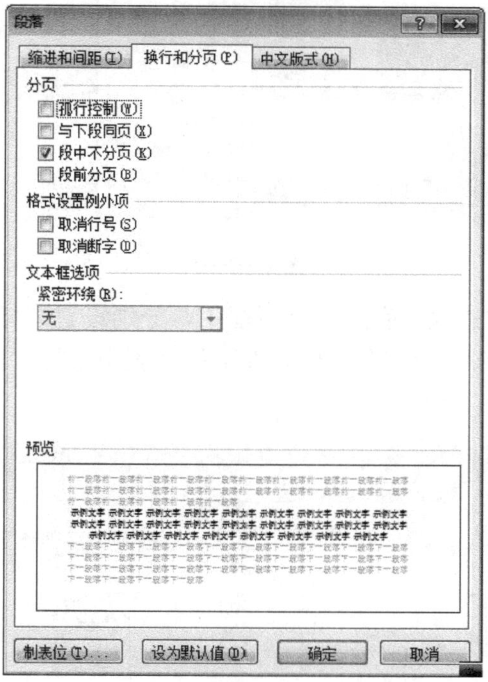

图 2—2—33

与分页有关的 4 个选项的功能如下：

（1）孤行控制：当段落被分开在两页中时，如果该段落在某页的内容只有 1 行，则该段落将完全放置到行数多的那一页；

（2）与下段同页：当前选中的段落与下一段落始终保持在同一页中；

（3）段中不分页：禁止在段落中间分页，如果当前页无法完全放置该段落，则该段落内容将完全放置到下一页；

（4）段前分页：如果段落跨页，则在该段前分页。

6. 设置段落边框的格式

在 Word 2010 文档中插入段落边框，可以使相关段落的内容更加醒目，从而增强 Word 文档的可读性。默认情况下，段落边框的格式为黑色单直线。用户可以设置段落边框的格式，使其更美观。步骤如下：

第 1 步，打开 Word 2010 文档窗口，在“开始”选项卡的“段落”分组中单击“边框”下拉三角按钮，并在打开的菜单中选择“边框和底纹”命令，如图 2—2—34 所示。

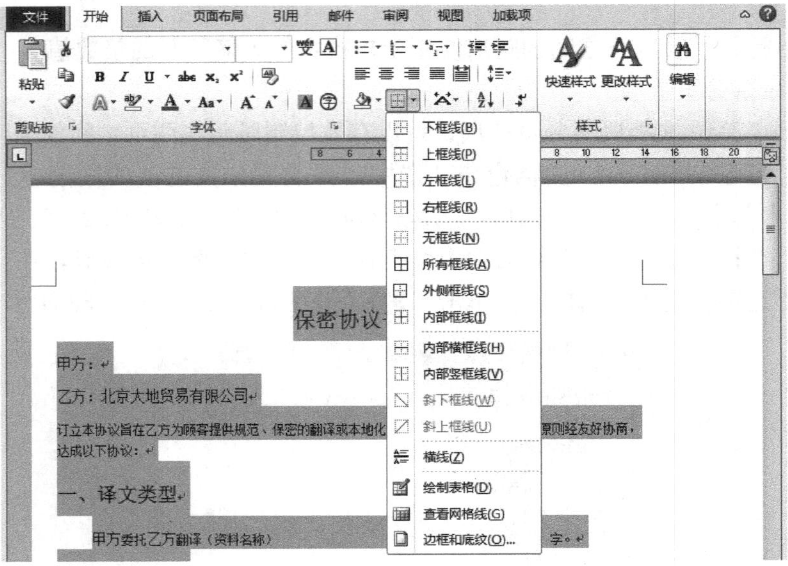

图 2—2—34

第 2 步，在打开的“边框和底纹”对话框中，分别设置“样式”、“颜色”以及“宽度”。然后单击“应用于”下拉三角按钮，在下拉列表中选择“段落”选项，并单击“选项”按钮，如图 2—2—35 所示。

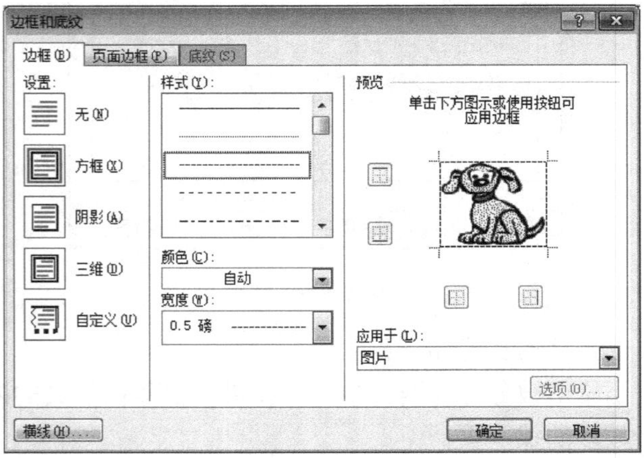

图 2—2—35

第 3 步，打开“边框和底纹选项”对话框，在“边距”区域设置边框与正文的间距数值，并单击“确定”按钮，如图 2—2—36 所示。

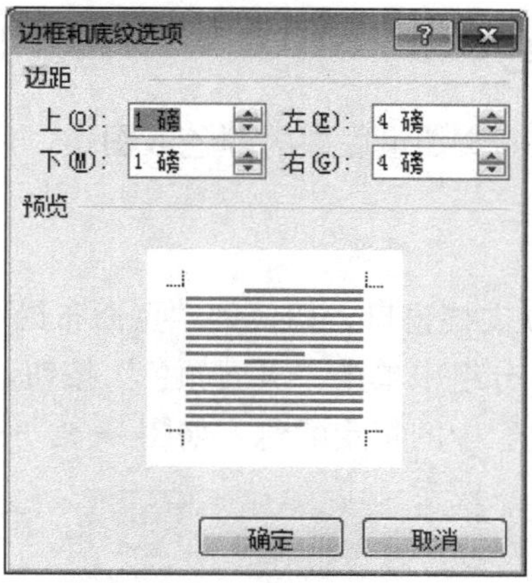

图 2—2—36

第 4 步，返回“边框和底纹”对话框，单击“确定”按钮。返回 Word 2010 文档窗口，选中需要插入边框的段落，插入新设置的边框，如图 2—2—37 所示。

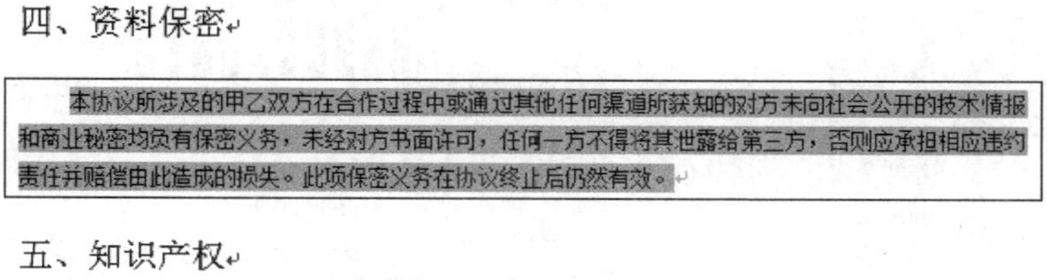
四、资料保密

本协议所涉及的甲乙双方在合作过程中或通过其他任何渠道所获知的对方未向社会公开的技术情报和商业秘密均负有保密义务，未经对方书面许可，任何一方不得将其泄露给第三方，否则应承担相应违约责任并赔偿由此造成的损失。此项保密义务在协议终止后仍然有效。

五、知识产权

图 2—2—37

7. 设置段落底纹

为 Word 2010 文档设置段落底纹，可以突出显示重要段落的内容，增强可读性。在 Word 2010 中设置段落底纹的步骤如下：

第 1 步，打开 Word 2010 文档窗口，选中需要设置底纹的段落。

第 2 步，在“开始”选项卡的“段落”分组中单击“底纹”下拉三角按钮，在打开的底纹颜色面板中选择合适的颜色，如图 2—2—38 所示。

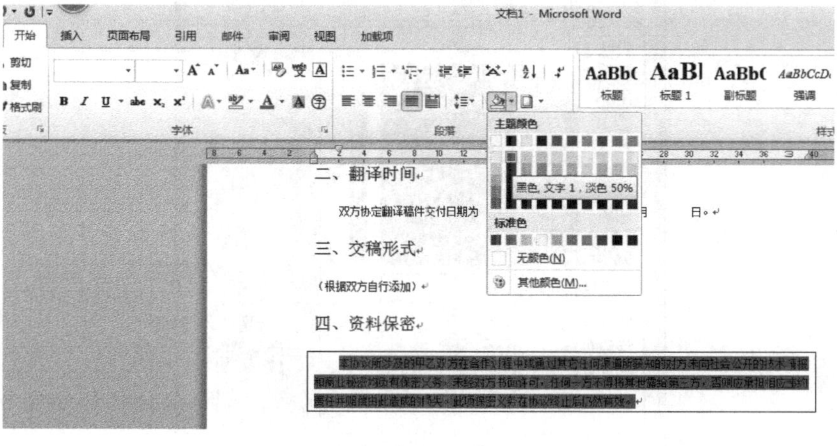

图 2—2—38

2.2.3 设置页面背景颜色

页面背景是指显示于 Word 文档最底层的颜色或图案，用于丰富 Word 文档的页面显示效果。

1. 设置单色页面背景

第 1 步，打开 Word 2010 文档窗口，切换到“页面布局”选项卡。

第 2 步，在“页面背景”分组中单击“页面颜色”按钮，并在打开的页面颜色面板中选择“主题颜色”或“标准色”中的特定颜色，如图 2—2—39 所示。

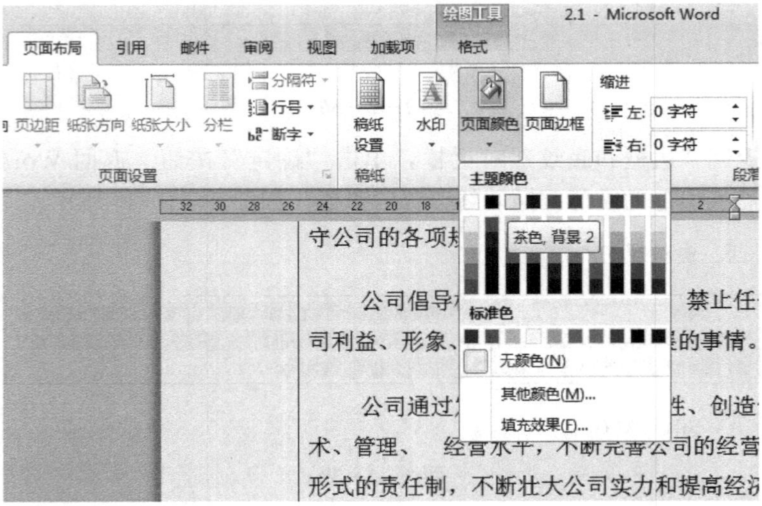

图 2—2—39

如果“主题颜色”和“标准色”中显示的颜色依然无法满足用户的需要，可以单击“其他颜色”按钮，在打开的“颜色”对话框中切换到“自定义”选项卡，选择合适的颜色。设置完毕，单击“确定”按钮，如图 2—2—40 所示。

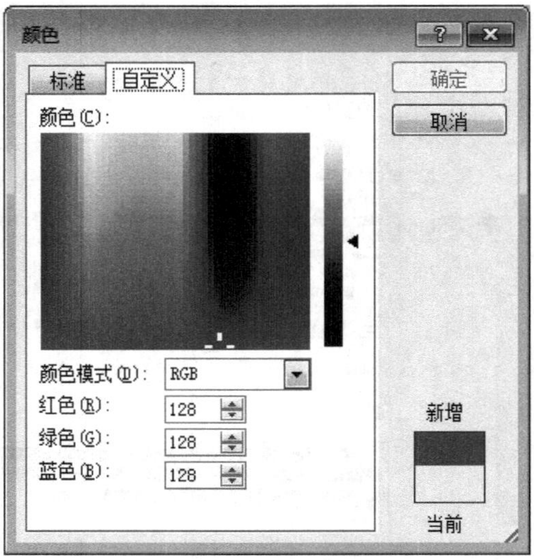

图 2—2—40

2. 设置渐变页面背景颜色

在 Word 2010 文档窗口中使用单色的页面背景，看起来似乎有些单调，并且很难呈现出让人眼前一亮的效果。而如果使用渐变颜色作为 Word 文档页面背景，则可以使 Word 文档富有层次感，步骤如下：

第 1 步，打开 Word 2010 文档窗口，切换到“页面布局”选项卡。在“页面背景”分组中单击“页面颜色”按钮，并在打开的页面颜色面板中选择“填充效果”命令，如图 2—2—41 所示。

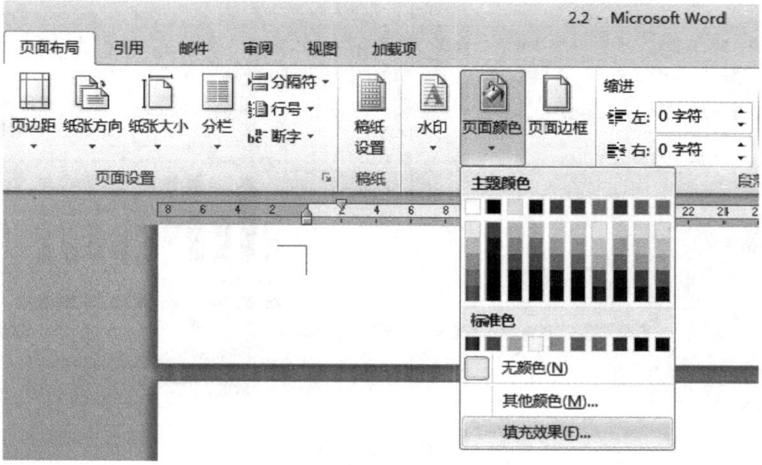

图 2—2—41

第 2 步，在打开的“填充效果”对话框中，切换到“渐变”选项卡。在“颜色”区域选中“双色”单选框，然后分别选择“颜色 1”和“颜色 2”。在“底纹样式”区域选择颜色的渐变方向，包括“水平”、“垂直”、“斜上”、“斜下”、“角部辐射”和“中心辐射”几种样式。设置完毕，单击“确定”按钮，如图 2—2—42 所示。

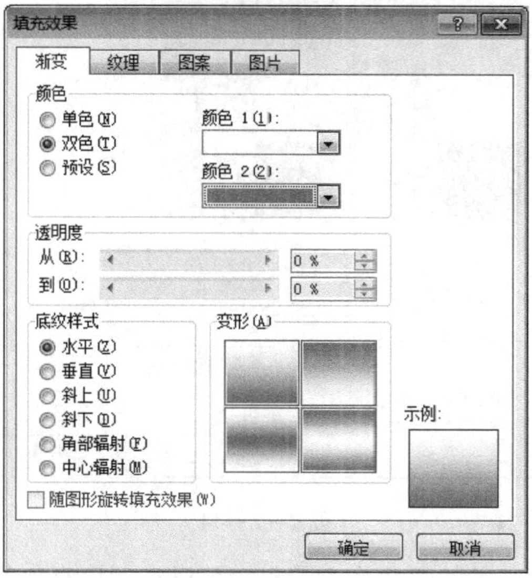

图 2—2—42

3. 设置纹理或图片背景

Word 2010 文档不仅可以使用单色或渐变颜色作为背景，还可以使用图片或纹理作为背景。其中纹理背景主要使用 Word 2010 内置的纹理进行设置，而图片背景则可以由用户使用自定义图片进行设置。步骤如下：

第 1 步，打开 Word 2010 文档窗口，切换到“页面布局”选项卡。在“页面背景”分组中单击“页面颜色”按钮，在打开的页面颜色面板中选择“填充效果”命令，如图 2—2—43 所示。

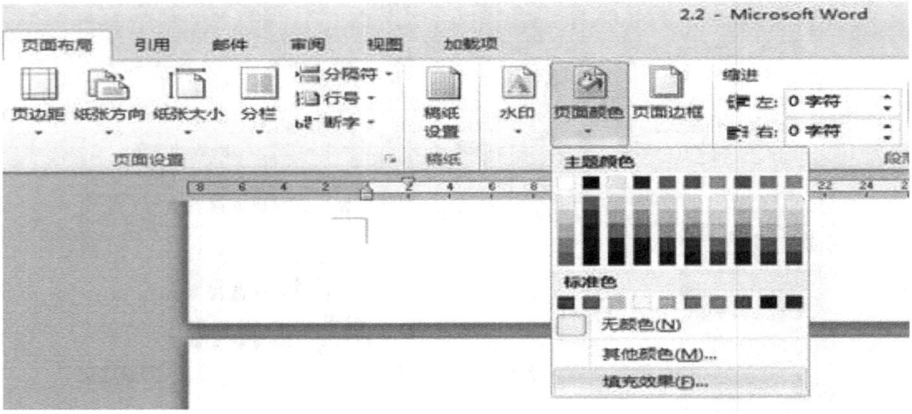

图 2—2—43

第 2 步，在打开的“填充效果”对话框中切换到“纹理”选项卡，在纹理列表中选择合适的纹理样式，单击“确定”按钮，如图 2—2—44 所示。

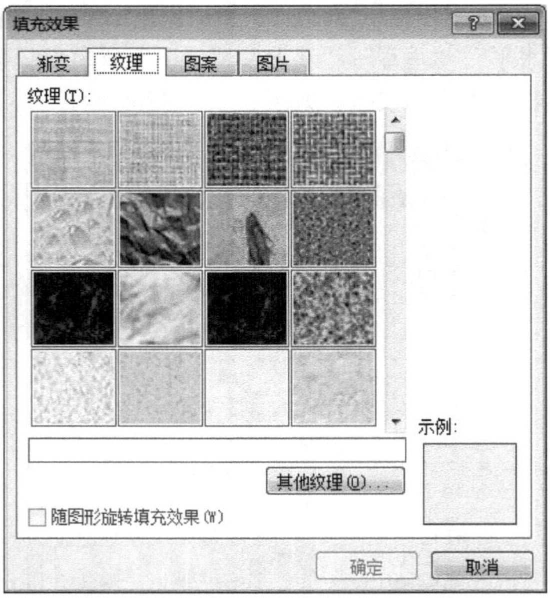

图 2—2—44

如果用户需要使用自定义的图片作为背景，可以在“填充效果”对话框中切换到“图片”选项卡，单击“选择图片”按钮选中图片，并单击“确定”按钮，如图 2—2—45 所示。

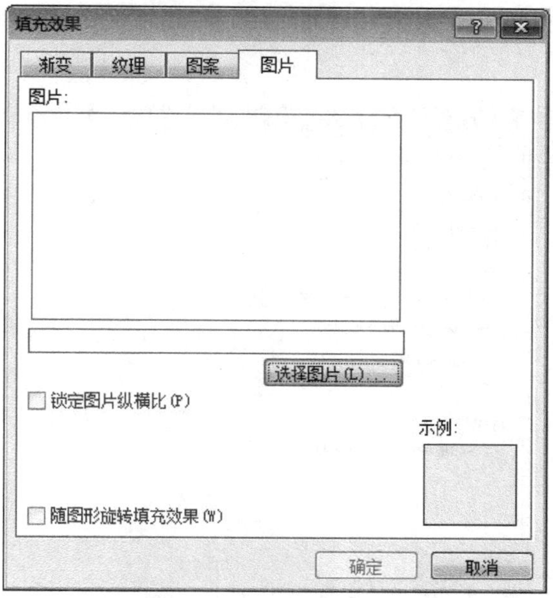

图 2—2—45

2.2.4　审阅文档

1. 打开和关闭“审阅”选项卡

用户可以根据实际工作需要打开和关闭 Word 2010 中的选项卡，从而自定义 Word 2010 的工作界面。如果遇到选项卡不显示的情况，也可以通过该方法解决。以打开和关闭“审阅”选项卡为例，具体操作步骤如下：

第 1 步，打开 Word 2010 文档窗口，依次单击“文件”→“选项”命令，如图 2—2—46 所示。

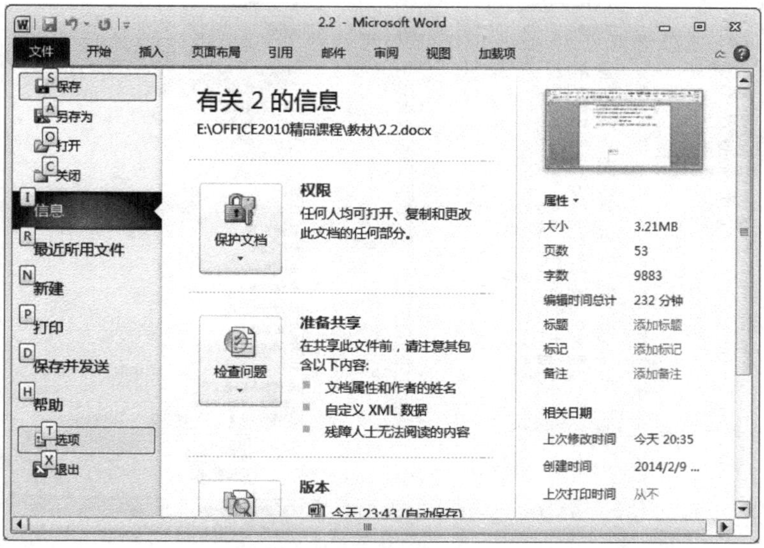

图 2—2—46

第 2 步，在打开的“Word 选项”对话框中，单击左侧的“自定义功能区”按钮，如图 2—2—47 所示。

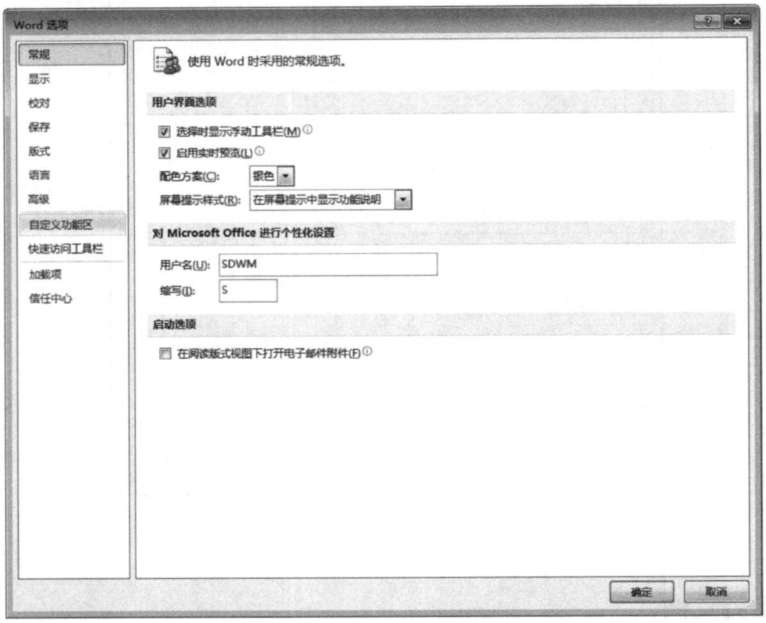

图 2—2—47

第 3 步，打开“自定义功能区”选项卡，在右侧的“自定义功能区”列表“主选项卡”区域选中或取消“审阅”复选框，即可打开或关闭“审阅”选项卡。设置完毕，单击“确定”按钮，如图 2—2—48 所示。

图 2—2—48

2. 审阅中的修订功能

"修订"功能简介：审阅一份报告时，可能会使用别的颜色去标记修订的内容，方便别人查看修改后的结果，这时可以使用 Word 2010 的修订功能，它可以将修改的内容标记成红色，删除的内容会加一横线以示删除，如果文档是多人共享编辑，它还可以显示谁作的修改，接受或者拒绝别人的修改等，非常好用。

效果如图 2—2—49 所示。

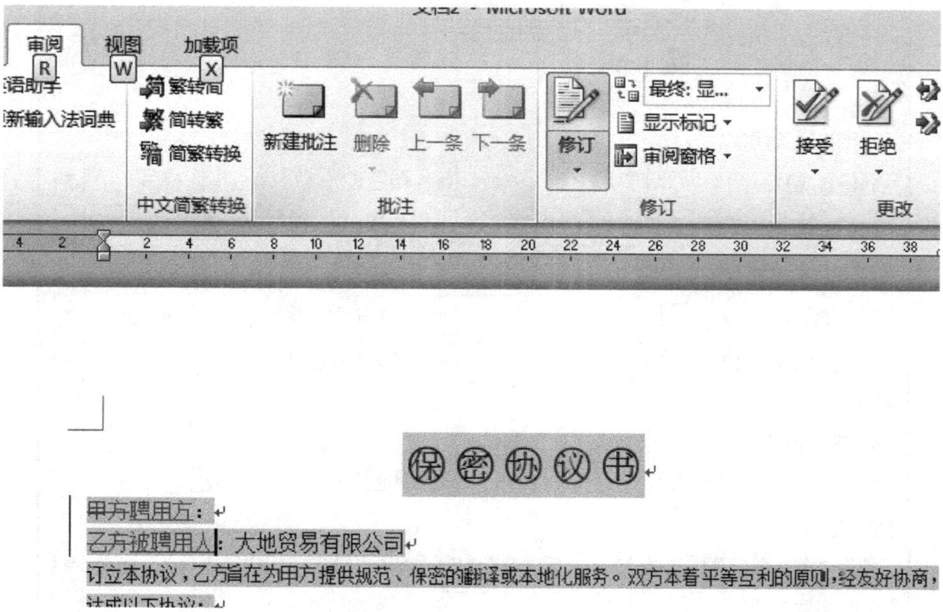

图 2—2—49

启动"修订"功能后，删除的文字会加一横线在字体中间，字体为红色，添加的文字也会以红色字体呈现，当然，也可以修改成自己喜欢的颜色，操作如下：

第 1 步，点击"审阅"→"修订"→"修订选项"，如图 2—2—50 所示。

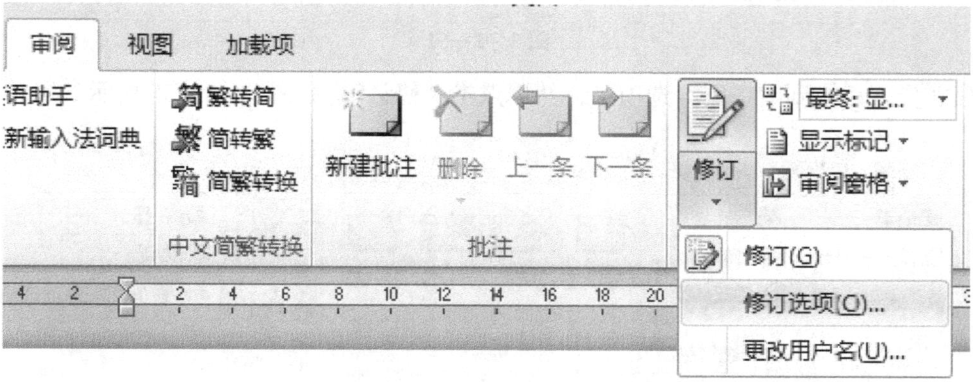

图 2—2—50

第 2 步，在弹出的"修订选项"（如图 2—2—51 所示）窗口对颜色进行修改。

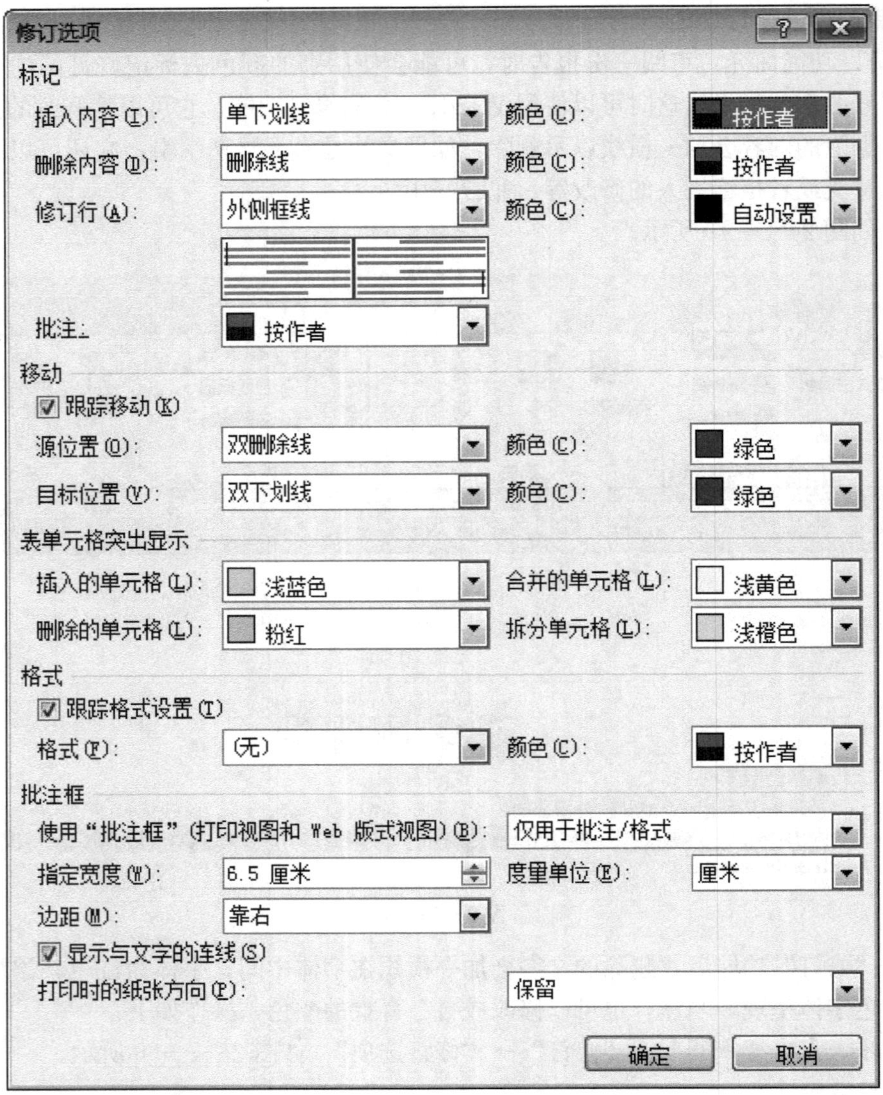

图 2—2—51

第 3 步，切换到“审阅”选项卡，然后点击“修订”，如图 2—2—52 所示。

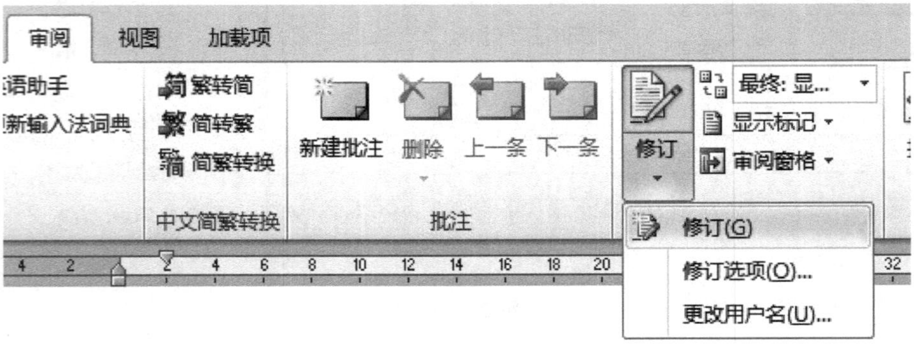

图 2—2—52

第 4 步，针对修订结果，可以选择“接受”或“拒绝”，如图 2—2—53 所示。

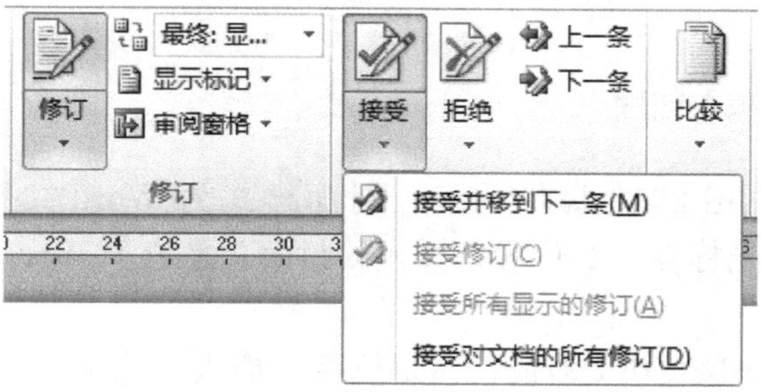

(a)

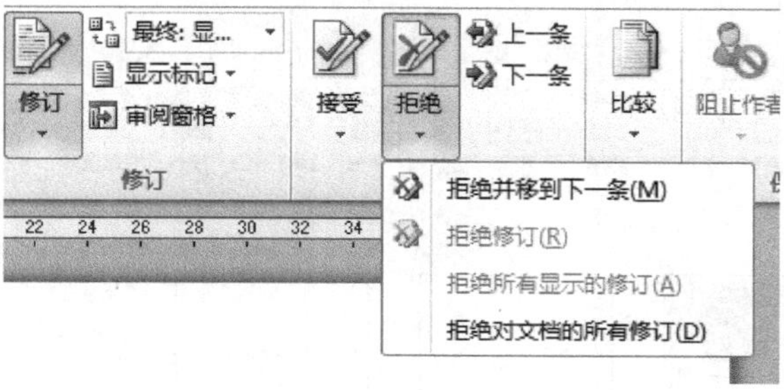

(b)

图 2—2—53

默认情况下，修订的效果会在原文档上显示，但是看起来不是很美观，这时可以改变它的显示方式：点击“显示标记”→“批注框”→“在批注框中显示修订”，如图 2—2—54 所示。

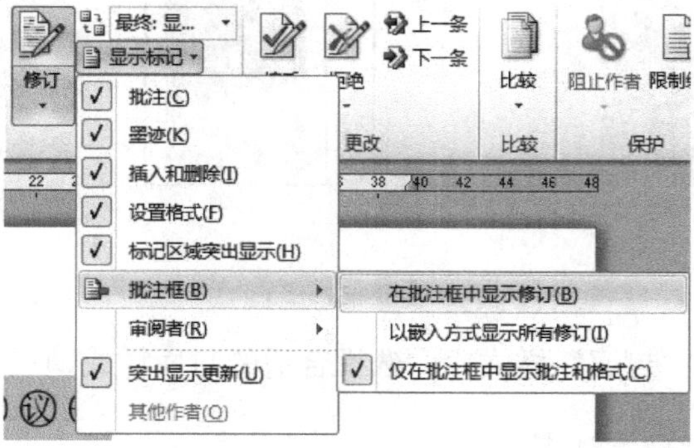

图 2—2—54

实例如图 2—2—55 所示。

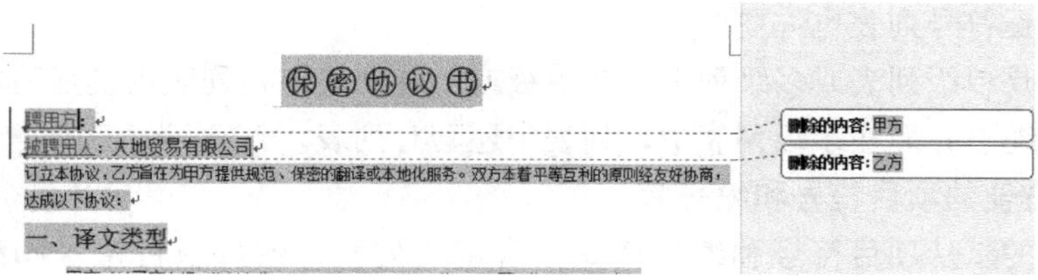

图 2—2—55

当然，也可以使用其他两种方式——“以嵌入方式显示所有修订”和“仅在批注框中显示批注和格式”。

2.2.5 在文档中插入封面

用户可以借助 Word 2010 提供的多种封面样式为 Word 文档插入风格各异的封面。无论当前插入点光标在什么位置，插入的封面总是位于 Word 文档的第 1 页。步骤如下：

第 1 步，打开 Word 2010 文档窗口，切换到“插入”选项卡，在“页”分组中单击“封面”按钮，如图 2—2—56 所示。

图 2—2—56

第 2 步，在打开的“封面”样式库中选择合适的封面样式即可。

2.2.6 项目符号与编号列表

列表在文档中可谓神通广大。从汇总信息到使信息通俗易懂，列表用途广泛。列表有编号列表与项目符号列表之分。如果信息有前后顺序，则编号列表必不可少；如果顺序无关紧要，则项目符号列表也许更好。

列表可以是单级列表或多级列表。在单级或单层列表中，列表内的所有项都拥有相同的层次结构和缩进；而在多级列表中，列表中还套有列表。

1. 使用方便的项目符号和编号库

使用列表的默认项目符号和编号格式，自定义列表，或从项目符号和编号库（见图 2—2—57）中选择其他格式。

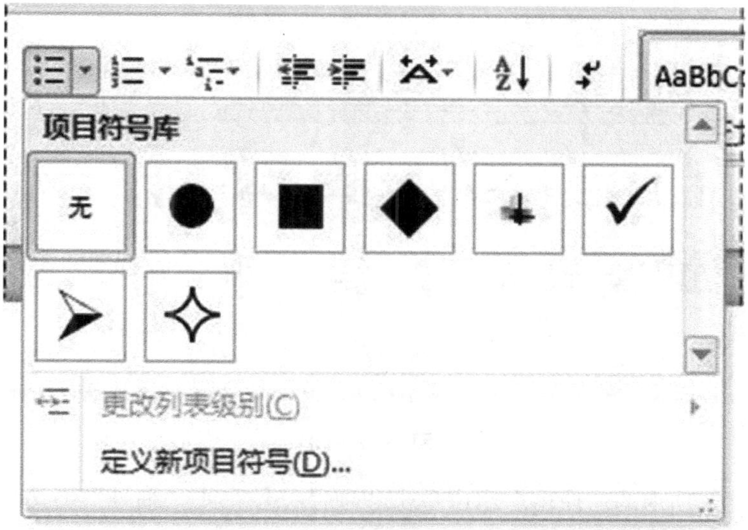

图 2—2—57

也可以将项目符号或编号设为与列表中的文本不同的格式。例如，单击编号并更改整个列表的编号颜色，但不更改列表中的文本颜色，如图 2—2—58 所示。

创建图片项目符号列表可为文档或网页添加视觉效果，如图 2—2—59 所示。

1. 译文类型
2. 翻译时间
3. 交稿形式

图 2—2—58

◈ 译文类型
◈ 翻译时间
◈ 交稿形式

图 2—2—59

2. 键入项目符号列表或编号列表

Word 可在键入文本时自动创建项目符号和编号列表，也可以快速给现有文本行添加项目符号或编号。

(1) 键入“*(星号)”开始项目符号列表，或键入“1.”开始编号列表，然后按空格键或 Tab 键。

(2) 键入所需的文本。

(3) 按 Enter 添加下一个列表项。Word 会自动插入下一个项目符号或编号。

(4) 要完成列表，按两次 Enter，或按 Backspace 删除列表中的最后一个项目符号或编号。

(5) 如果项目符号和编号不能自动开始，则单击“文件”→“选项”→“校对”→“自动更正选项”→“键入时自动套用格式”，在“键入时自动应用”下，选中“自动项目符号列表”复选框和“自动编号列表”复选框。

3. 在列表中添加项目符号或编号

选择要向其添加项目符号或编号的项目。

在“开始”选项卡上的“段落”组中，单击“项目符号”或“编号”，如图 2—2—60 所示。

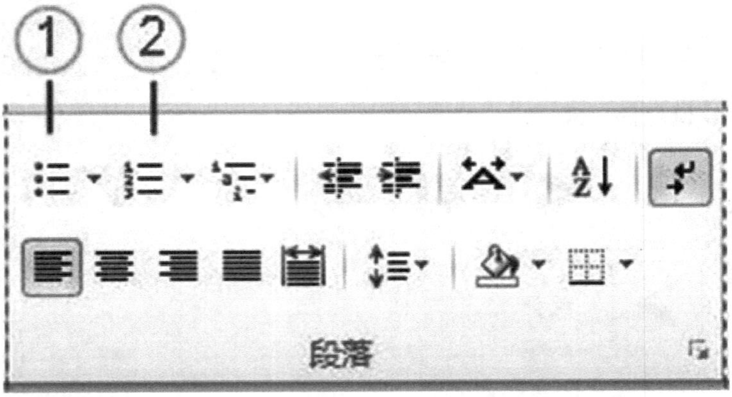

图 2—2—60

在“开始”选项卡的“段落”组中单击“项目符号”或“编号”旁边的箭头，可找到多种不同的项目符号样式和编号格式。

4. 调整任何列表的缩进量

调整任何列表的缩进量而不改变其级别，方法是单击右键，然后选择“调整列表缩进”。

由于一些列表的不同级别具有相同的缩进量，因此更改列表与边距之间的缩进量时，不要使用 Tab 键或“增加缩进量”按钮。否则会创建新列表级别，虽然列表看起来没有问题，但创建新列表时，所有级别都将混在一起。

5. 均匀分布列表项

清除相应的复选框即可增大所有列表中各行之间的间距。

在“开始”选项卡的“样式”组中，单击“样式”库旁边的下拉箭头（如图 2—2—61 所示），然后右键单击“列出段落”样式。

图 2—2—61

单击“修改”。在“修改样式”对话框中，单击“格式”，然后单击“段落”。

在“段落”对话框的“缩进和间距”标签下，清除“在相同样式的段落间不添加空格”复选框。

6. 左移或右移整个列表

单击列表中的项目符号或编号以突出显示列表。

将列表拖动到新位置。整个列表将在拖动时相应移动，编号级别不会更改，如图 2—2—62 所示。

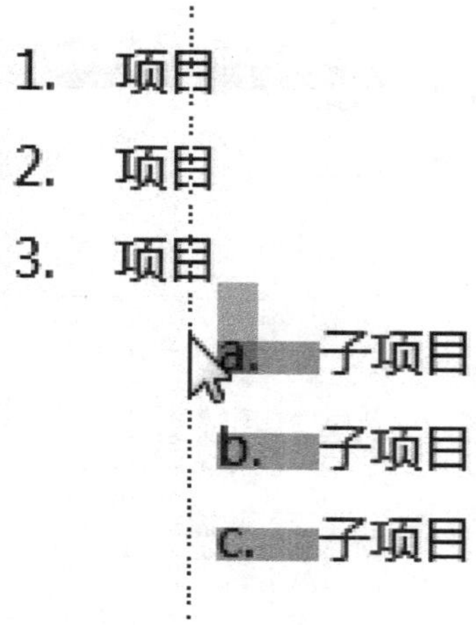

图 2—2—62

7. 将单级列表转换为多级列表

通过更改列表项的分层级别，可将现有列表转换为多级列表。

单击要移到其他级别的任何项目。

在“开始”选项卡上的“段落”组中，单击“项目符号”或“编号”旁边的箭头，单击“更改列表级别”，然后单击所需的级别，如图 2—2—63 所示。

图 2—2—63

8. 从库中选择多级列表样式

单击列表中的项目。

在“开始”选项卡上的“段落”组中，单击“多级列表”旁边的箭头，单击所需的多级列表样式，如图 2—2—64 所示。

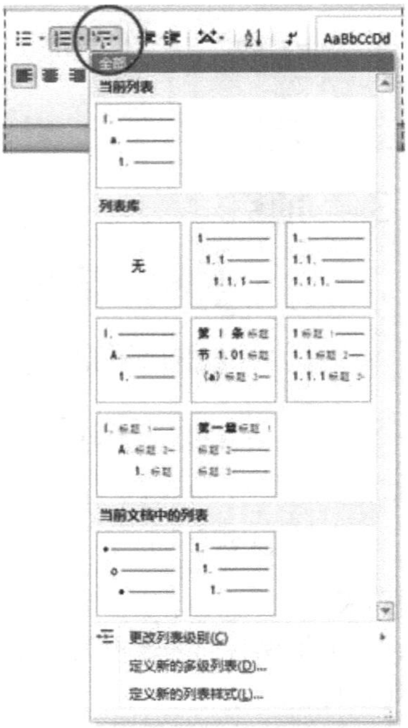

图 2—2—64

2.2.7 中文版式

1. 拼音指南

在 Word 2010 文档中，用户可以借助“拼音指南”功能为汉字添加汉语拼音。默认情况下，拼音会被添加到汉字的上方，且汉字和拼音被合并成一行，使得汉字和拼音的字号很小。因此很多情况下需要将拼音添加到汉字的右侧，如“拼（pīn）音（yīn）指（zhǐ）南（nán）”这样的形式。这时可以使用 Word 2010 提供的粘贴文本功能，操作步骤如下：

第 1 步，打开 Word 2010 文档窗口，选中需要添加汉语拼音的汉字。在“开始”选项卡的“字体”分组中单击“拼音指南”按钮，如图 2—2—65 所示。

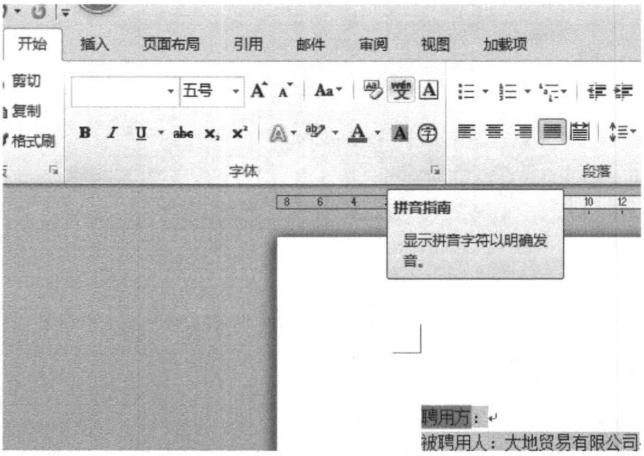

图 2—2—65

第 2 步，在打开的“拼音指南”对话框中确认所选汉字的读音正确，然后单击“确定”按钮，如图 2—2—66 所示。

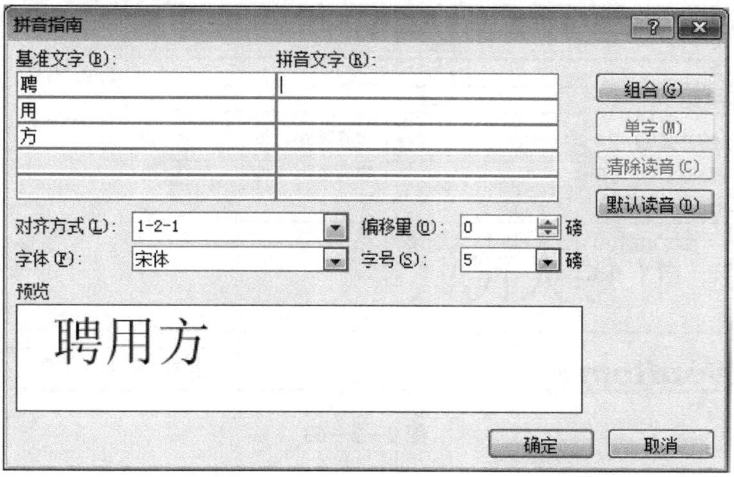

图 2—2—66

第 3 步，返回 Word 2010 文档窗口，选中已经添加拼音的汉字。右键单击被选中的汉字，在打开的快捷菜单中选择“复制”命令。然后在空白位置单击鼠标右键，在打开的快捷菜单中“粘贴选项”区域选择“只保留文本”命令，则汉语拼音将被放置到汉字的右侧，如图 2—2—67 所示。

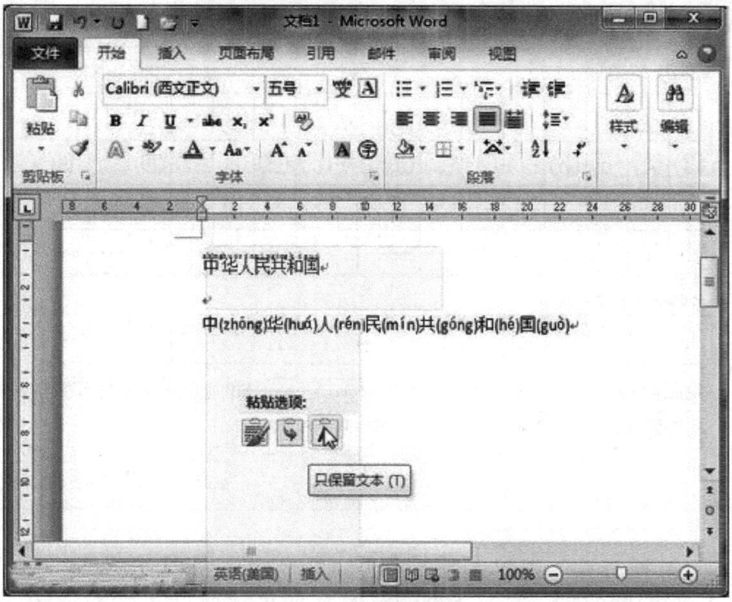

图 2—2—67

如果需要的汉语拼音为“中华人民共和国（zhōnghuárénmíngònghéguó）”这种形式，则可以在“拼音指南”对话框中单击“组合”按钮，然后执行第 3 步操作，如图 2—2—68 所示。

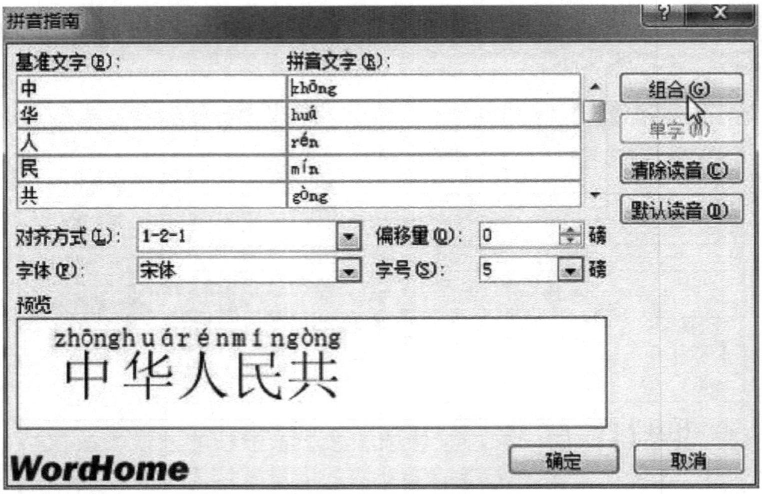

图 2—2—68

2. 带圈字符

掌握在 Word 中输入带圈字符是非常有用的，一些序号或者在方框中打钩、打叉，都要用到输入带圈字符的知识。

方法 1：插入符号。

插入“符号”，找到带圈的数字，然后选中“插入”即可。如图 2—2—69 所示。

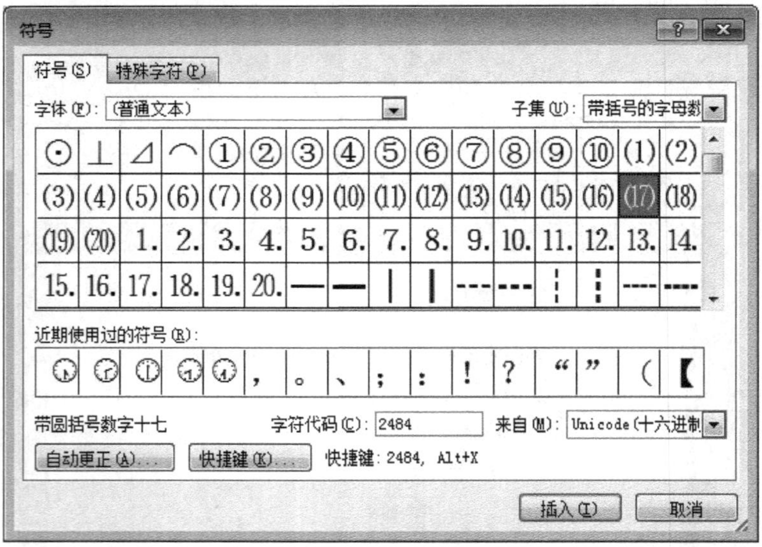

图 2—2—69

弊端：Word 只提供了①～⑩十个带圈字符，如果需要输入的数字大于 10，则该方法不可用。

方法 2：先输入数字，再加圈。

输入 1～99 任意一个数字，以“66”为例，在“开始”选项卡的“字体”分组选择“带圈字符”（如图 2—2—70所示）。

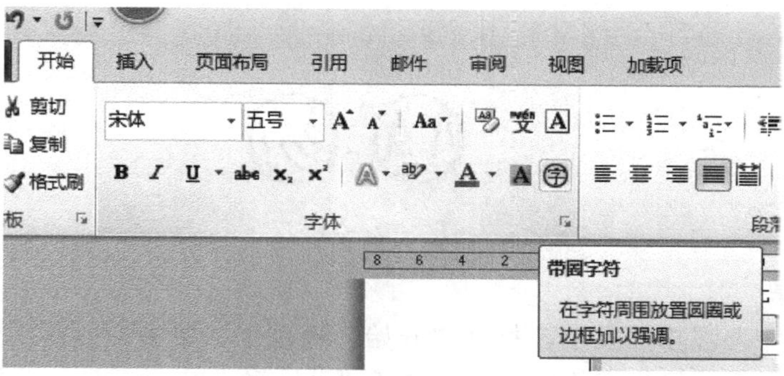

图 2—2—70

如果是选中数字后点击的“带圈字符”，那么直接点击“确定”就可以；如果没有选中数字，那么在“文字”处输入数字，点击“确定”，如图 2—2—71 所示。

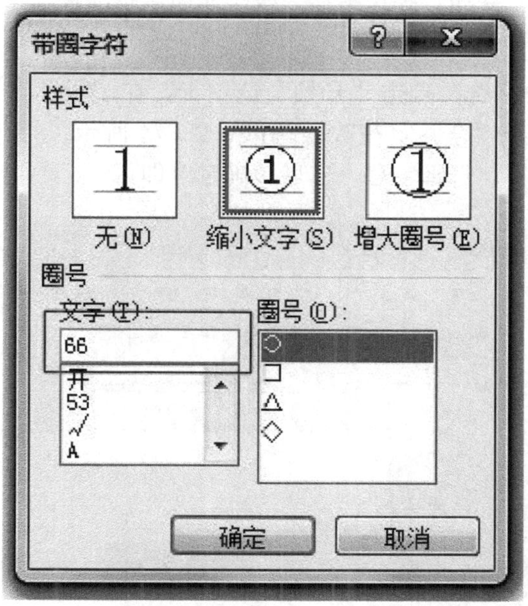

图 2—2—71

范例见图 2—2—72。

图 2—2—72

同理，也可以输入带圈的字母或者汉字，字母为两个字母，汉字为一个汉字，如图 2—2—73 所示。

图 2—2—73

3. 纵横混排

在文档中选中要混排的文字，打开“开始”选项卡，单击“段落”组中的“中文版式”下拉列表，单击“纵横混排”命令，打开“纵横混排”对话框，单击“确定”按钮，文档中的数字就是横排的。如果选择的字数较多，在文档中根本看不清设置的效果，可以打开“纵横混排”对话框，清除“适应行宽”复选框，再单击“确定”按钮。

如果要恢复原来的样子，就将光标定位在混排的文字中，打开“纵横混排”对话框，单击“删除”→“确定”按钮，文档中的文字就变回原来的样子了。

4. 合并字符

首先选中要合并的字符，点击“开始”选项卡，在“段落”区域中，点击“中文版式”下拉列表，然后选择“合并字符”，如图 2—2—74 所示。打开“合并字符”对话框，要合并的字符最多六个字，选择字号，然后“确定”即可。

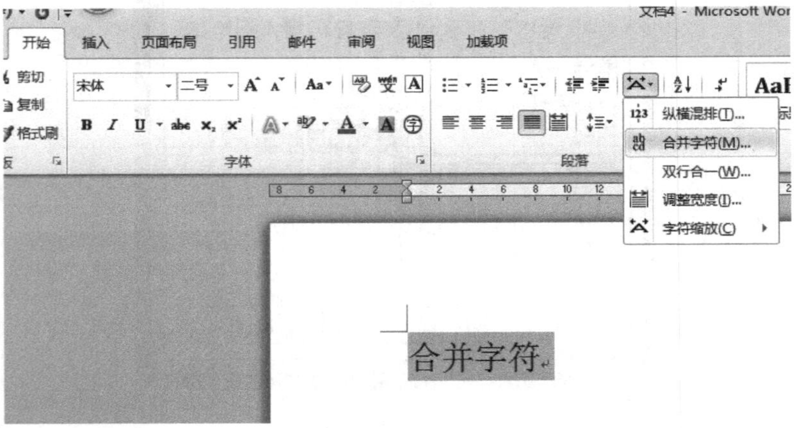

图 2—2—74

最终合并的效果如图 2—2—75 所示，这时候被合成了一个字，而不再是 4 个字。

图 2—2—75

5. 双行合一

如果要在一行里显示两行文字，可以使用“双行合一”功能。

（1）添加双行合一。首先选择要双行显示的文本（只能选择同一段落内相连的文本），点击“开始”选项卡的“段落”组中的“中文版式”按钮，在下拉菜单中选择“双行合一”，将弹出“双行合一”对话框，在“文字”输入框中修改已选择的文字，如果需要，可以勾选“带括号”复选框，然后在“预览”框中预览效果，然后点击“确定”按钮使用双行合一。使用双行合一后，为了适应文档，双行合一的文本的字号会自动缩小，用户可以设置双行合一的文本的字体格式，方法跟普通文本一样，即选择文本，单击“开始”选项卡“字体”组上的相关按钮进行设置。

（2）删除双行合一。把光标定位到已经双行合一的文本中，点击功能区“段落”组中的“中文版式”按钮，在下拉菜单中选择“双行合一”，将弹出“双行合一”对话框，点击左下角的“删除”按钮，可以删除双行合一，恢复一行显示。

2.2.8　在 Word 中查找和替换字符格式

使用 Word 2010 的查找和替换功能，不仅可以查找和替换字符，还可以查找和替换字符格式（如查找或替换字体、字号、字体颜色等格式），操作步骤如下：

第 1 步，打开 Word 2010 文档窗口，在“开始”选项卡的“编辑”分组中依次单击“查找”→“高级查找”按钮，如图 2—2—76 所示。

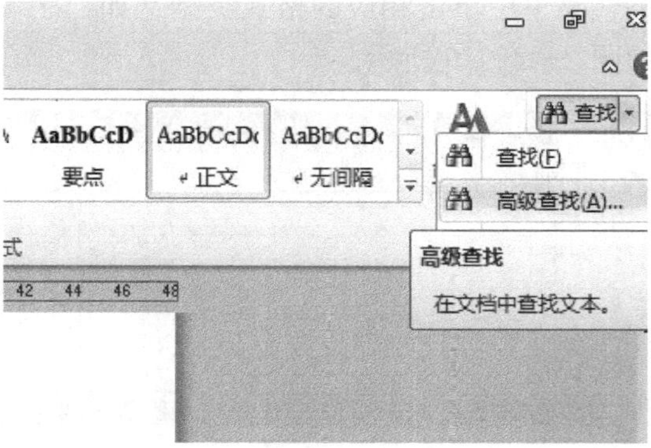

图 2—2—76

第 2 步，在打开的“查找和替换”对话框中单击“更多”按钮，以显示更多的查找选项，如图 2—2—77 所示。

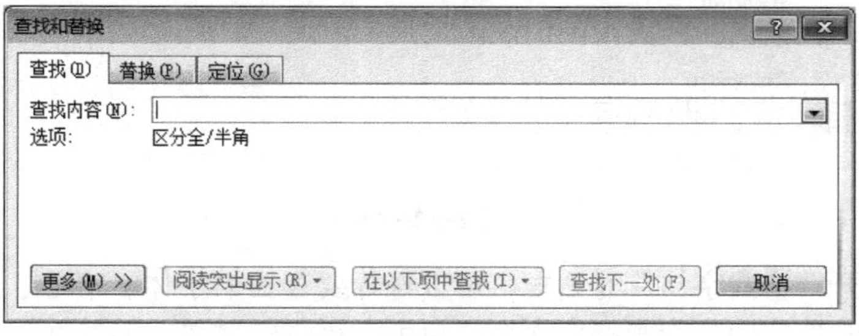

图 2—2—77

第 3 步，在“查找内容”编辑框中单击鼠标左键，使光标位于编辑框中。然后单击“查找”区域的“格式”按钮，如图 2—2—78 所示。

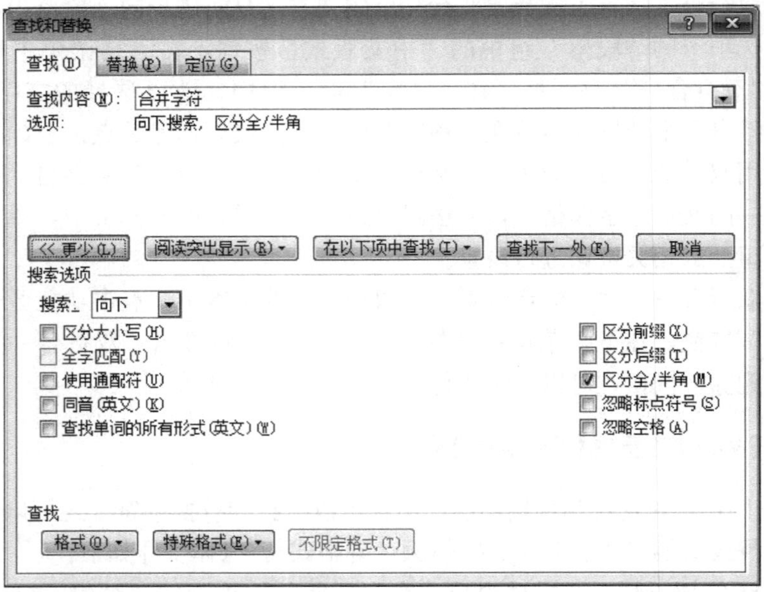

图 2—2—78

第 4 步，在打开的格式菜单中单击相应的格式类型（如“字体”、“段落”等），本实例单击“字体”命令，如图 2—2—79 所示。

图 2—2—79

第 5 步，打开“查找字体”对话框，可以选择要查找的字体、字号、颜色、字形等选项。本例选择“字形”中的“常规”选项，单击“确定”按钮，如图 2—2—80 所示。

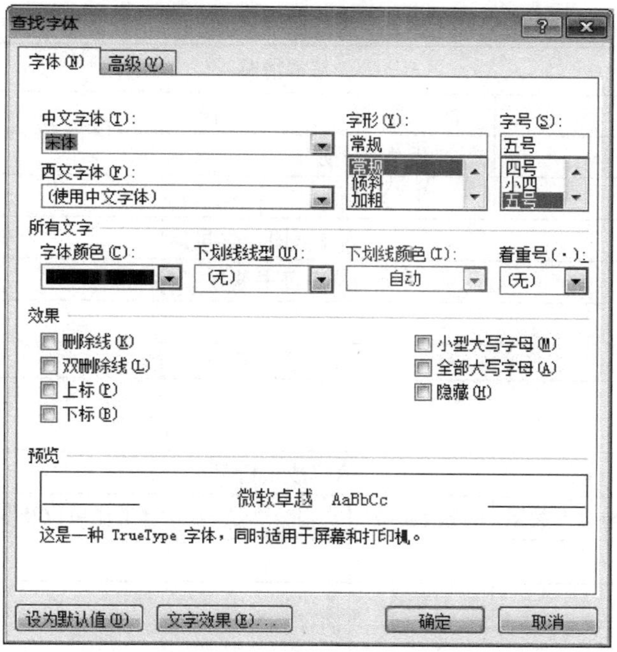

图 2—2—80

第 6 步，返回“查找和替换”对话框，单击“查找下一处”按钮查找格式，如图 2—2—81 所示。

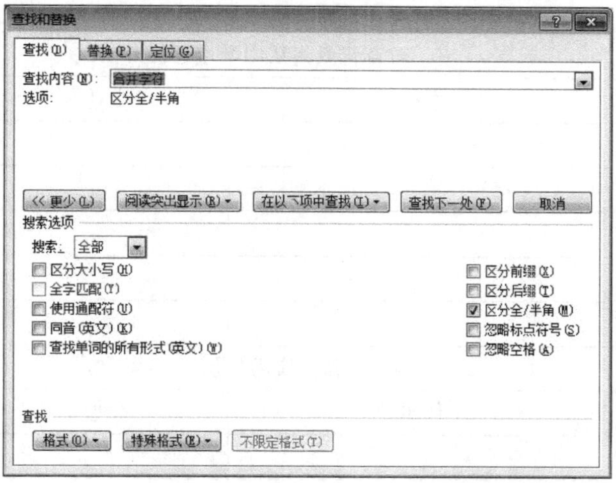

图 2—2—81

如果需要将原有格式替换为指定的格式，可以切换到“替换”选项卡。然后指定想要替换成的格式，并单击“全部替换”按钮。

2.3　制作“个人简历表”

小明快要毕业了，为了求职，小明利用 Word 为自己制作了一份个人简历（见表 2—3—1）。

表 2—3—1　　个人简历

一、基本情况						
姓　名		性　别		民　族		照 片
曾用名		出 生 日 期				
籍　贯		身 份 证 号				
政治面貌		入党（团）时间				
最高学历		毕业证书编号				
联系地址						
联系电话		电子邮箱				
入学前户口所在地详细地址						

二、家庭成员情况			
姓名	与本人关系	政治面貌	工作单位及职务

个人性格特点：
具备的特长和技能：

三、教育背景（从中学填写）			
起始年月	学校	专业	备注

四、工作及实习经历			
起始年月	工作单位	岗位	证明人及电话

五、获奖及证书情况		
获得时间	证书名称	证书编号

2.3.1　创建表格

在 Word 2010 文档中，用户不仅可以通过指定行和列直接插入表格，还可以通过绘制表格功能自定义各种表格。

1. 插入表格

在 Word 2010 文档中，用户可以使用“插入表格”对话框插入指定行和列的表格。具体操作步骤如下：

（1）新建一个空白的 Word 文档，切换到“插入”选项卡，单击“表格”组的“表格”按钮，在弹出的下拉列表中选择“插入表格”选项，如图 2—3—1 所示。

图 2—3—1

（2）弹出“插入表格”对话框，在“列数”和“行数”微调框中输入要插入表格的行数和列数，然后选中“根据内容调整表格”单选钮，如图 2—3—2 所示。

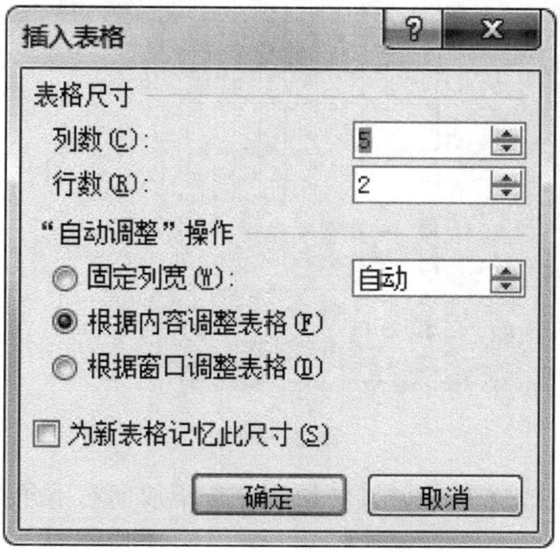

图 2—3—2

(3) 单击“确定”按钮，在 Word 文档中插入了一个表格，如图 2—3—3 所示。

图 2—3—3

2. 手动绘制表格

在 Word 2010 文档中，用户可以使用绘图笔手动绘制需要的表格。具体操作步骤如下：

(1) 切换到“插入”选项卡，单击“表格”组的“表格”按钮，在弹出的下拉列表中选择“绘制表格”选项，如图 2—3—4 所示。

图 2—3—4

(2) 此时鼠标指针变成 形状，按住鼠标左键不放向右下角拖动即可绘制出一个虚线框，如图 2—3—5 所示。

图 2—3—5

（3）释放鼠标左键，此时就绘制出了表格的外边框，如图 2—3—6 所示。

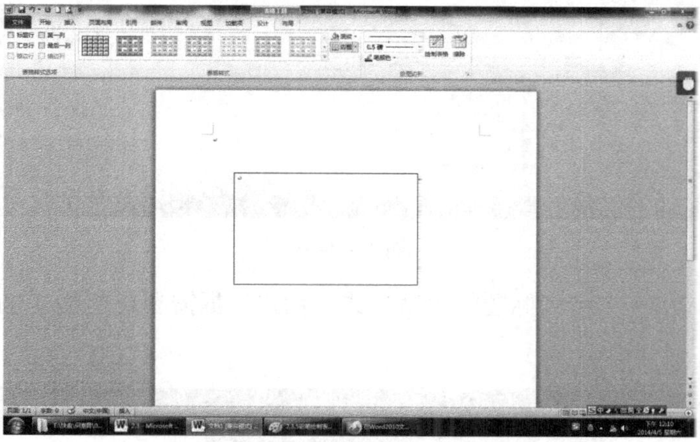

图 2—3—6

（4）将鼠标指针移动到表格的边框内，然后用鼠标左键依次绘制表格的行与列，如图 2—3—7 所示。

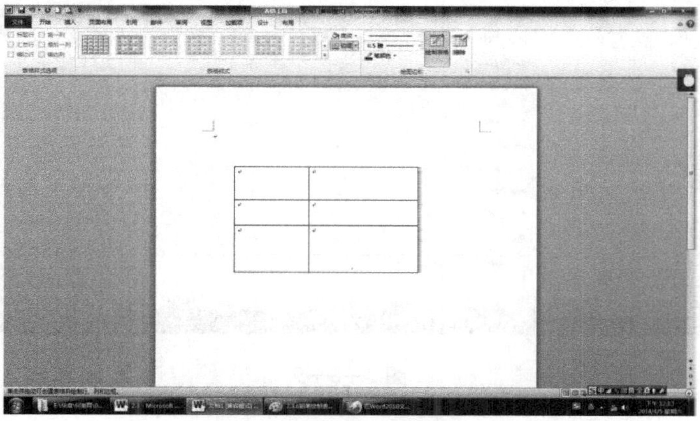

图 2—3—7

3. 使用内置样式

为了便于用户进行表格编辑，Word 2010 提供了一些简单的内置样式，如表格式列表、带副标题式列表、矩阵、日历等。

使用内置表格样式的具体步骤如下：

（1）切换到“插入”选项卡，单击“表格”组的“表格”按钮，在弹出的下拉列表中选择“快速表格”→“带副标题 2”选项，如图 2—3—8 所示。

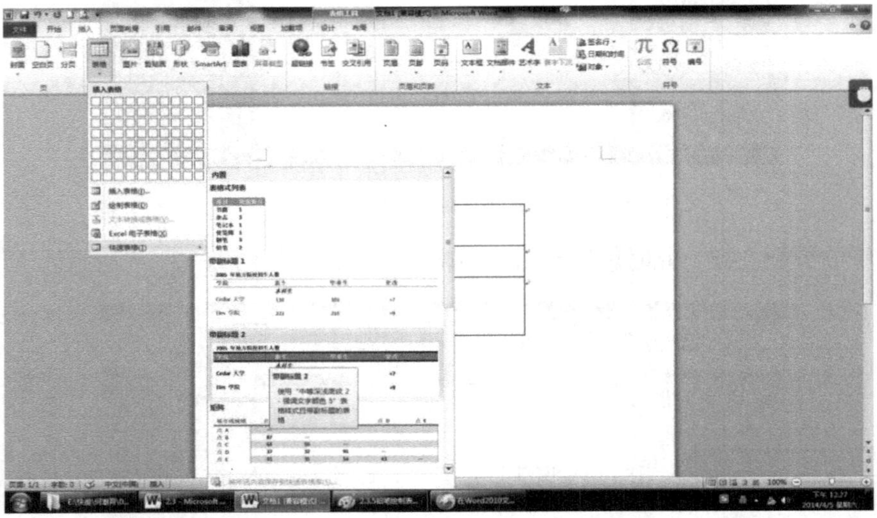

图 2—3—8

（2）此时插入了一个带副标题的表格样式，用户根据需要进行简单的修改即可，如图 2—3—9 所示。

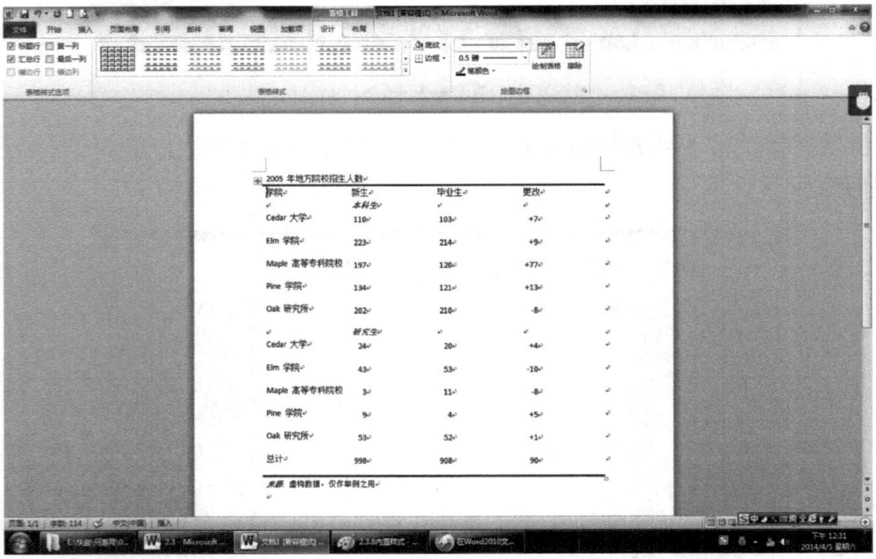

图 2—3—9

4. 快速插入表格

在编辑文档的过程中，如果用户需要插入行数与列数比较少的表格，可以手动选择适宜的行与列，快速插入表格。具体步骤如下：

（1）切换到“插入”选项卡，单击“表格”组的“表格”按钮，在弹出的下拉列表中拖动鼠标选中合适数量的行和列，如图 2—3—10 所示。

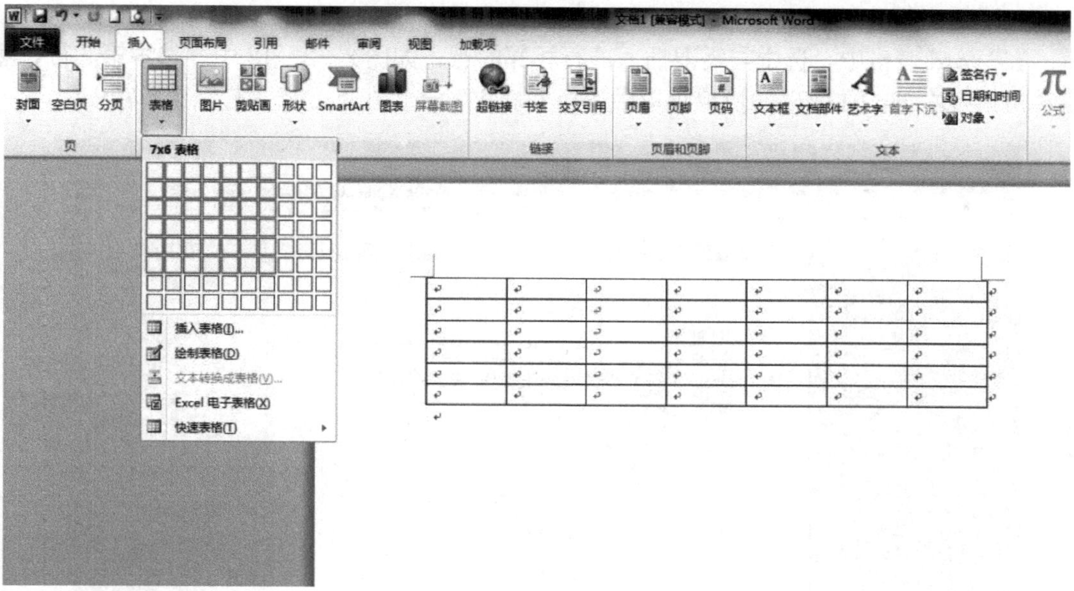

图 2—3—10

（2）通过这种方式插入的表格会占满当前页面的全部宽度，用户可以通过修改表格属性设置表格的尺寸，如图 2—3—11 所示。

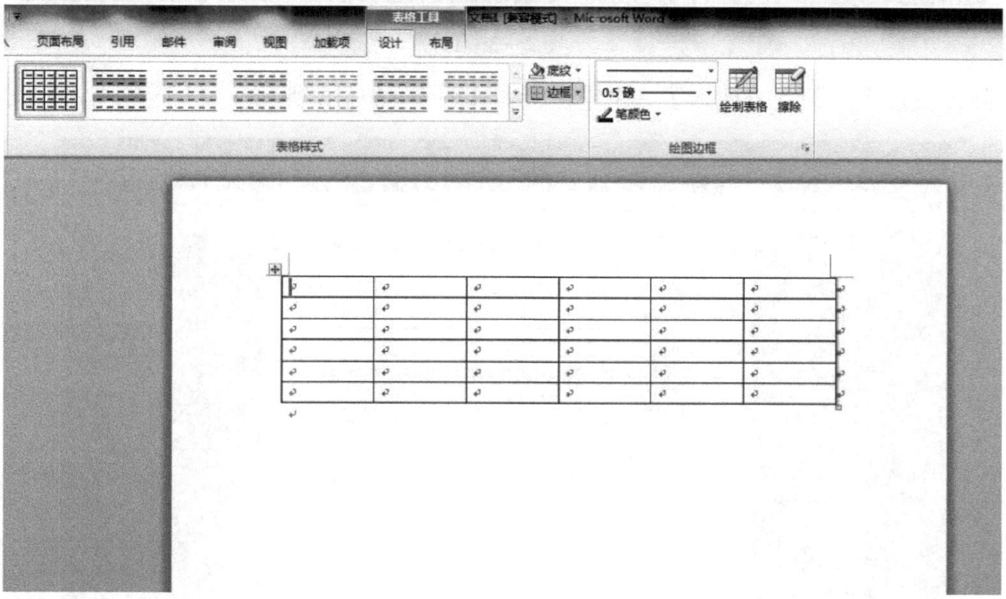

图 2—3—11

2.3.2　表格的基本操作

在 Word 文档中，表格的基本操作包括插入行和列、合并和拆分单元格、调整行高和列宽等。

1. 插入行和列

在编辑表格的过程中，有时候需要向其中插入行和列。具体步骤如下：

(1) 插入行。

在 Word 表格中，选中与需要插入的行相邻的行，如图 2—3—12 中，选中第 3 行，然后单击鼠标右键，在弹出的快捷菜单中选择“插入”→“在下方插入行”菜单项。

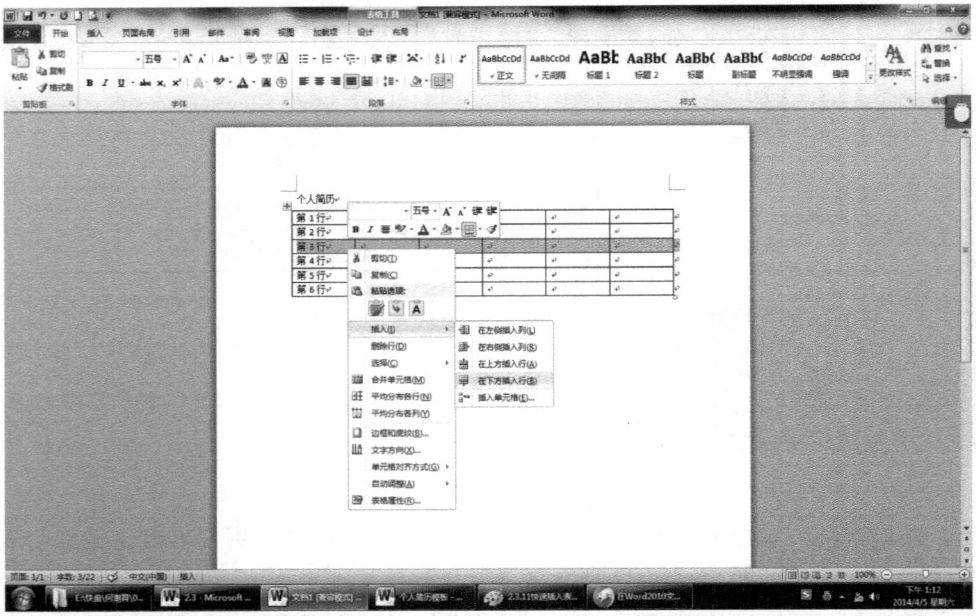

图 2—3—12

随即在选中行的下方插入了一个空白行，如图 2—3—13 所示。

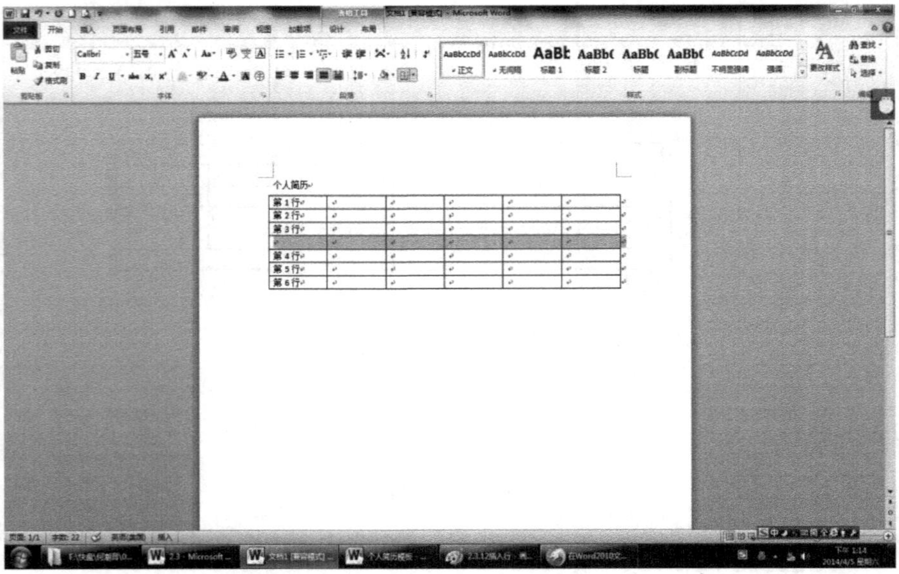

图 2—3—13

（2）插入列。

选中与需要插入的列相邻的列，如图 2—3—14 中，选中第 2 列，然后在“表格工具”栏中切换到“布局”选项卡，单击“行和列”组中的“在右侧插入列”按钮。

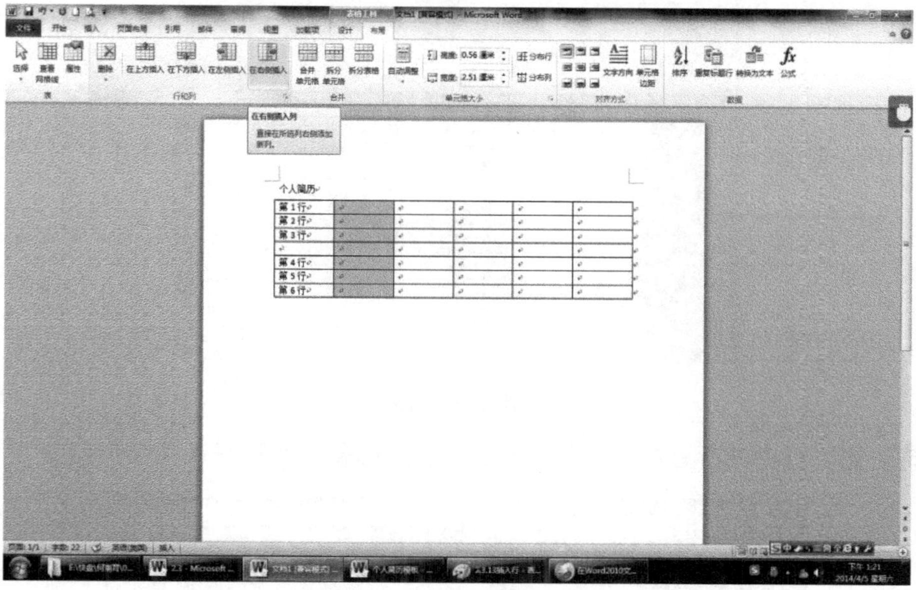

图 2—3—14

随即在选中列的右侧插入了一个空白列，如图 2—3—15 所示。

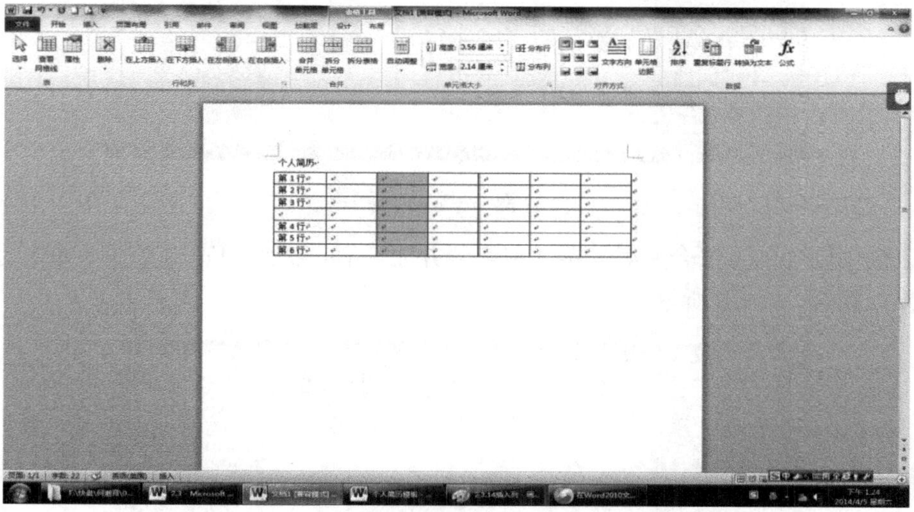

图 2—3—15

2. 合并和拆分单元格

用户在编辑表格的过程中，经常需要将多个单元格合并成一个单元格，或者将一个单元格拆分成多个单元格，此时就用到了单元格的合并与拆分。具体步骤如下：

（1）合并单元格。

选中要合并的单元格区域，如图 2—3—16 中，选中第 2 行的所有单元格，然后单击鼠标右键，在弹出的快捷菜单中选择“合并单元格”命令。

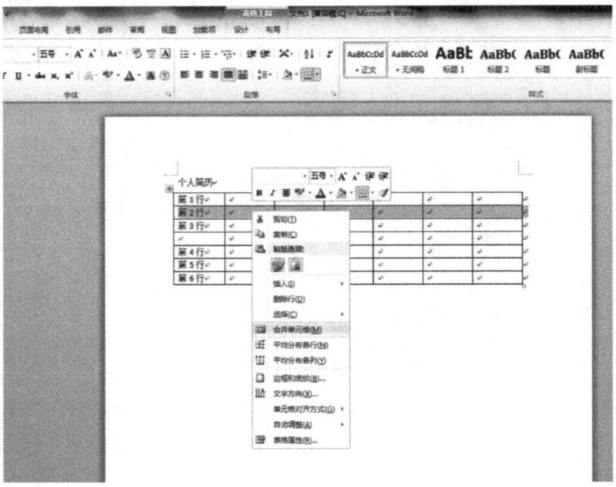

图 2—3—16

此时，第 2 行中的所有单元格合并成了一个单元格，如图 2—3—17 所示。

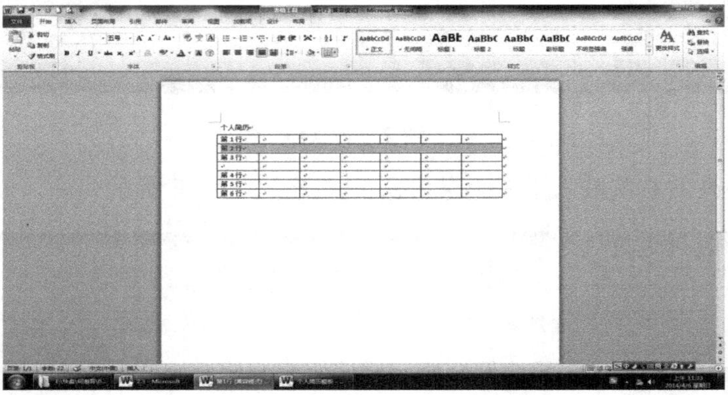

图 2—3—17

可以使用同样的方法合并其他单元格，合并完毕后，输入相应的文字，并进行格式设置，效果如图 2—3—18 所示。

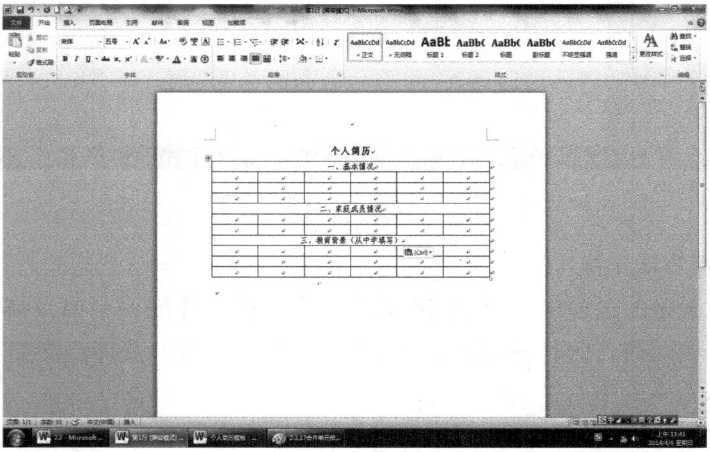

图 2—3—18

（2）拆分单元格。

将光标定位到要拆分的单元格中，然后在“表格工具”栏中切换到“布局”选项卡，单击“合并”组中的“拆分单元格”按钮，如图 2—3—19 所示。

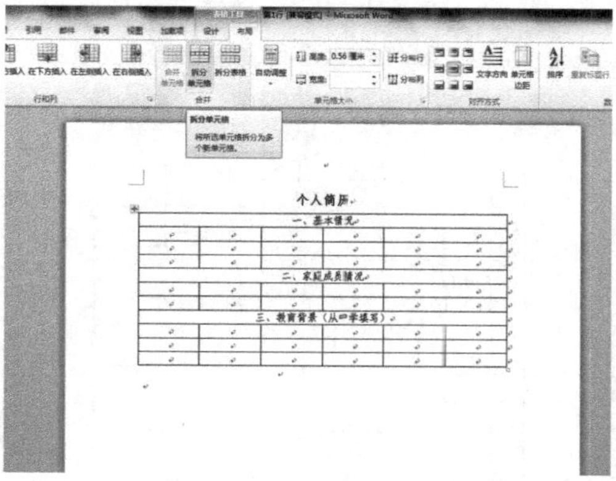

图 2—3—19

弹出“拆分单元格”对话框，在“列数”微调框中输入“3”，在“行数”微调框中输入“1”，如图 2—3—20 所示。

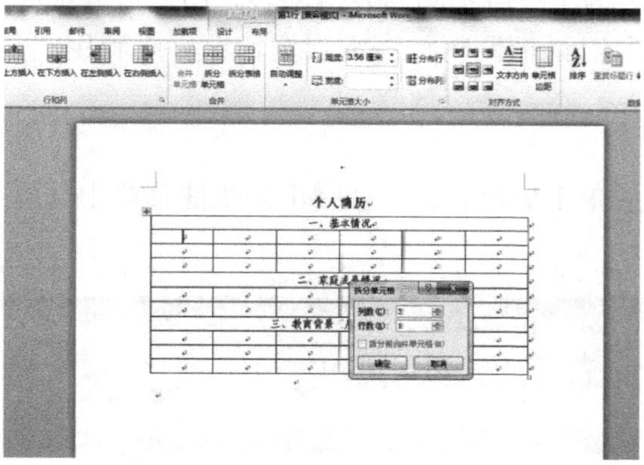

图 2—3—20

单击“确定”按钮，选中的单元格被拆分成了一行三列，如图 2—3—21 所示。

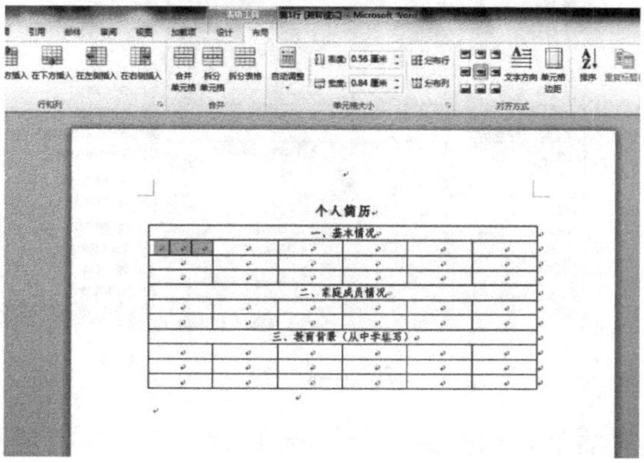

图 2—3—21

可以使用同样的方法拆分其他单元格，设置完毕后，输入相应的内容，并进行简单的格式设置，效果如图 2—3—22 所示。

图 2—3—22

3. 调整行高和列宽

创建 Word 表格时，为了适应不同的表格内容，用户可以随时调整行高和列宽。用户既可以通过“表格属性”对话框调整行高和列宽，也可以利用“分隔线”进行手动调整。具体步骤如下：

（1）调整行高。

选中整个表格，然后单击鼠标右键，在弹出的快捷菜单中选择“表格属性”命令，如图 2—3—23 所示。

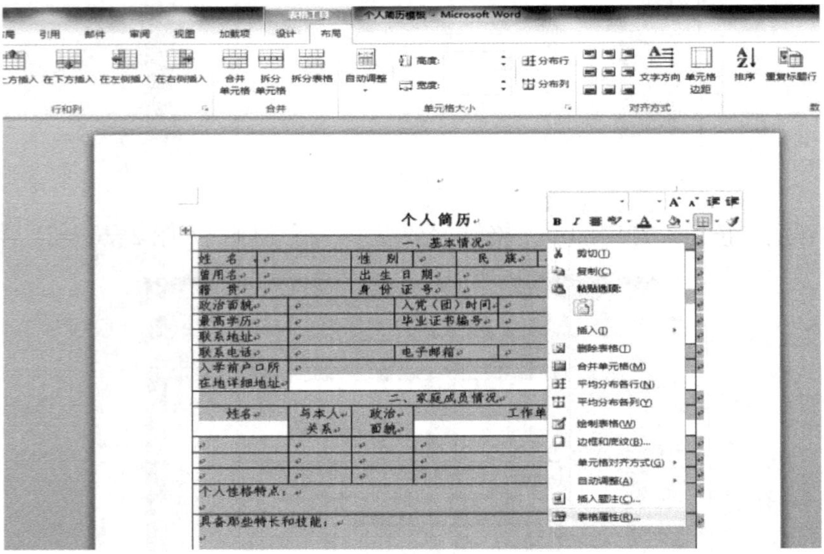

图 2—3—23

弹出“表格属性”对话框，切换到“行”选项卡，选中“指定高度”复选框，然后在其右侧的微调框中输入“0.8 厘米”，如图 2—3—24 所示。

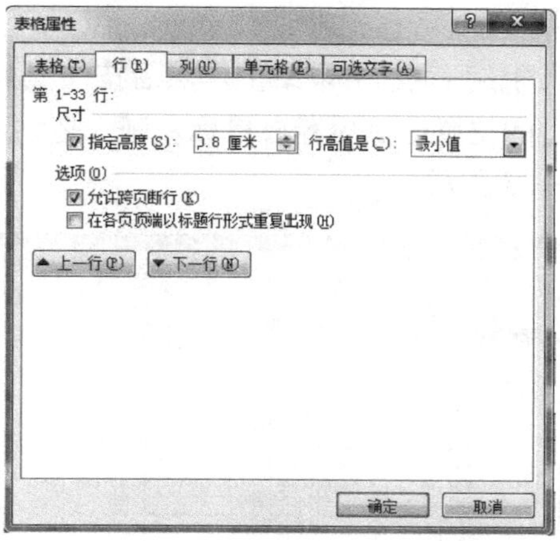

图 2—3—24

单击“确定”按钮，设置完毕，效果如图 2—3—25 所示。

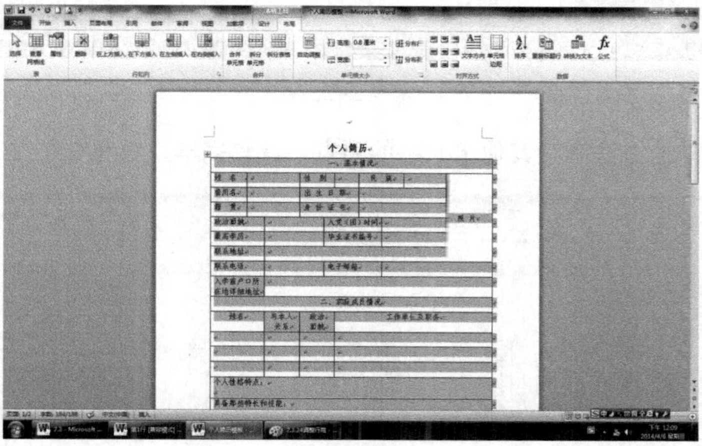

图 2—3—25

另外，用户还可以调整个别单元格的行高。将光标定位在要调整行高的单元格中，按下 Enter 键，根据需要通过增加单元格中的行来调整单元格的行高，如图 2—3—26 所示。

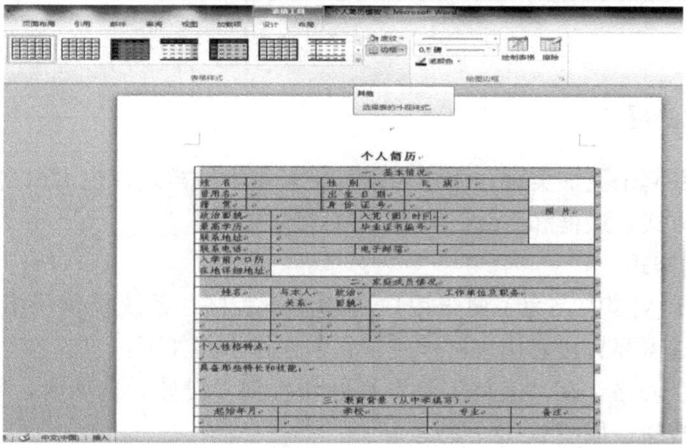

图 2—3—26

（2）调整列宽。

将鼠标指针移动到需要调整列宽的分隔线上，然后按住鼠标左键，此时鼠标指针变成形状，拖动分隔线到合适的位置，然后释放鼠标左键。拖动的同时如果按住 Alt 键则可微调表格宽度，如图 2—3—27 所示。

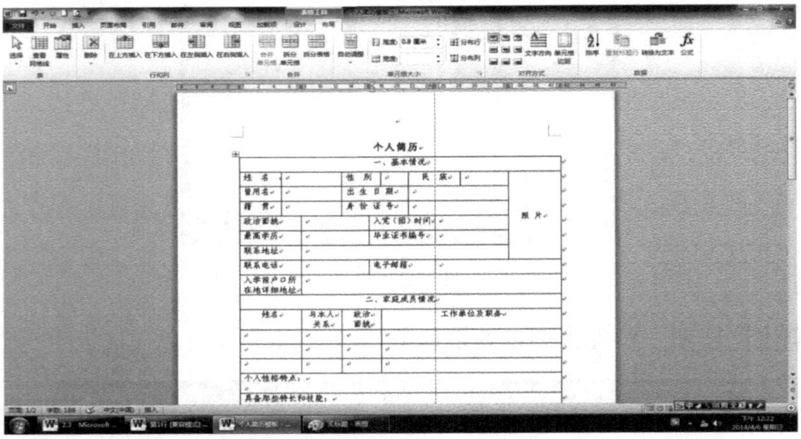

图 2—3—27

可以利用同样的方法调整其他单元格的列宽，调整完毕，效果如图 2—3—28 所示。

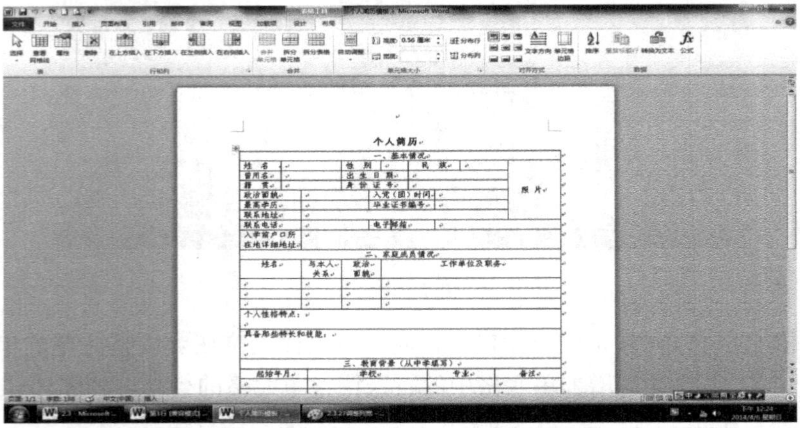

图 2—3—28

2.3.3 美化表格

为了使表格看起来更加美观，用户可以直接套用表格样式，也可以自定义设置表格的字体格式和对齐方式、边框和底纹、背景颜色等属性。

1. 套用表格样式

在 Word 2010 文档中，为了便于用户快速创建表格，系统提供了多种漂亮的表格样式。用户可以根据需要直接套用表格样式，具体操作步骤如下：

（1）选中整个表格，在“表格工具”栏中切换到“设计”选项卡，单击“表格样式”组中的“其他”按钮，如图 2—3—29 所示。

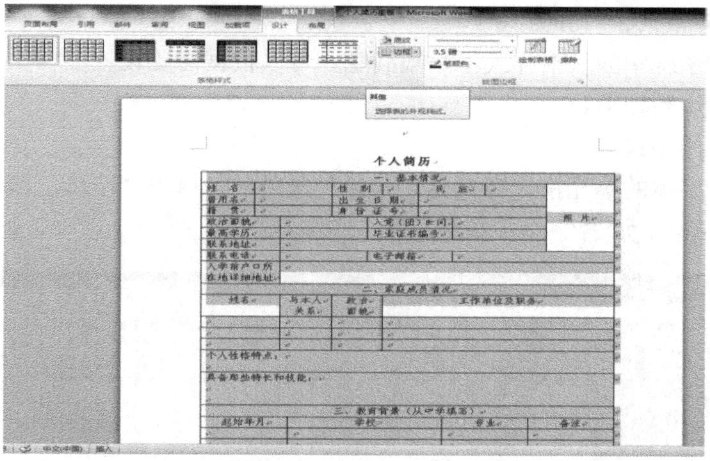

图 2—3—29

（2）弹出“表格样式”列表框，然后选择“浅色列表—强调文字颜色 2”选项，如图 2—3—30 所示。

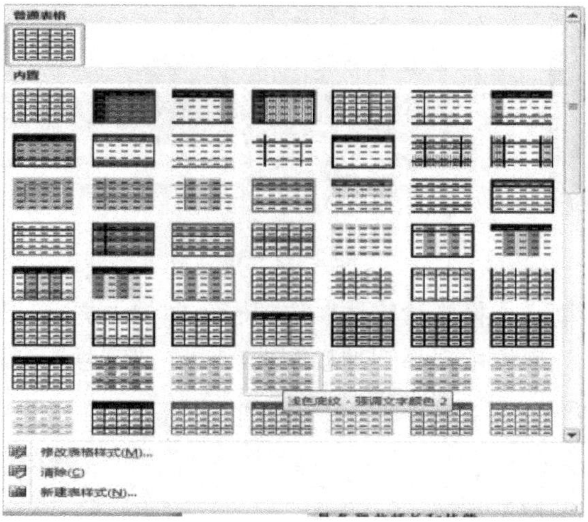

图 2—3—30

（3）返回 Word 文档中，套用表格样式的效果如图 2—3—31 所示。

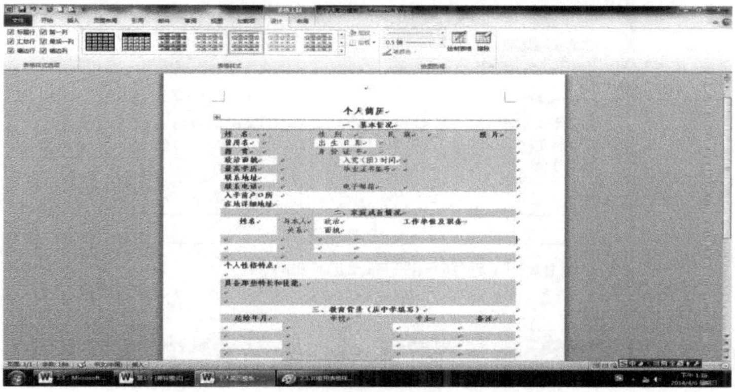

图 2—3—31

2. 设置字体格式和对齐方式

如果用户对系统中的表格样式不是很满意，可以根据需要设置表格文本的字体格式和对齐方式，具体步骤如下：

（1）设置字体格式。

选中要设置字体的单元格，切换到“开始”选项卡，单击“字体”组右下角的“对话框启动器”按钮 ，如图 2—3—32 所示。

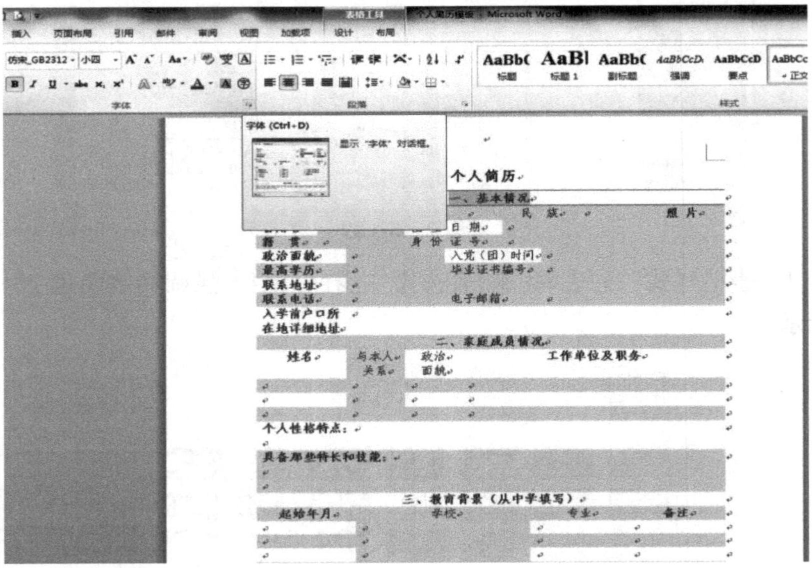

图 2—3—32

弹出“字体”对话框，切换到“字体”选项卡，在“中文字体”下拉列表中选择“黑体”选项，在“字形”列表框中选择“加粗”选项，在“字号”列表框中选择“小四”选项，如图 2—3—33 所示。

图 2—3—33

单击“确定”按钮，返回 Word 文档中，设置效果如图 2—3—34 所示。

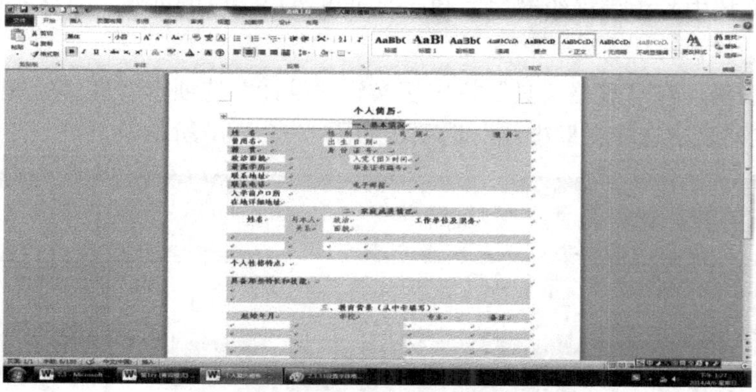

图 2—3—34

(2) 设置对齐方式。

选中整个表格，在“表格工具”栏中切换到“布局”选项卡，单击“对齐方式”组中的“水平居中”按钮，如图 2—3—35 所示。

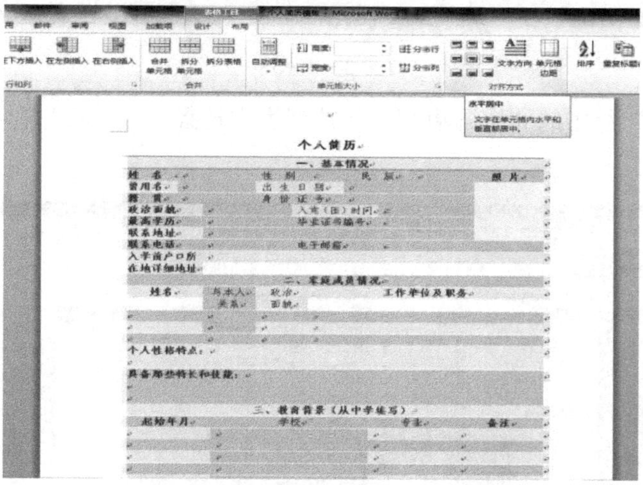

图 2—3—35

设置效果如图 2—3—36 所示。

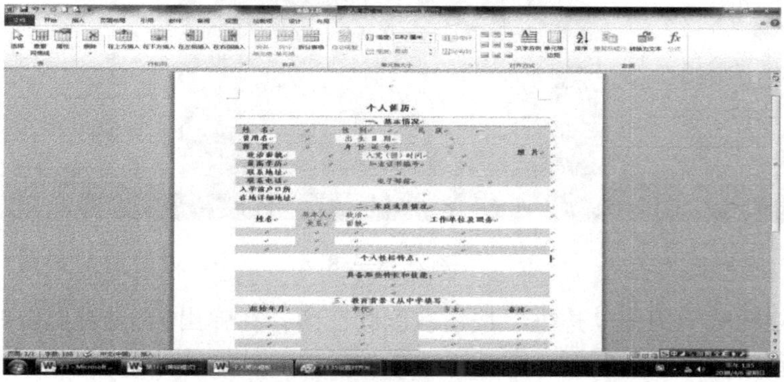

图 2—3—36

3. 绘制边框和底纹

在 Word 文档中，为表格绘制边框和底纹可以突出表格的外观。具体步骤如下：

（1）绘制边框。

选中整个表格，在“表格工具”栏中切换到“设计”选项卡，在“绘图边框”组中的“笔样式”下拉列表中选择“双框线”选项，如图 2—3—37 所示。

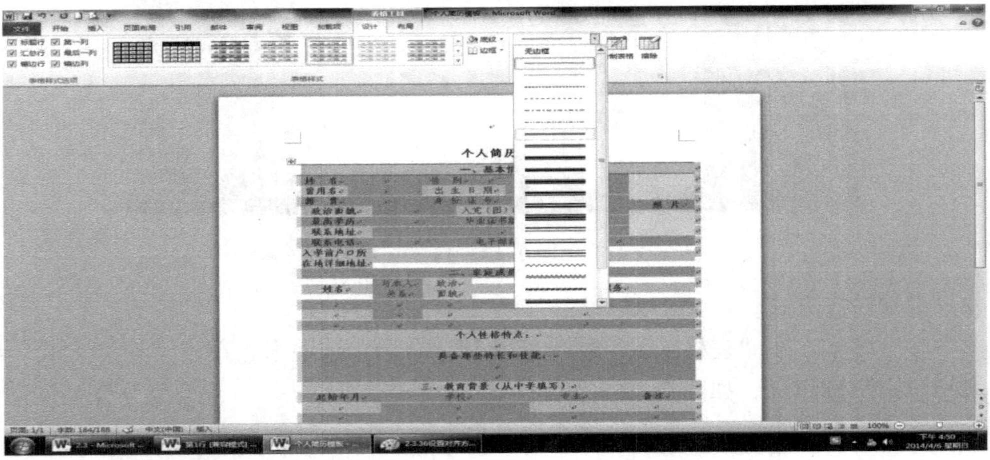

图 2—3—37

在“绘图边框”组中的“笔画粗细”下拉列表中选择“0.5 磅”选项，如图 2—3—38 所示。

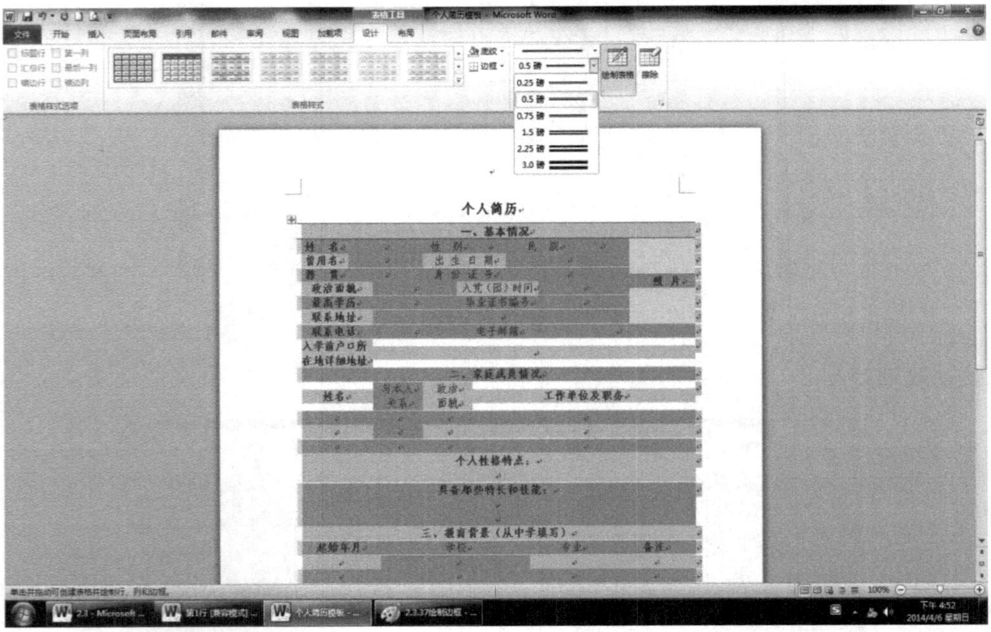

图 2—3—38

单击“表格样式”组中“边框”按钮右侧的三角，在弹出的下拉列表中选择“外侧框线”选项，如图 2—3—39 所示。

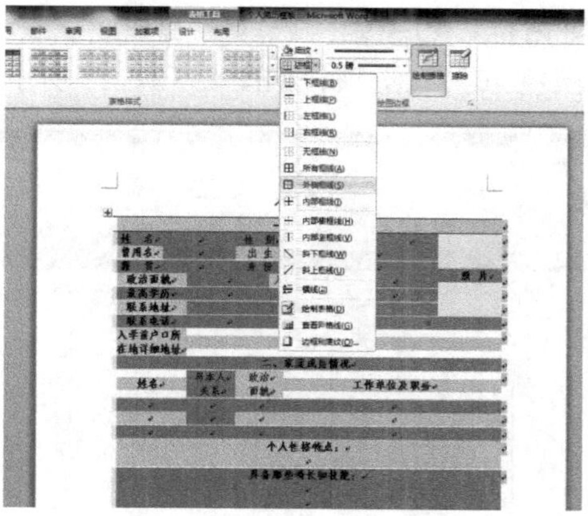

图 2—3—39

设置完毕，效果如图 2—3—40 所示。

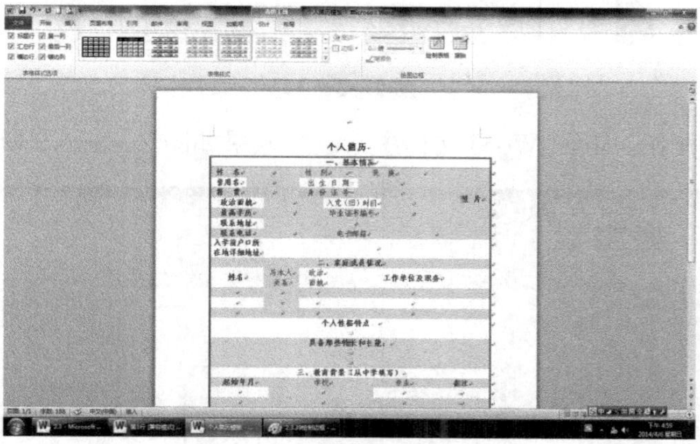

图 2—3—40

（2）绘制底纹。

选中要绘制底纹的单元格，单击鼠标右键，在弹出的快捷菜单中选择“边框和底纹”命令，如图 2—3—41 所示。

图 2—3—41

弹出“边框和底纹”对话框，切换到“底纹”选项卡，在“填充”下拉列表中选择“橙色，强调文字颜色 6，淡色 40%”选项，如图 2—3—42 所示。

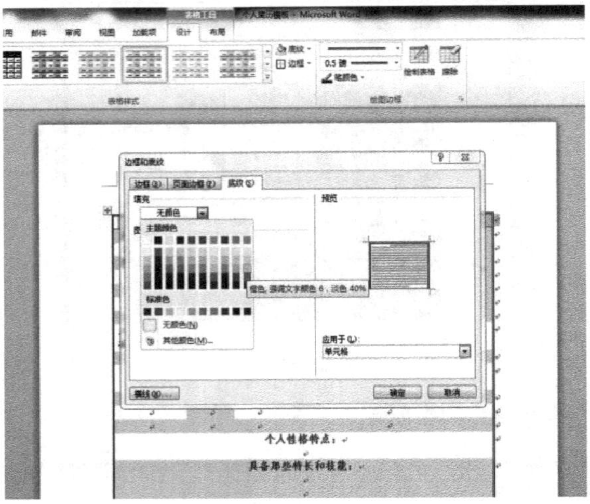

图 2—3—42

单击“确定”按钮，返回 Word 文档中，设置效果如图 2—3—43 所示。

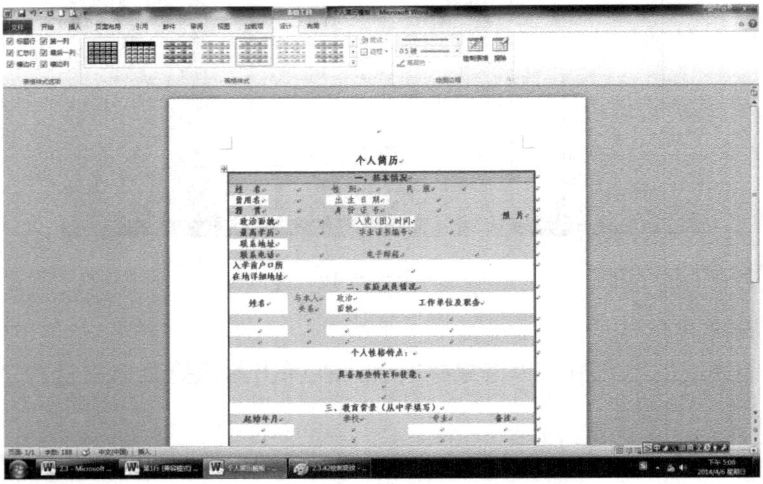

图 2—3—43

2.3.4　设计个人照片

在 Word 文档中设计个人简历时，往往会插入一张个人照片，使简历看起来更加美观。

1. 插入照片

在制作个人简历时，为了使简历更加人性化，用户通常会插入个人照片。具体步骤如下：

（1）将光标定位到要插入照片的单元格中，切换到“插入”选项卡，然后单击“插图”组中的“图片”按钮，如图 2—3—44 所示。

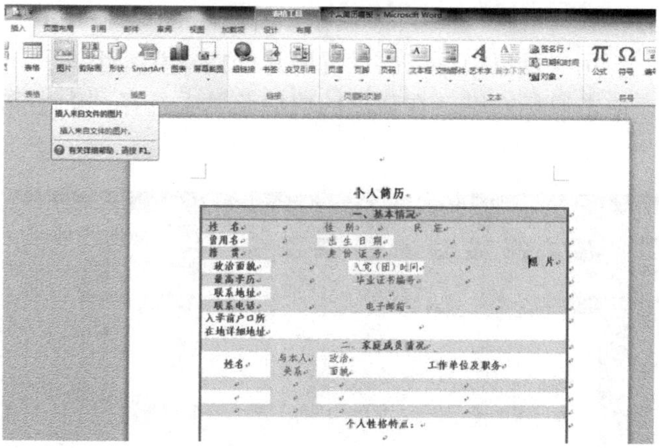

图 2—3—44

（2）弹出“插入图片”对话框，从中选择要插入的图片素材文件“个人照片. jpg”，如图 2—3—45 所示。

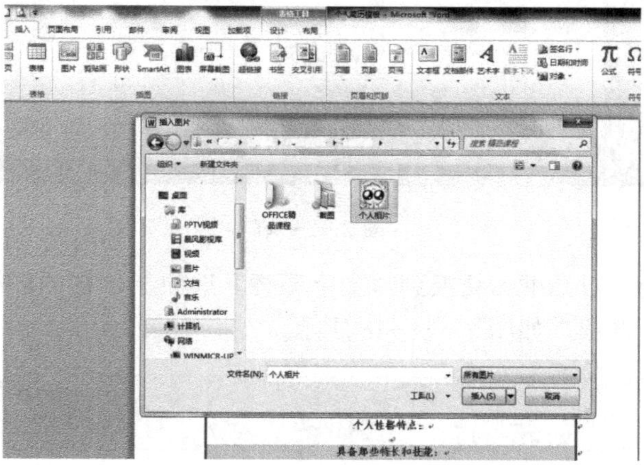

图 2—3—45

（3）单击“插入”按钮，返回表格中，如图 2—3—46 所示。

图 2—3—46

2. 设置照片格式

插入个人照片后，用户可以根据需要设置照片的格式和大小。具体步骤如下：

（1）选中照片，单击鼠标右键，在弹出的快捷菜单中选择“大小和位置”命令，如图 2—3—47 所示。

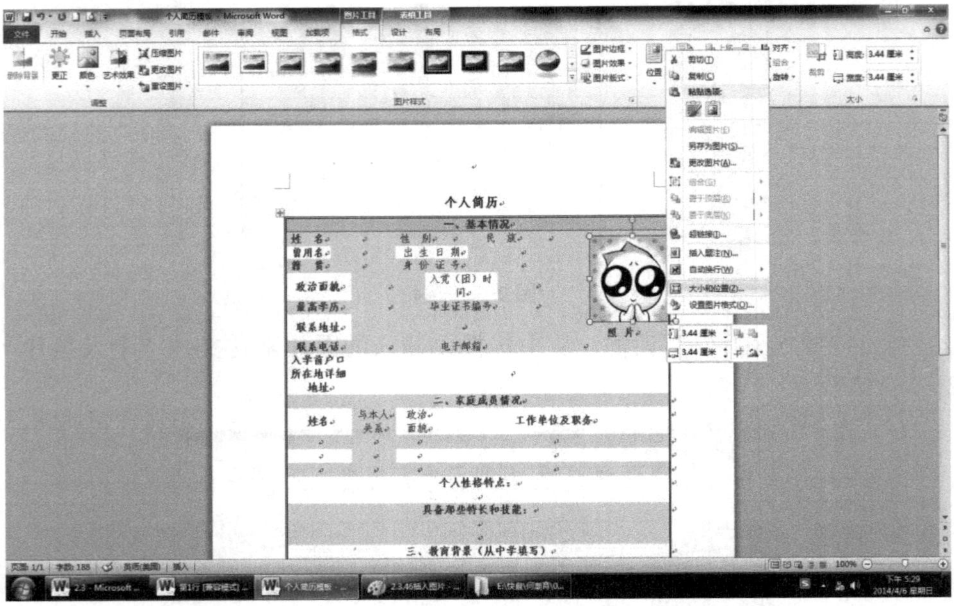

图 2—3—47

（2）弹出“布局”对话框，切换到“文字环绕”选项卡，在“环绕方式”组合框中选择“浮于文字上方”选项，如图 2—3—48 所示。

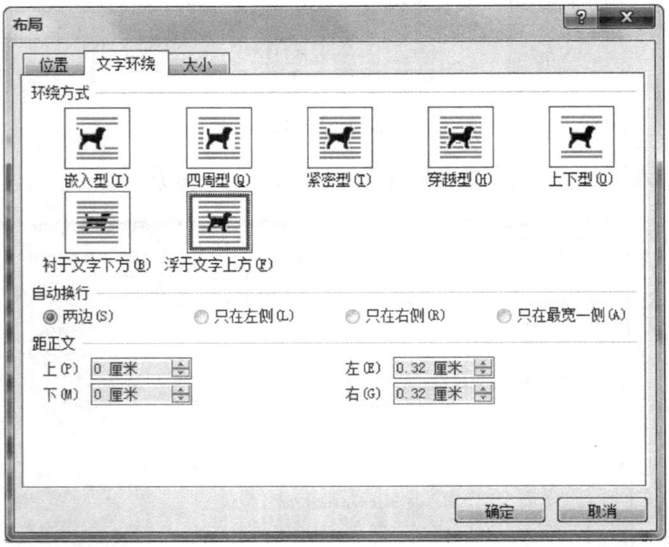

图 2—3—48

（3）单击“确定”按钮，返回 Word 文档中，效果如图 2—3—49 所示。

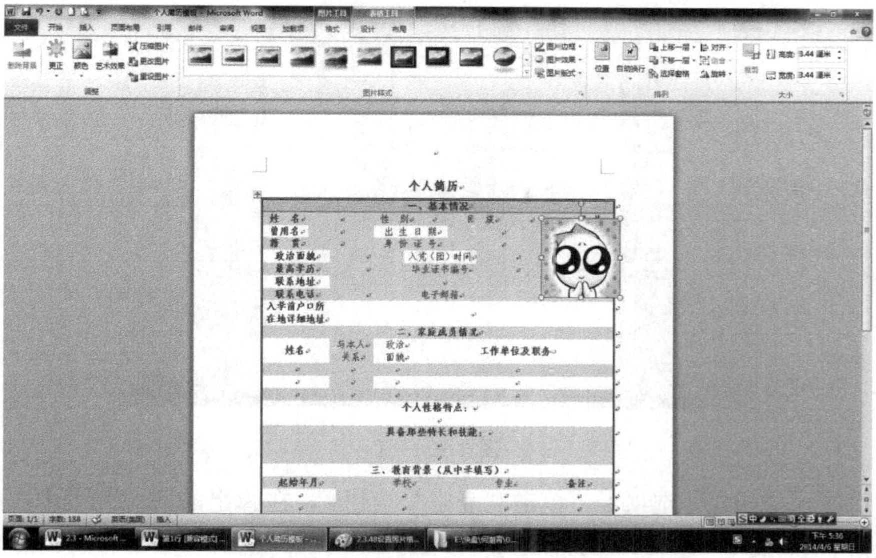

图 2—3—49

（4）用户可以拖动鼠标左键，调整照片的大小和位置，效果如图 2—3—50 所示。

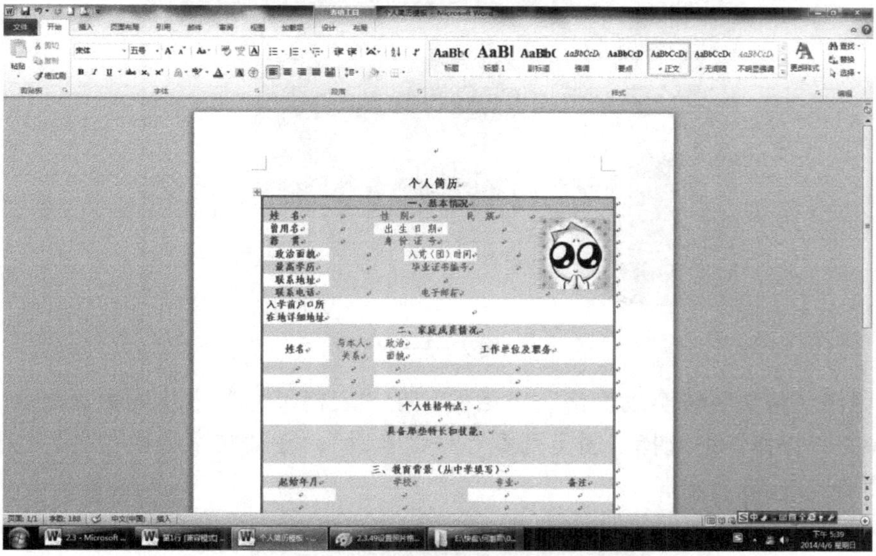

图 2—3—50

2.3.5　表格文本互换

1. 将文字转换成表格

关键的操作是使用分隔符号将文本合理分隔。Word 2010 能够识别常见的分隔符，如段落标记、制表符和逗号等。将文字转换成表格的步骤如下：

（1）打开 Word 2010 文档，为准备转换成表格的文本添加段落标记和分隔符（建议使用最常见的英文半角逗号分隔符），选中需要转换成表格的所有文字．如图 2—3—51 所示。

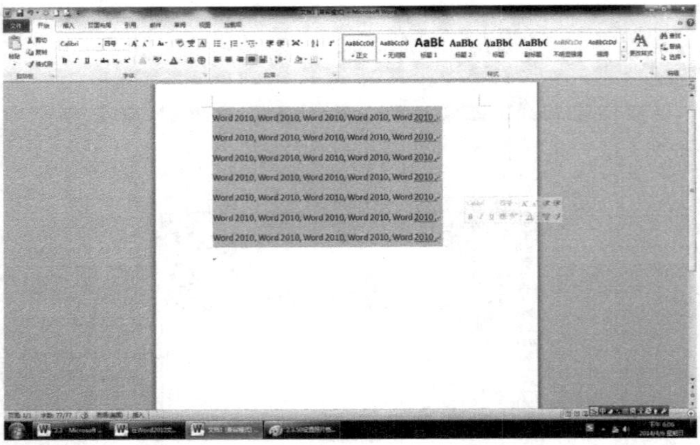

图 2—3—51

（2）切换到“插入”选项卡，单击“表格”按钮，在弹出的下拉列表中选择“文字转换成表格”，如图 2—3—52 所示。

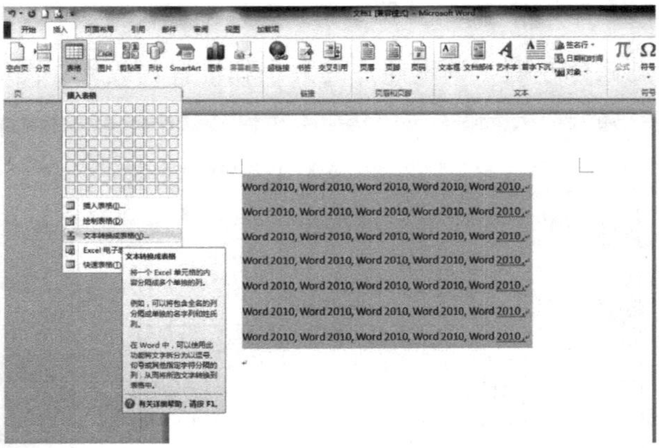

图 2—3—52

（3）弹出“将文字转换成表格”对话框，在“表格尺寸”中将列数设置为“6”，在“‘自动调整’操作”中选择“固定列宽”→“自动”，在“文字分隔位置”中选择“逗号”，如图 2—3—53 所示。

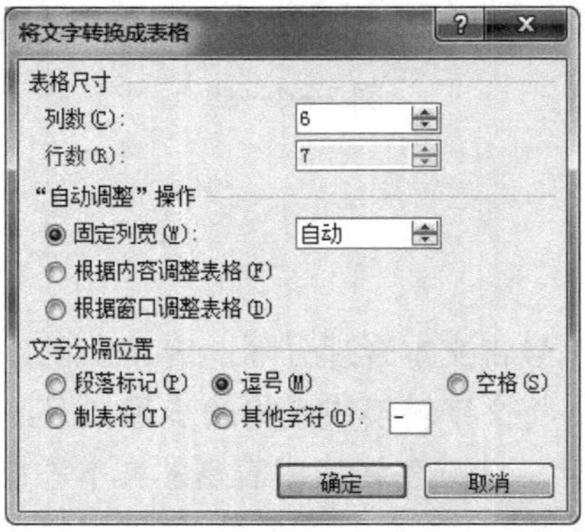

图 2—3—53

（4）单击“确定”按钮，转换生成的表格如图 2—3—54 所示。

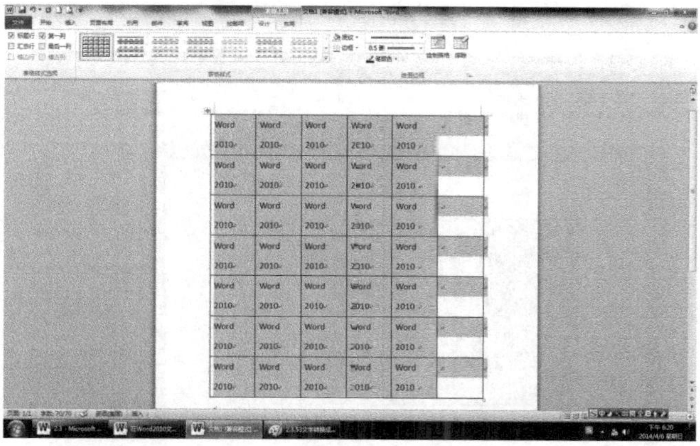

图 2—3—54

（5）将多余的行或列删除，调整表格的行高和列宽，最后得到的表格如图 2—3—55 所示。

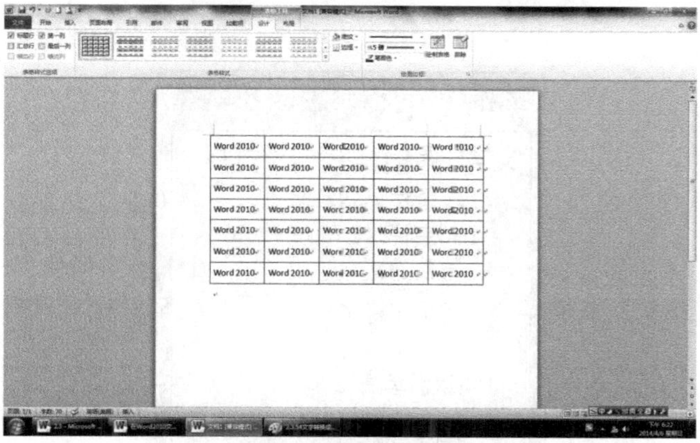

图 2—3—55

2. 将表格转换成文字

（1）打开 Word 2010 文档，选中需要转化成文字的表格，如图 2—3—56 所示。

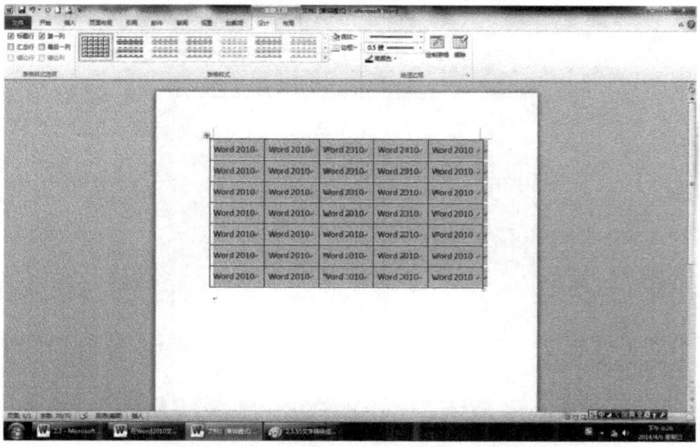

图 2—3—56

（2）切换到“表格工具”选项卡，单击“布局”组“数据”中的“转换为文本”，如图 2—3—57 所示。

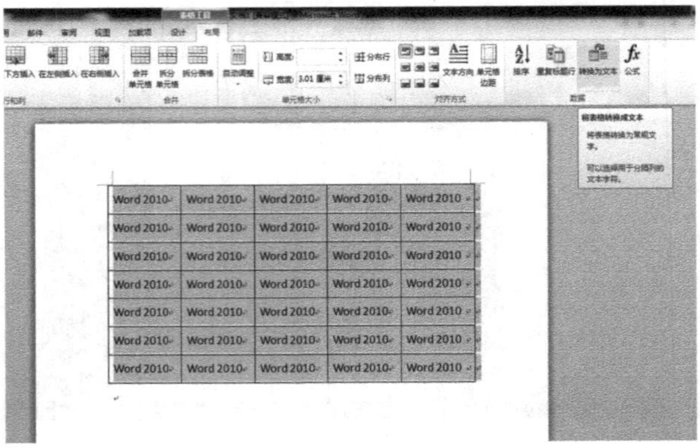

图 2—3—57

（3）弹出“表格转换成文本”对话框，选择“文字分隔符”为“逗号”，如图 2—3—58 所示。

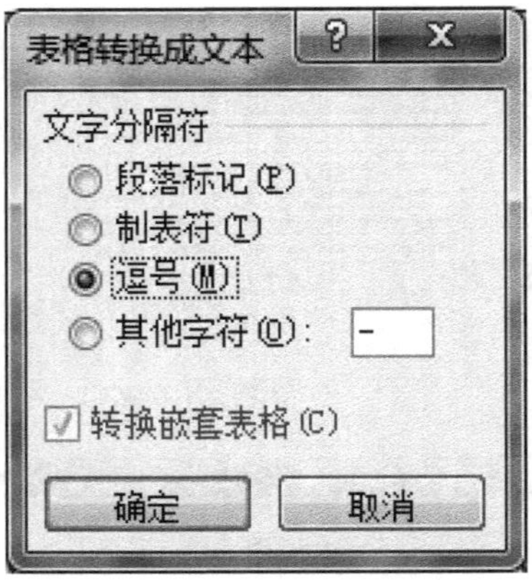

图 2—3—58

（4）单击“确定”按钮，效果如图 2—3—59 所示。

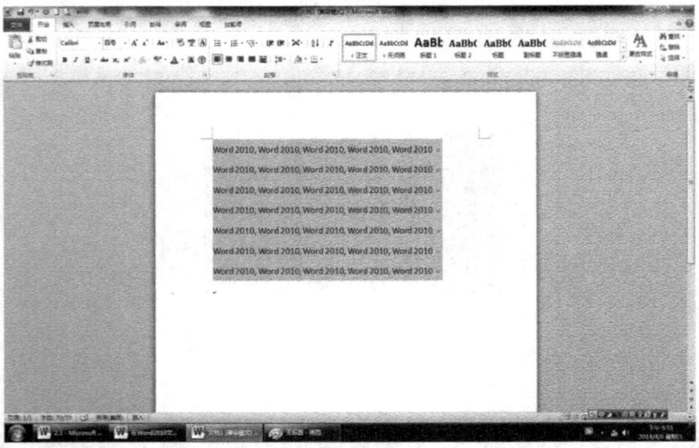

图 2—3—59

2.4 制作并分析“期末成绩表”

期末考试结束了，小明帮老师用 Word 进行简单的成绩统计。

2.4.1 制作“期末成绩表”

制作“期末成绩表”的步骤如下：

（1）新建一个空白的 Word 文档，输入标题“期末成绩表”，如图 2—4—1 所示。

图 2—4—1

（2）切换到“插入”选项卡，单击“表格”组的“表格”按钮，在弹出的下拉列表中拖动鼠标，选中合适数量的行和列，如图 2—4—2 所示。

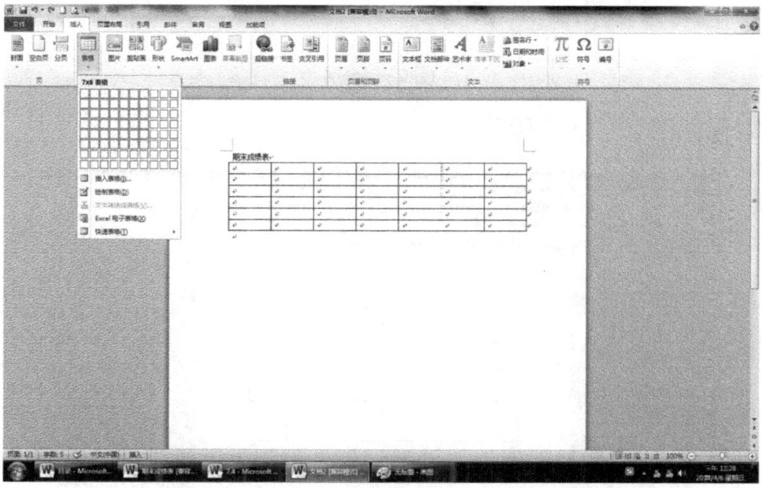

图 2—4—2

（3）将标题“期末成绩表”的对齐方式设置为“居中”，字号设为“四号”，字体设为“宋体”，再在表格中依次输入图 2—4—3 中的数据。

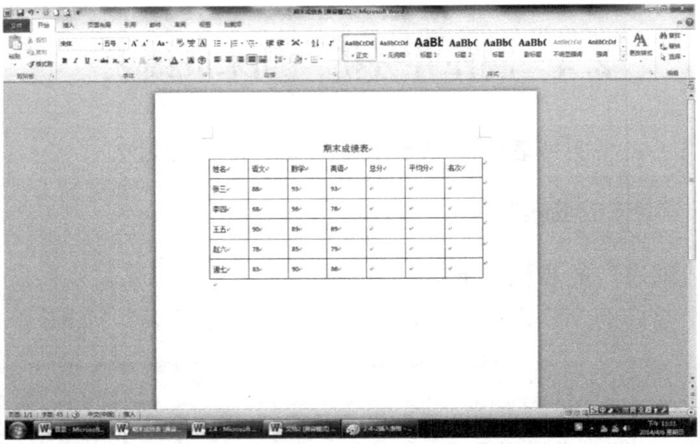

图 2—4—3

（4）选中整个表格，右击鼠标，在弹出的快捷菜单中选择“单元格对齐方式”，选择第 2 行第 2 列的“居中”按钮，如图 2—4—4 所示。

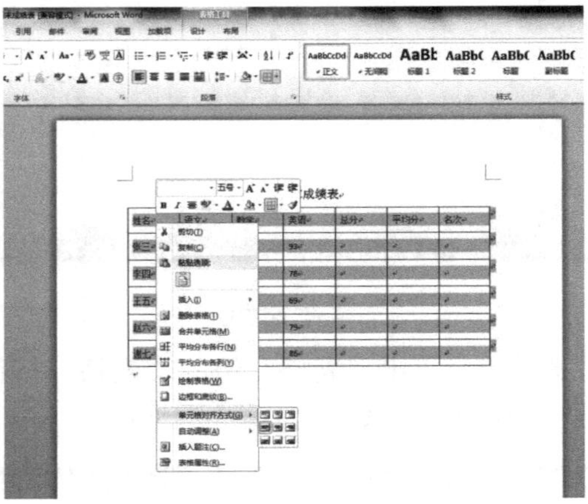

图 2—4—4

（5）最后效果如图 2—4—5 所示。

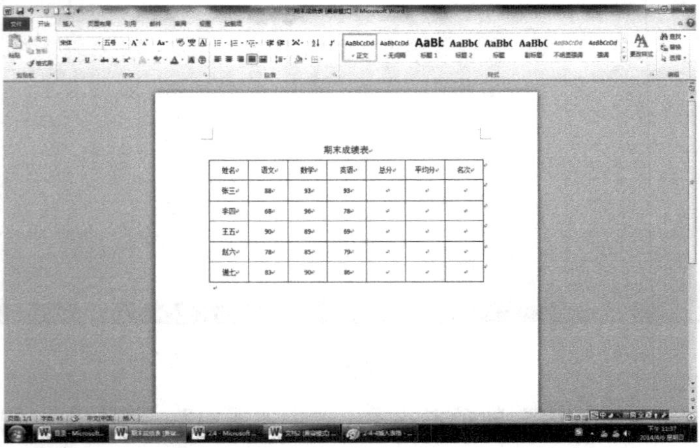

图 2—4—5

2.4.2　计算表格中的数据

在 Word 2010 表格中，可以对数据进行简单的计算。

1. 利用自带的函数进行数据计算“布局”

(1) 将光标定位于第 2 行第 5 列，在“表格工具”栏中，切换到“布局”选项卡，单击“数据”组中的“公式”按钮，如图 2—4—6 所示。

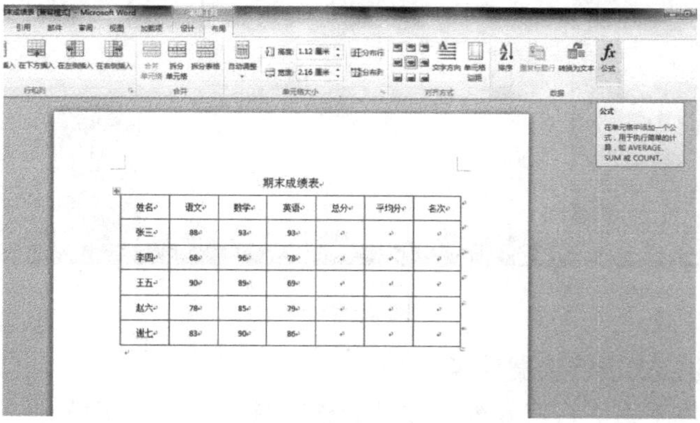

图 2—4—6

(2) 弹出“公式”对话框，在“公式”编辑框内输入“＝SUM(LEFT)”。此处输入的内容必须为“半角”状态，如图 2—4—7 所示。

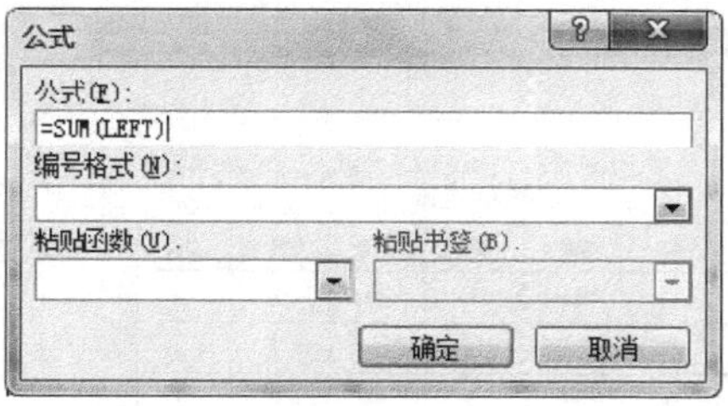

图 2—4—7

(3) 单击“确定”按钮，得到如图 2—4—8 的效果。

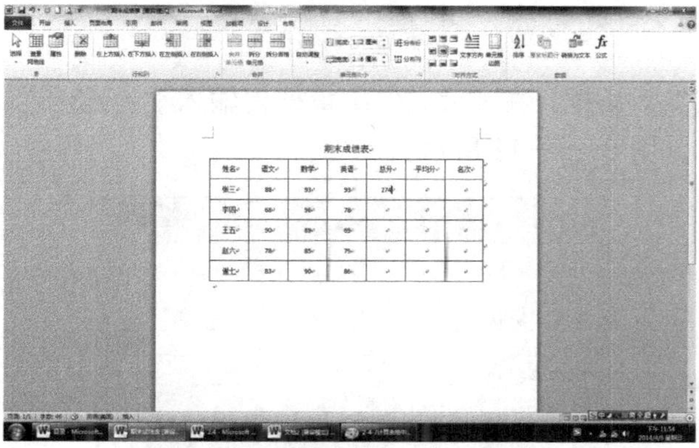

图 2—4—8

（4）在“总分”栏的各行重复以上步骤，得到如图 2—4—9 的效果。

图 2—4—9

2. 利用编辑的公式进行数据计算

（1）将光标定位于第 2 行第 6 列，在“表格工具”栏中，切换到“布局”选项卡，单击“数据”组中的“公式”按钮，如图 2—4—10 所示。

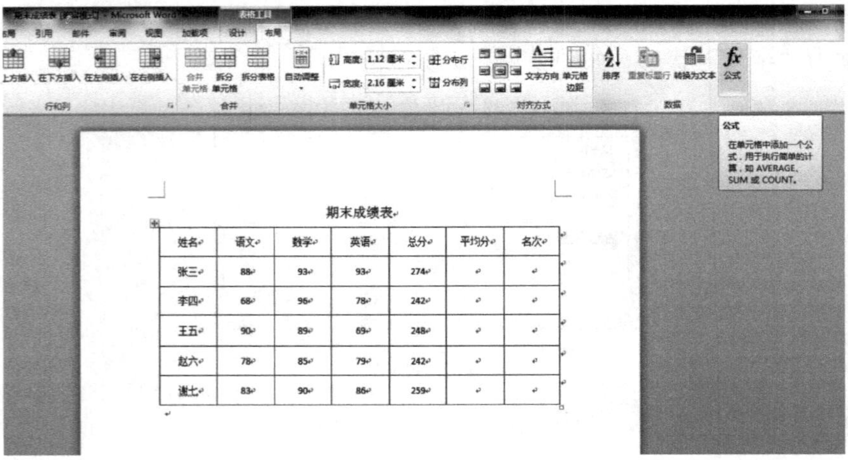

图 2—4—10

（2）弹出“公式”对话框，在“公式”编辑框内输入“＝E2/3”。此处输入的内容必须为“半角”状态，如图 2—4—11 所示。

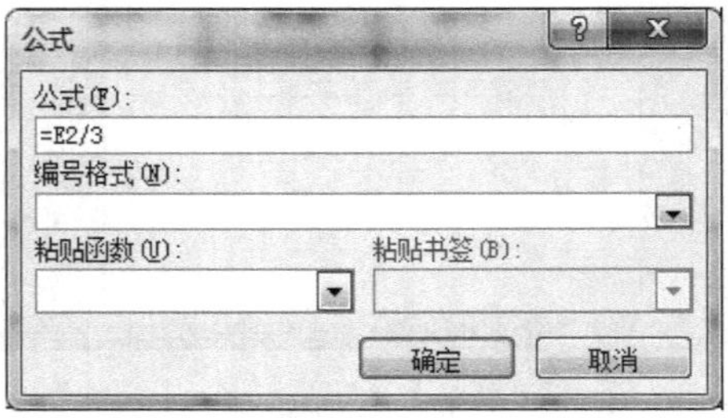

图 2—4—11

（3）按 Enter 键确认，得到如图 2—4—12 的效果。

图 2—4—12

（4）将光标定位于第 3 行第 6 列，在“表格工具”栏中，切换到“布局”选项卡，单击“数据”组中的“公式”按钮，如图 2—4—13 所示。

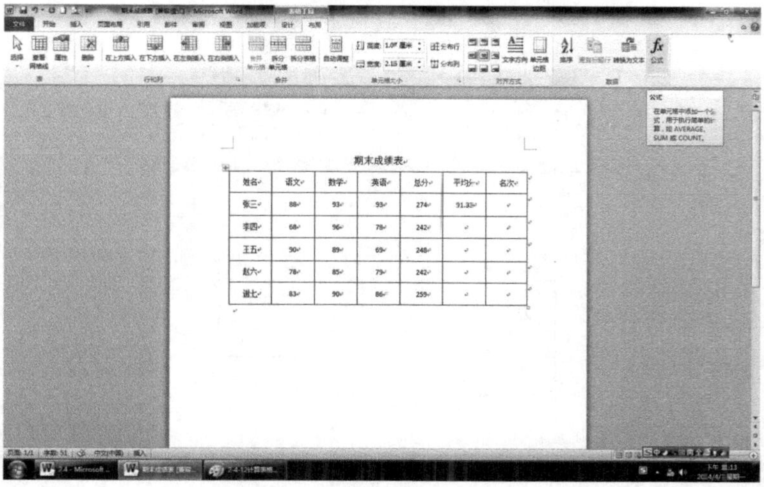

图 2—4—13

（5）弹出“公式”对话框，在“公式”编辑框内输入“＝E3/3”。此处输入的内容必须为“半角”状态，如图 2—4—14 所示。

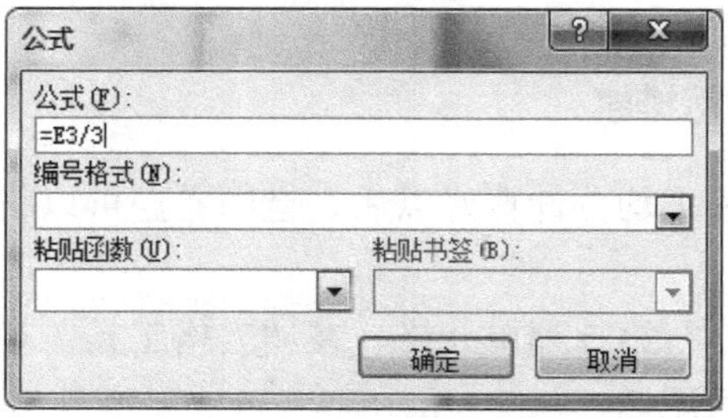

图 2—4—14

（6）按 Enter 键确认，得到如图 2—4—15 的效果。

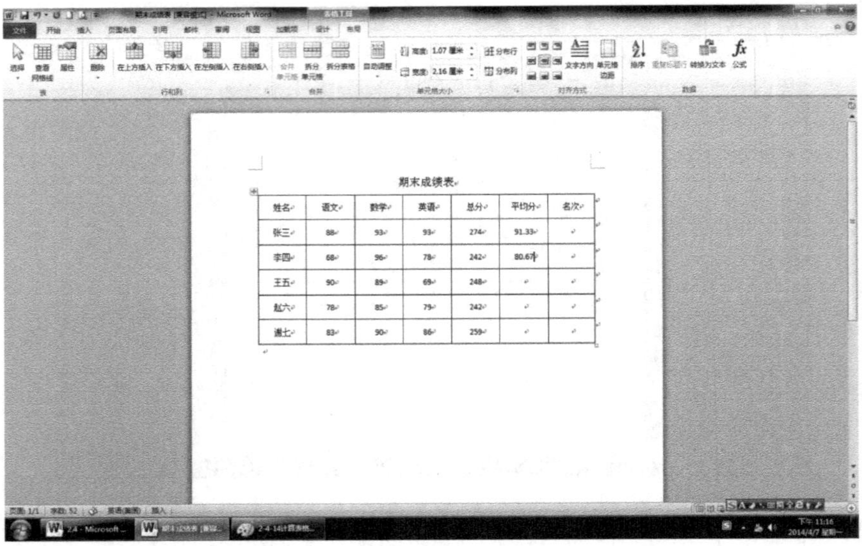

图 2—4—15

（7）在第 4 行第 6 列、第 5 行第 6 列、第 6 行第 6 列重复以上步骤，得到如图 2—4—16 的效果。

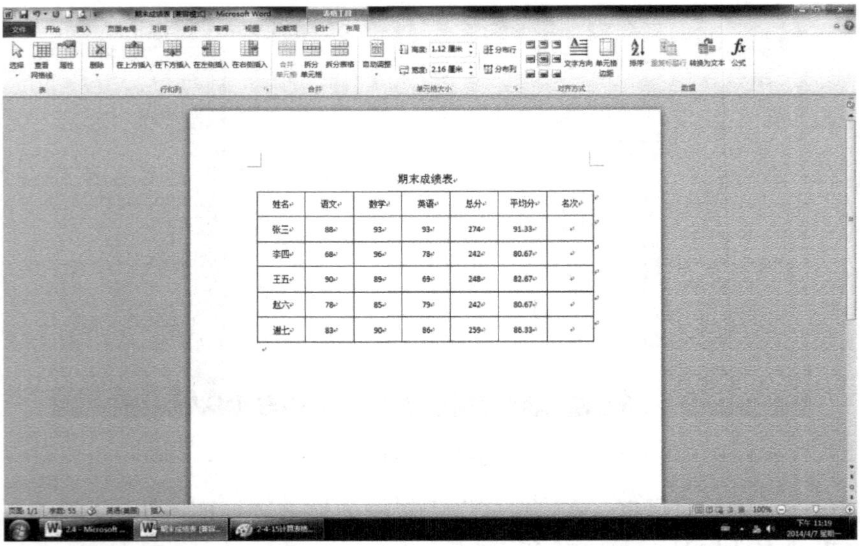

图 2—4—16

2.4.3 对表格数据进行排序

小明将成绩表的总分和平均分计算好以后，老师希望可以将同学的成绩按照总分由高到低进行排序。步骤如下：

（1）将光标定位于第 2 行第 5 列单元格，在“表格工具”栏中，切换到“布局”选项卡，单击“排序”按钮，如图 2—4—17 所示。

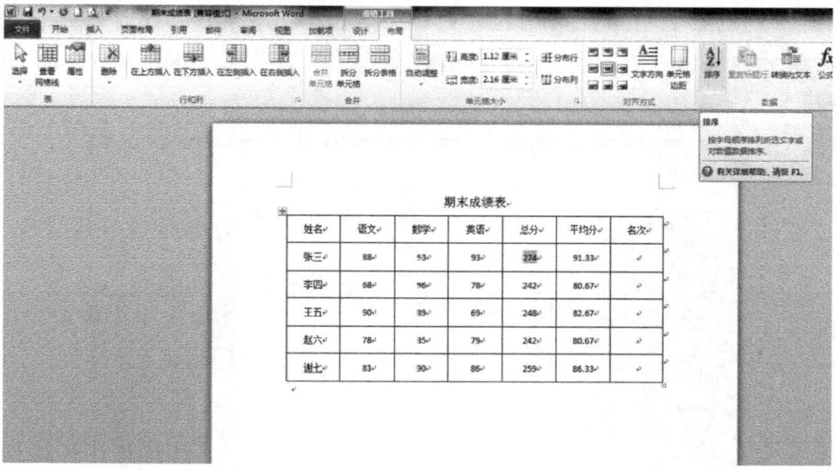

图 2—4—17

（2）弹出“排序”对话框。将“主要关键字”选择为“总分”，类型更改为“数字”，选择“降序”，“列表”项选择为“有标题行”，如图 2—4—18 所示。

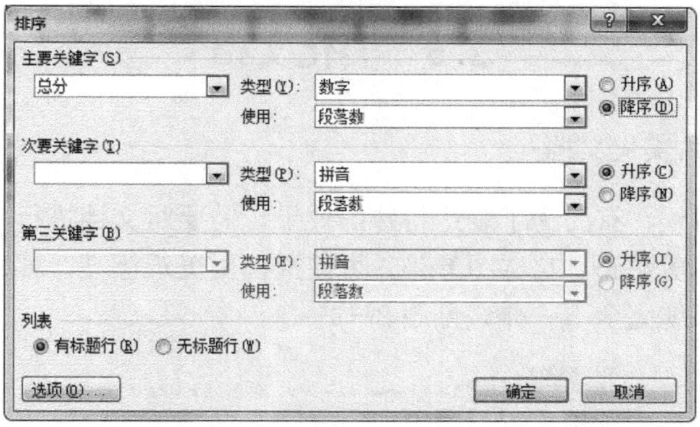

图 2—4—18

（3）单击“确定”按钮，得到如图 2—4—19 所示的效果。

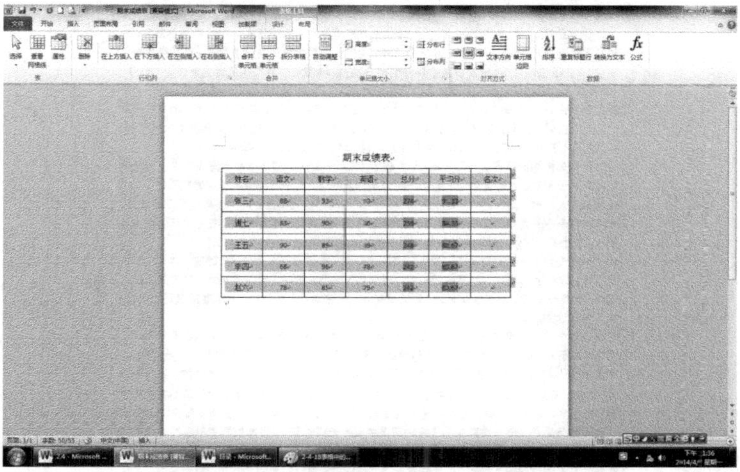

图 2—4—19

（4）在第 7 列的第 2 行单元格输入“1”，第 3 行单元格输入“2”，第 4 行单元格输入“3”，第 5 行单元格输入“4”，第 6 行单元格输入“5”，得到如图 2—4—20 所示的效果，完成按总分排序。

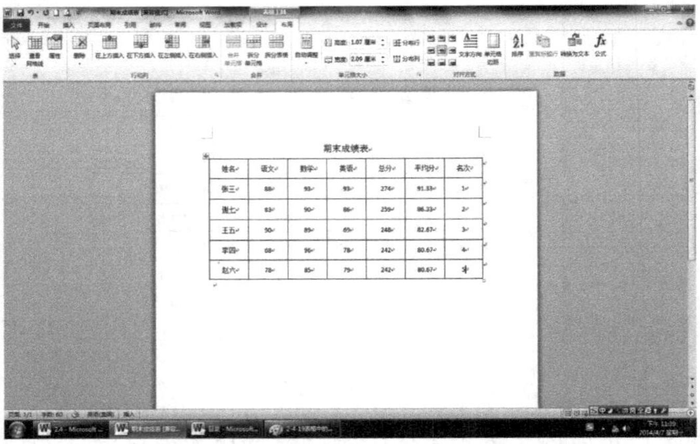

图 2—4—20

2.5　美化文档

2.5.1　使用图片美化文档

在编辑文档的时候，有时为了表达特殊的效果，需要对文档进行一些修饰处理，插入一些图片、艺术字、剪贴画、自选图形等，可使文档更美观漂亮。如对图 2—5—1 中的文档进行美化后，效果就完全不一样，见图 2—5—2。

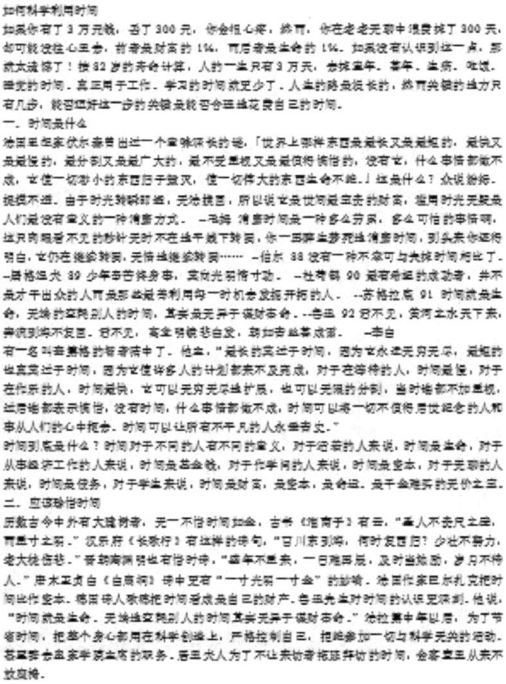

如何科学利用时间

如果你有了 3 万元钱，丢了 300 元，你会很心疼，然而，你在老老无聊中浪费掉了 300 天，却可能没往心里去，前者是财富的 1%，而后者是生命的 1%。如果没有认识到这一点，那就太遗憾了！按 82 岁的寿命计算，人的一生只有 3 万天，去掉童年、老年、生病、吃饭、睡觉的时间，真正用于工作、学习的时间就更少了。人生的路虽很长的，然而关键的地方只有几步，能否走好这一步的关键是能否合理地花费自己的时间。

一、时间是什么

法国思想家伏尔泰曾出过一个意味深长的谜，「世界上哪样东西是最长又是最短的，最快又是最慢的，最能分割又是最广大的，最不受重视又是最值得惋惜的，没有它，什么事情都做不成，它使一切渺小的东西归于消灭，使一切伟大的东西生命不绝。」这是什么？众说纷纭，捉摸不透。由于时光转瞬即逝，无法挽回，所以说它是世间最宝贵的财富，滥用时光无疑是人们最没有意义的一种消磨方式。 —马克 消磨时间是一种多么劳累，多么可怕的事情啊，这只肉眼看不见的秒针无时不在生平线下转圈，你一事无成地消磨时间，到头来你还得明白，它仍在继续转圈，无情地继续转圈…… —伯尔 88 没有一种不幸可与失掉时间相比了。—屠格涅夫 89 少年易老学难成，寸阴光阴不可轻。 —杜荀鹤 90 最有希望的成功者，并不是才干出众的人而是那些最善利用每一时机去发掘开拓的人。 --苏格拉底 91 时间就是生命，无端的空耗别人的时间，其实是无异于谋财害命。--鲁迅 92 君不见，黄河之水天上来，奔流到海不复回。君不见，高堂明镜悲白发，朝如青丝暮成雪。 —李白

有一名叫查德格的智者猜中了。他说：“最长的莫过于时间，因为它永远无穷无尽，最短的也莫过于时间，因为它使许多人的计划都来不及完成，对于在等待的人，时间最慢，对于在作乐的人，时间最快，它可以无穷无尽地扩展，也可以无限的分割，当时谁都不加重视，过后谁都表示惋惜，没有时间，什么事情都做不成，时间可以将一切不值得后世纪念的人和事从人们的心中抹去。时间可以让所有不平凡的人永垂青史。”

时间到底是什么？时间对于不同的人有不同的意义，对于经营的人来说，时间是生命，对于从事经济工作的人来说，时间是黄金钱，对于作学问的人来说，时间是资本，对于无聊的人来说，时间是债务，对于学生来说，时间是财富，是资本，是命运，是千金难买的无价之宝。

二、应该珍惜时间

历数古今中外有大建树者，无一不惜时间如金，古书《淮南子》有云，“圣人不贵尺之璧，而重寸之阴。”汉乐府《长歌行》有这样的诗句，“百川东到海，何时复西归？少壮不努力，老大徒伤悲。”晋朝陶渊明也有惜时诗，“盛年不重来，一日难再晨，及时当勉励，岁月不待人。”唐末王贞白《白鹿洞》诗中更有“一寸光阴一寸金”的妙喻。法国作家巴尔扎克把时间比作资本。德国诗人歌德把时间看成是自己的财产。鲁迅先生对时间的认识更深刻。他说，“时间就是生命，无端地空耗别人的时间其实无异于谋财害命。”达尔文中年以后，为了节省时间，把整个身心都用在科学创造上，严格控制自己，拒绝参加一切与科学无关的活动，甚至辞去皇家学院委员的职务。居里夫人为了不让来访者拖延拜访的时间，会客室里从来不放座椅。

图 2—5—1

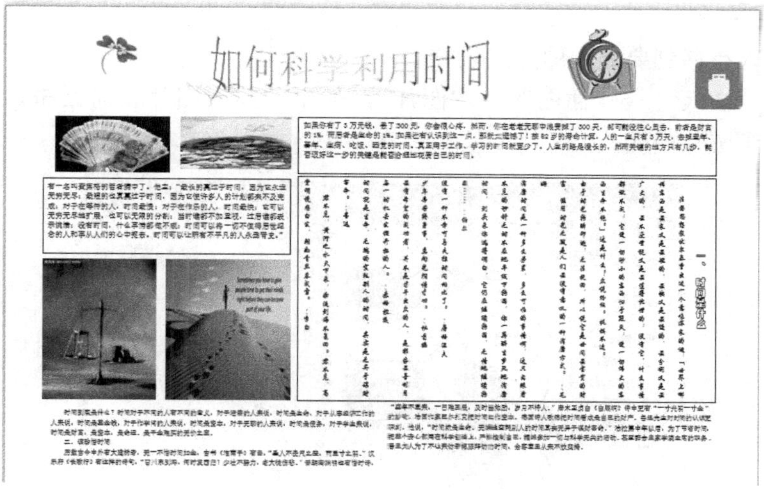

图 2—5—2

2.5.2　插入图画

1. 插入剪贴画

（1）将插入点移到要插入剪贴画的位置。

（2）单击“插入”→“插图”→“剪贴画”，打开如图 2—5—3 所示的任务窗格。

（3）在“搜索文字”编辑框中输入搜索文字（如“时钟”），单击“结果类型”下拉三角按钮，在类型列表中选中“插图”或“所有媒体文件类型”等。

（4）单击“搜索”按钮。如果被选中的收藏集中含有指定关键字的剪贴画，则会显示剪贴画搜索结果。

如果当前计算机处于联网状态，选中“包括 Office. com 内容”复选框，就可以到 Microsoft 公司 Office. com 的剪贴画库中搜索，从而扩大剪贴画的选择范围。

（5）单击合适的剪贴画，或单击剪贴画右侧的下拉三角按钮，并在打开的菜单中单击“插入”按钮，即可将该剪贴画插入到文档中。

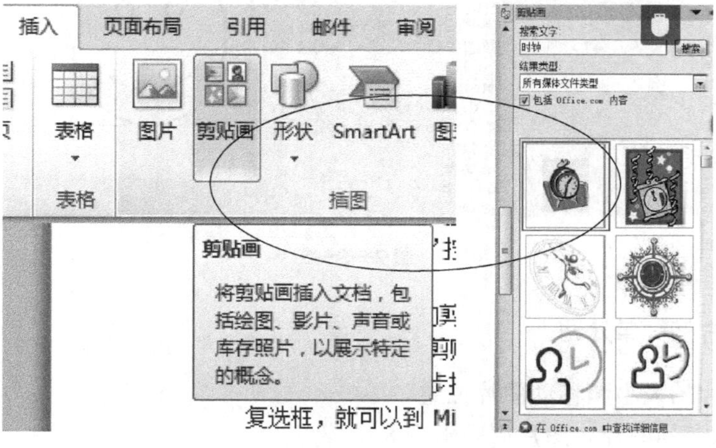

图 2—5—3

2. 插入图片

(1) 将插入点移到要插入图片的位置。

(2) 单击“插入”→“插图”→“图片”，弹出“插入图片”对话框，如图 2—5—4 所示，找到所需图片插入。

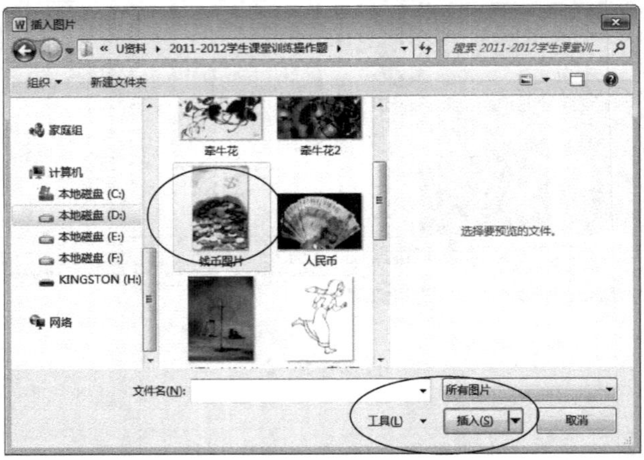

图 2—5—4

3. 插入图形

在 Word 2010 中，可以用“插入”→“插图”→“形状”命令插入基本图形单元，如图 2—5—5 所示。

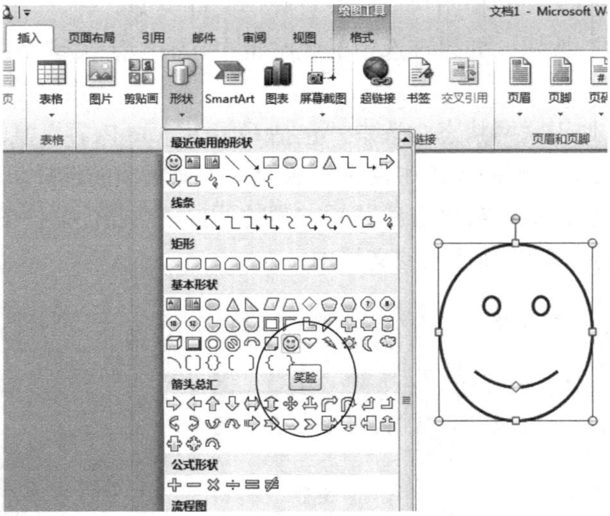

图 2—5—5

2.5.3 图片的简单处理

1. 改变图片的大小和移动图片位置

(1) 单击选定的图片，图片周围出现 8 个控点。

(2) 将鼠标指针移到图片中的任意位置，指针变成四向十字箭头时，可以移动图片到新的位置。

（3）将鼠标移到控点处，此时鼠标指针会变成水平、垂直或斜对角的双向箭头，按箭头方向拖动指针，可以改变图片水平、垂直或斜对角方向的大小尺寸。如图 2—5—6 所示。

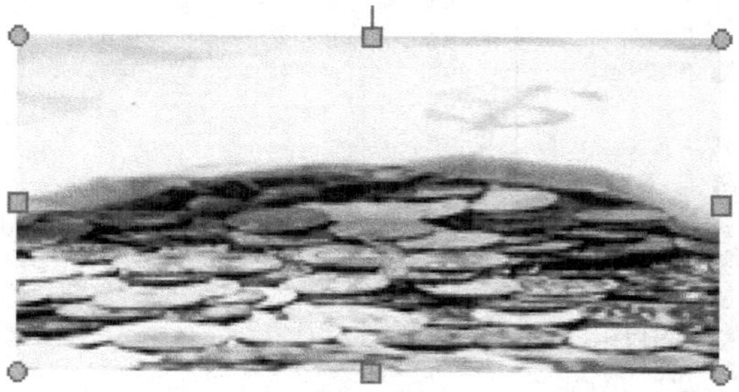

图 2—5—6

2. 图片的裁剪

（1）单击选定需要裁剪的图片，图片周围出现 8 个控点。

（2）单击“图片工具格式”→“大小”→“裁剪”按钮。此时，图片的 4 个角会出现 4 个黑色直角，图片四边中部出现 4 个黑色短线，共计 8 处。

（3）将鼠标移到图片四周的 8 个黑线处，向图片内侧拖动鼠标，可裁去图片中不需要的部分。如果拖动鼠标的同时按住 Ctrl 键，那么可以对称裁去图片。如图 2—5—7 所示。

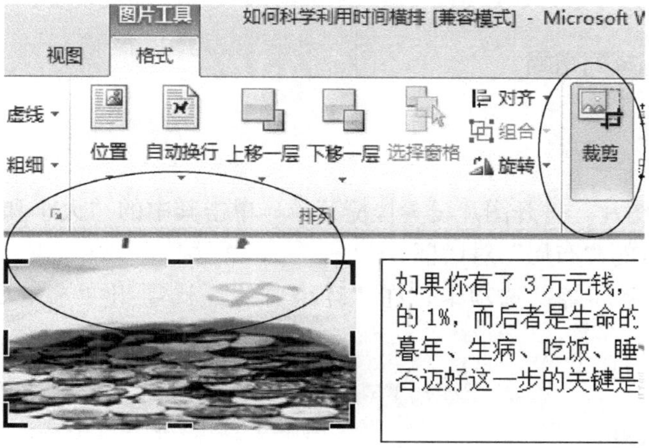

图 2—5—7

3. 为图片添加边框

（1）右击选定的图片，打开快捷菜单，单击其中的“设置图片格式”命令，打开“设置图片格式”对话框。

（2）执行“设置图片格式”对话框中的“线条颜色”命令，从“无线条”、“实线”、“渐变线”中选择一种。

（3）执行“设置图片格式”对话框中的“线型”命令，并在“宽度”文本框中键入边框线的宽度（单位默认为“磅”），选择“复合类型”、“短划线类型”、“线端类型”等参数，如图 2—5—8 所示。

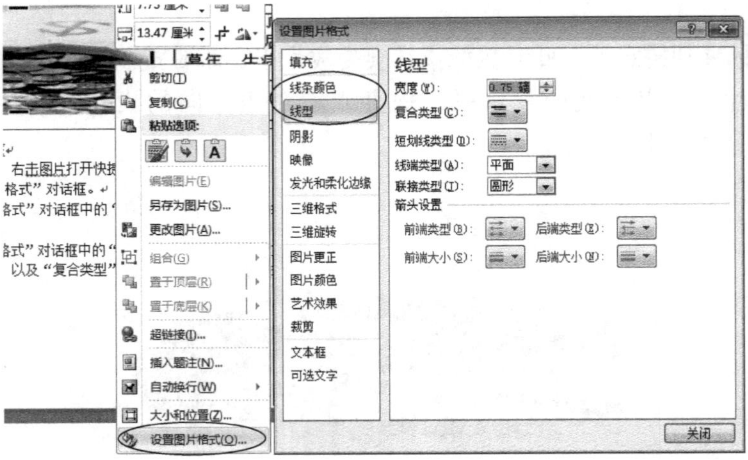

图 2—5—8

可以利用图片工具栏对图片进行更多的处理，如设置艺术效果等，见图 2—5—9。

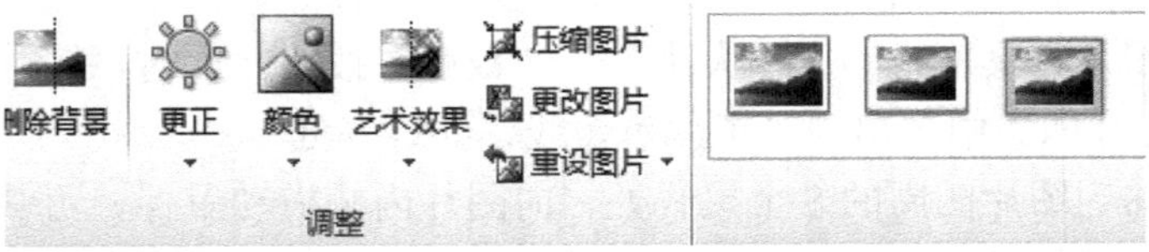

图 2—5—9

2.5.4 图片的排列布局

1. 文字的环绕

方法 1：

（1）鼠标右击图片，打开图片设置快捷菜单，单击其中的“大小和位置”命令，打开如图 2—5—10 所示的“布局”对话框。

（2）单击“文字环绕”选项卡，在“环绕方式”选项组中选定所需的环绕方式并确定。

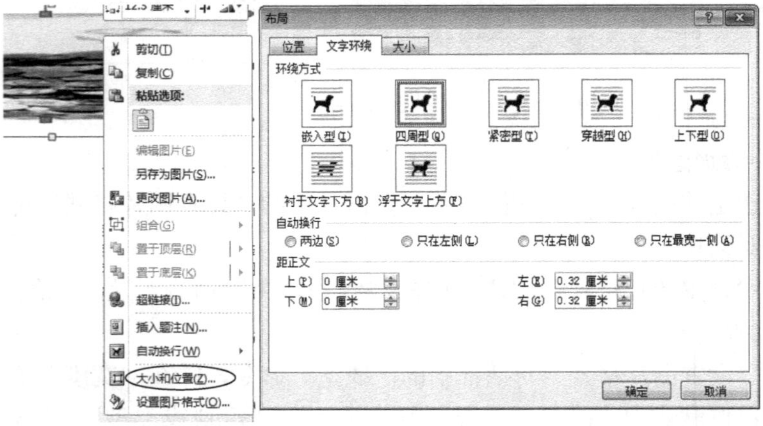

图 2—5—10

方法 2：单击选定图片，单击“图片工具格式”→“排列”→“自动换行”按钮，在下拉列表中选择一种环绕方式。

2. 图片的旋转、对齐、组合等

单击选中图片，单击“图片工具格式”→“排列”→“旋转（或对齐、组合等）”按钮，在下拉列表中选择相应的命令，见图 2—5—11。

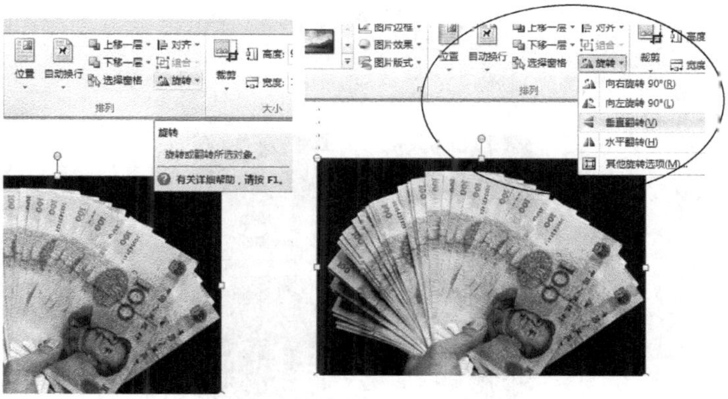

图 2—5—11

2.5.5 设置图形格式

图形格式包括图形的颜色、线条、三维效果等。

方法 1：右击图形，单击快捷菜单中“设置自选图形格式”命令，打开如图 2—5—12 所示的“设置自选图形格式”对话框，在该对话框中可以为封闭图形填充颜色，给图形的线条设置线型和颜色，给图形对象添加阴影或产生立体效果等。

方法 2：单击选定图形，单击“绘图工具格式”→“形状样式”→“形状填充（或形状轮廓等）”后的下拉箭头“▼”，选择相应选项直接设置。

图 2—5—12

2.5.6 排列图形

排列图形主要是调整图形的叠放次序、对齐、旋转等。

1. 调整图形的叠放次序

方法 1：

（1）选定要确定叠放关系的图形对象。

（2）单击鼠标右键，打开如图 2—5—13 所示的“绘图”快捷菜单，再打开“叠放次序”的下拉菜单。

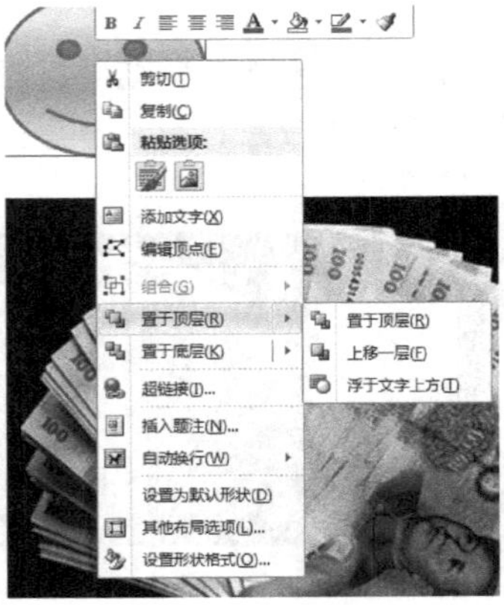

图 2—5—13

（3）在展开的下拉菜单中，从“置于顶层”、“置于底层”、“上移一层”、“下移一层”、“浮于文字上方”、“衬于文字下方”中，选择所需的一个执行。

方法 2：单击选定图形，在“绘图工具格式→排列”区中选择“上移一层”、“下移一层”下的下拉箭头“▼”再选择相应选项，如图 2—5—14 所示。

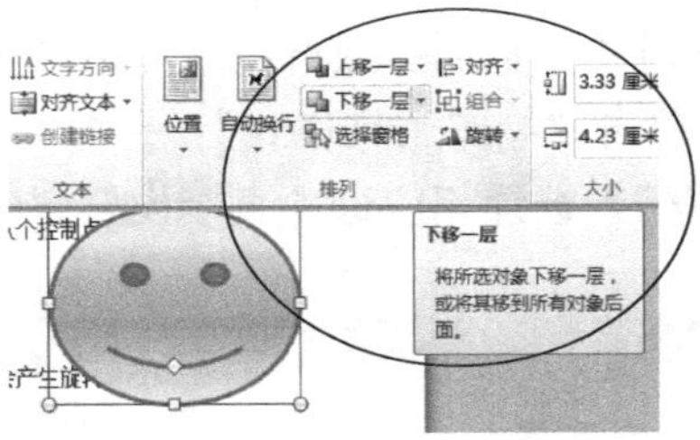

图 2—5—14

实际效果如图 2—5—15 所示。

(a) 十字星在第三层　　**(b)** 十字星上移一层

图 2—5—15

2. 旋转

方法 1：右击图形，单击快捷菜单中“设置自选图形格式”命令，可以打开如图 2—5—16 所示的“设置形状格式”对话框，在对话框中选择“三维旋转”，在右边选择相应的设置即可。

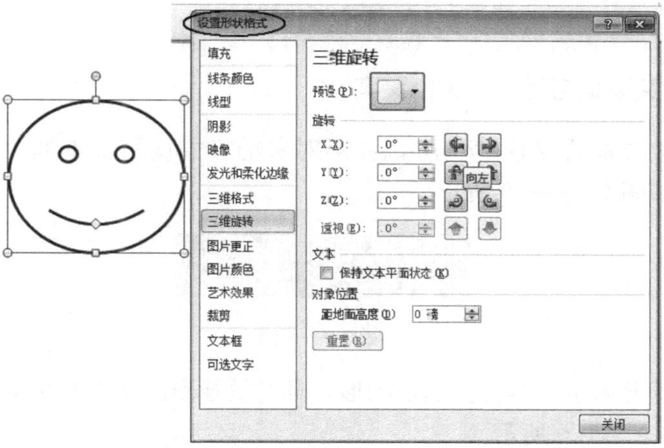

图 2—5—16

方法 2：单击选定图形，单击“绘图工具格式”→“排列”，点击“旋转”后的下拉箭头“▼”，再选择相应选项直接设置。

2.5.7　组合图形

（1）选定要组合的所有图形对象。
（2）单击鼠标右键，打开“绘图”快捷菜单。
（3）单击“绘图”快捷菜单中的“组合”命令，如图 2—5—17 所示。

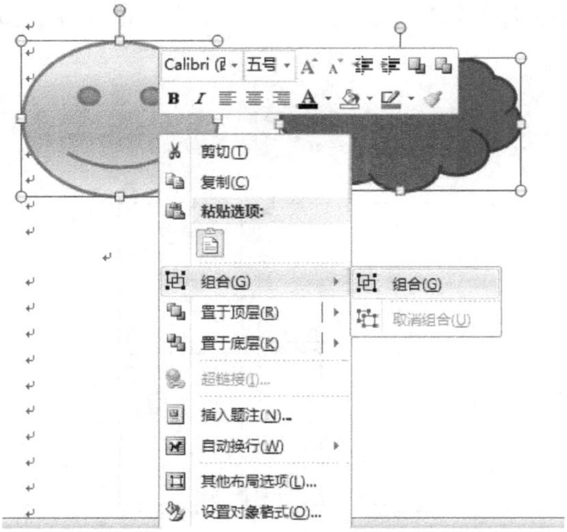

图 2—5—17

组合后的所有图形成为一个整体的图形对象，可整体移动和旋转，如图 2—5—18 所示。

图 2—5—18

2.5.8 使用文本框与艺术字突出文本

文本框是存放文本的容器，Word 以图形对象的方式使用文本框，与文档中的文本不在同一个层面，如图 2—5—19 所示。

图 2—5—19

艺术字不同于普通字，本质上也是图形，具有更强烈的文字视觉效果，可以更有效地修饰文档，如图 2—5—20 所示。

图 2—5—20

2.5.9 插入文本框

如果要绘制文本框，可以单击“插入→文本→文本框”按钮，打开文本框下拉列表框（如图 2—5—21 所示），单击所需的文本框，即可在当前插入点处插入一个文本框。将插入点移至文本框中，可以在文本框中输入文本或插入图片。文本框中的文字格式设置与前述的文字格式设置方法相同。

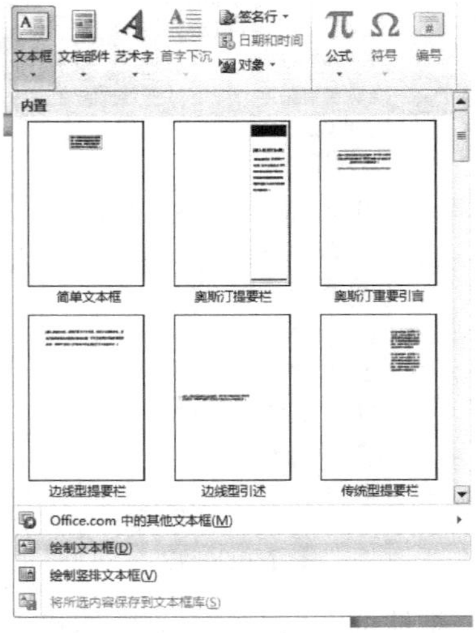

图 2—5—21

2.5.10 设置文本框的内部边距与对齐方式

右击文本框，在弹出的快捷菜单中选择“设置形状格式”命令，如图 2—5—22 所示，弹出对话框，在对话框中单击“文本框”选项，在右边进行相应边距、对齐的设置即可。如图 2—5—23 所示。

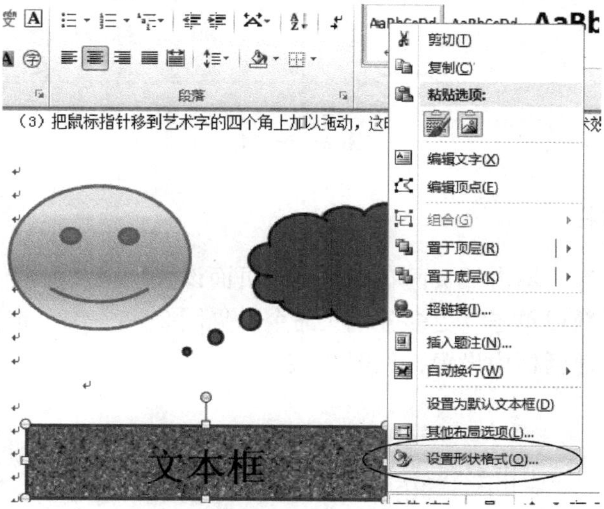

图 2—5—22

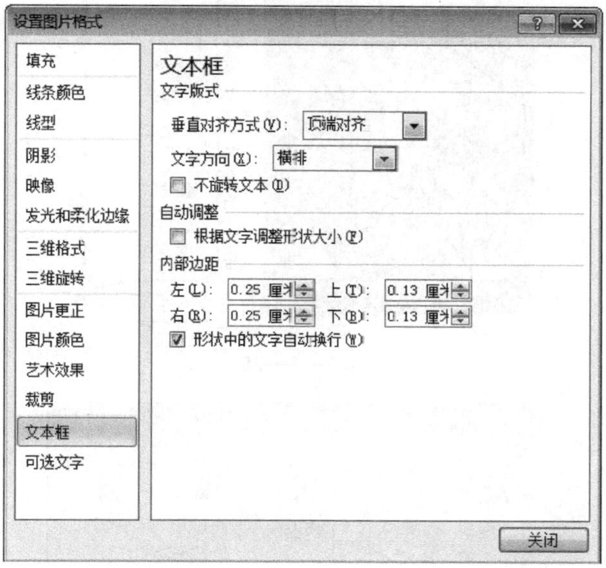

图 2—5—23

2.5.11 插入艺术字

要插入艺术字，可以单击“插入”→“文本”→“艺术字”按钮，打开下拉列表框，单击所需的样式，在当前插入点处插入艺术字框，输入艺术字内容，见图 2—5—24。对艺术字的设置与图形类似。

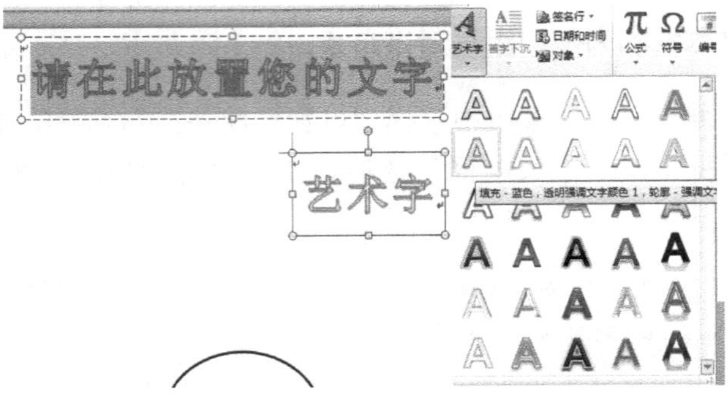

图 2—5—24

2.5.12 制作分栏

选定要分栏的内容，单击“页面布局”→“页面设置”→“分栏”按钮，打开下拉列表框，单击所需的栏数或单击“更多分栏”命令，见图 2—5—25。选择“更多分栏”命令后会出现对话框，在对话框中设置，见图 2—5—26。

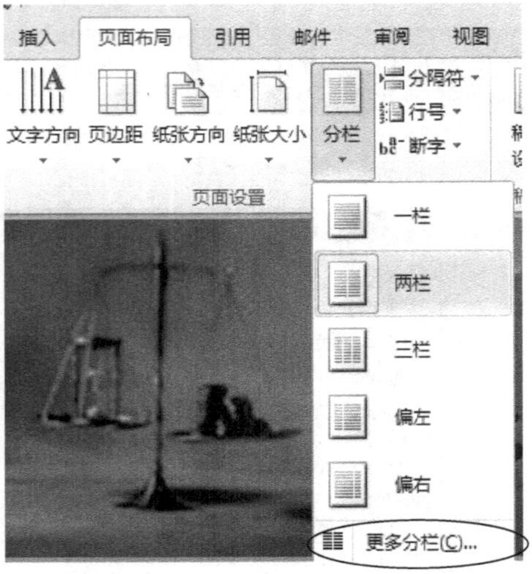

图 2—5—25

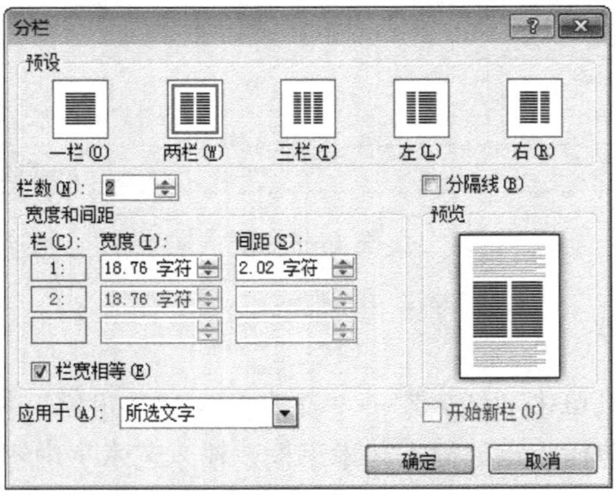

图 2—5—26

2.6　制作公司年度战略图

小明爸爸的公司为提高管理效能，要制作公司战略图。在 Word 2010 中有种 SmartArt 图形，提供了很多图形模板，正好有合适的图形来制作战略图。

2.6.1　SmartArt 图形概述

虽然插图和图形比文字更有助于读者理解和回忆信息，但大多数人仍创建仅包含文字的内容。创建具有设计师水准的插图很困难，尤其是在本人非专业设计人员而聘请专业设计人员又过于昂贵时。如果使用早期版本的 Microsoft Office，则可能无法专注于内容，而是要花费大量时间进行基本操作，如使各个形状大小相同并且适当对齐、使文字正确显示、手动设置形状的格式以符合文档的总体样式。而使用 SmartArt 图形和其他新功能，只需单击几下鼠标即可，如“主题”是主题颜色、主题字体和主题效果三者的组合，可以作为一套独立的选择方案应用于文件中。

SmartArt 是 Word 2007 和 Word 2010 中新增加的一项图形功能，相对于 Word 2003 等以前 Word 版本中提供的图形功能，SmartArt 功能更强大、种类更丰富、效果更生动。

Word 2010 中的 SmartArt 包括 8 种类型，分别介绍如下：

（1）列表型：显示非有序信息或分组信息，主要用于强调信息的重要性，如图 2—6—1 所示。

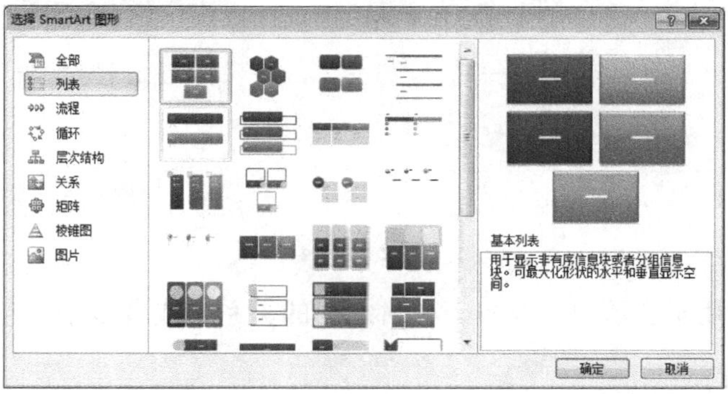

图 2—6—1

（2）流程型：表示任务流程的顺序或步骤，如图 2—6—2 所示。

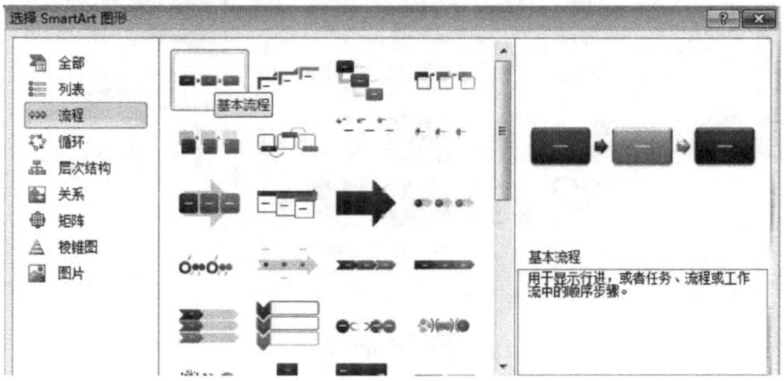

图 2—6—2

（3）循环型：表示阶段、任务或事件的连续序列，主要用于强调重复过程，如图 2—6—3 所示。

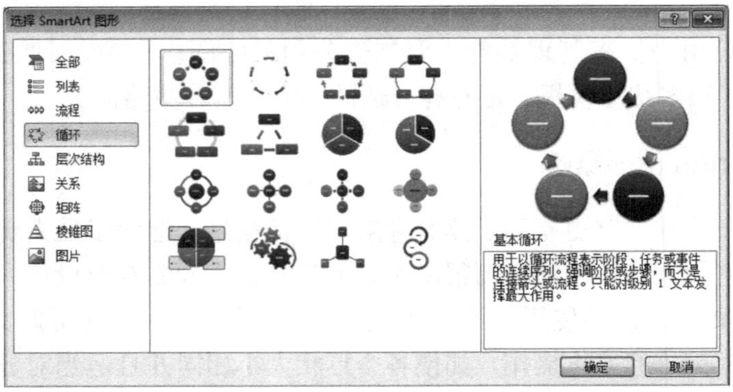

图 2—6—3

（4）层次结构型：用于显示组织中的分层信息或上下级关系，广泛地应用于组织结构图，如图 2—6—4 所示。

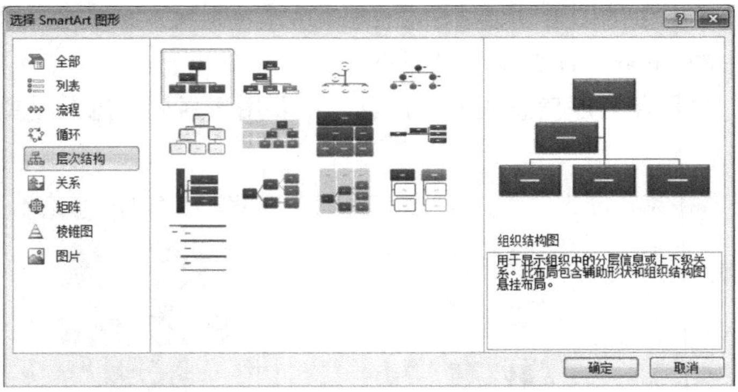

图 2—6—4

（5）关系型：用于表示两个或多个项目之间的关系，或者多个信息集合之间的关系，如图 2—6—5 所示。

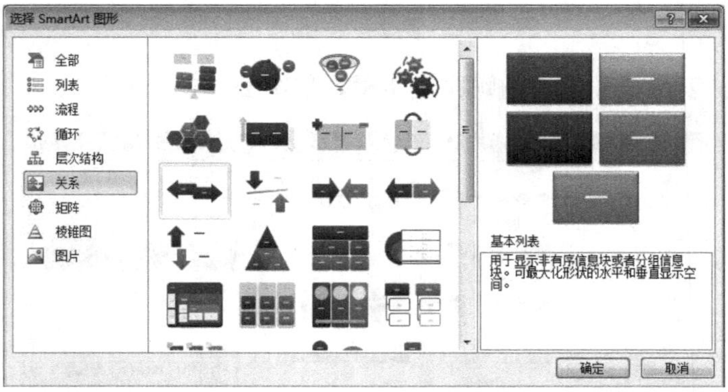

图 2—6—5

（6）矩阵型：用于以象限的方式显示部分与整体的关系，如图 2—6—6 所示。

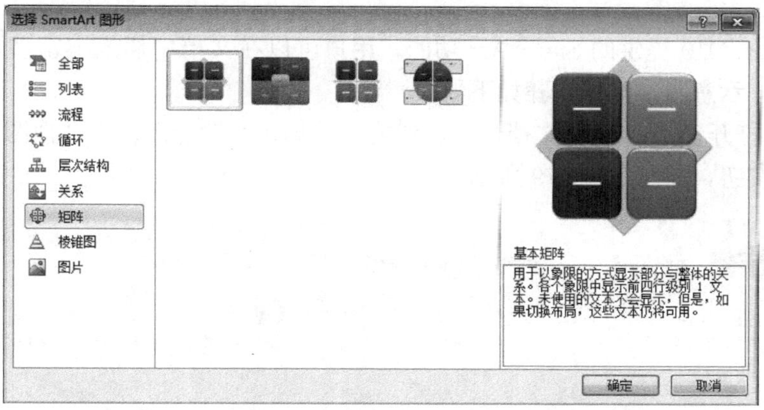

图 2—6—6

（7）棱锥图型：用于显示比例关系、互连关系或层次关系，最大的部分置于底部，向上渐窄，如图 2—6—7 所示。

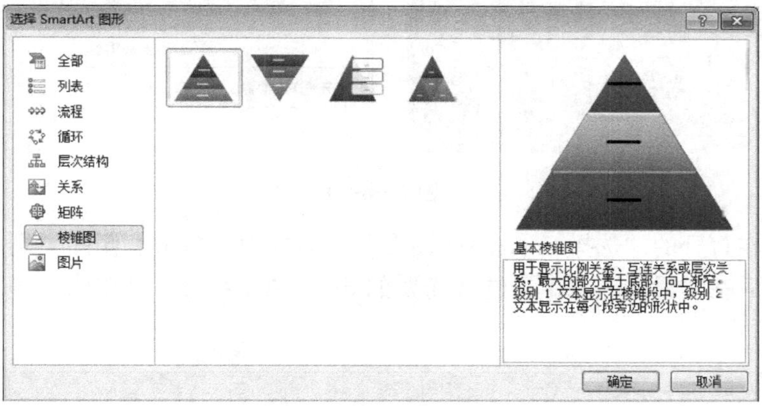

图 2—6—7

（8）图片型：主要应用于包含图片的信息列表，如图 2—6—8 所示。

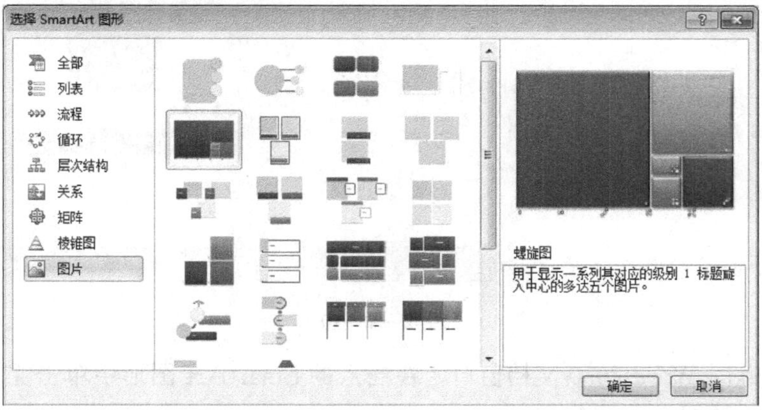

图 2—6—8

2.6.2 插入 SmartArt 图形

借助 Word 2010 提供的 SmartArt 功能，用户可以在文档中插入丰富多彩、表现力丰富的 SmartArt 示意图，操作步骤如下：

第 1 步，打开 Word 2010 文档窗口，切换到“插入”功能区。在“插图”分组中单击“SmartArt”按钮，如图 2—6—9 所示。

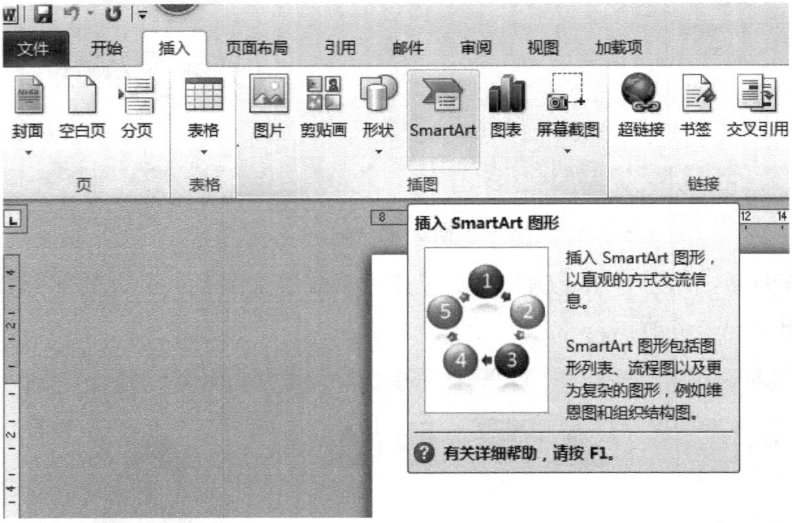

图 2—6—9

第 2 步，在打开的“选择 SmartArt 图形”对话框中，单击左侧的类别名称，选择合适的类别，然后在对话框右侧单击选择需要的 SmartArt 图形，并单击“确定”按钮，如图 2—6—10 所示。

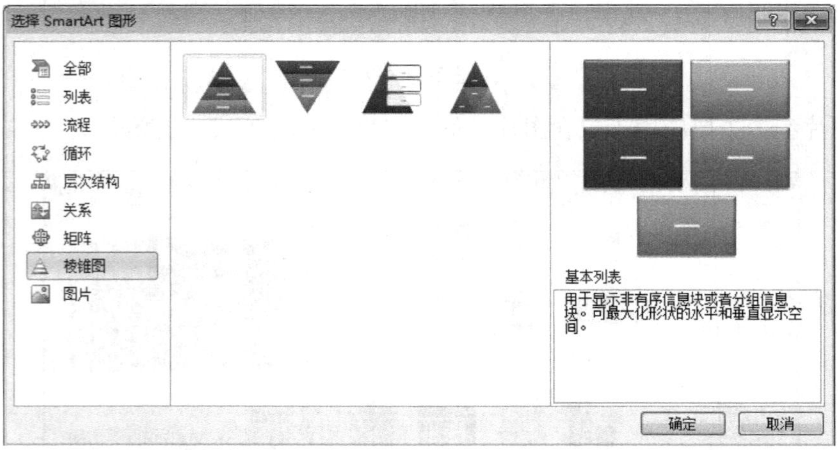

图 2—6—10

第 3 步，返回 Word 2010 文档窗口，在插入的 SmartArt 图形中单击文本占位符，输入合适的文字，如图 2—6—11 所示。

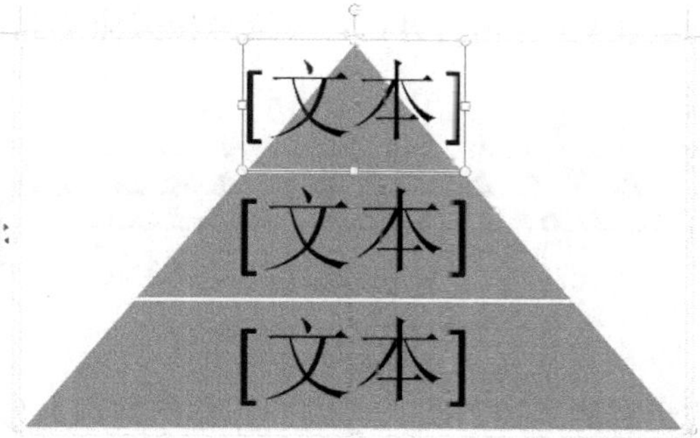

图 2—6—11

也可以选择左边的箭头，展开“在此处键入文字”窗口，直接输入文本，如需要增加层次，按回车键，如图 2—6—12 所示。

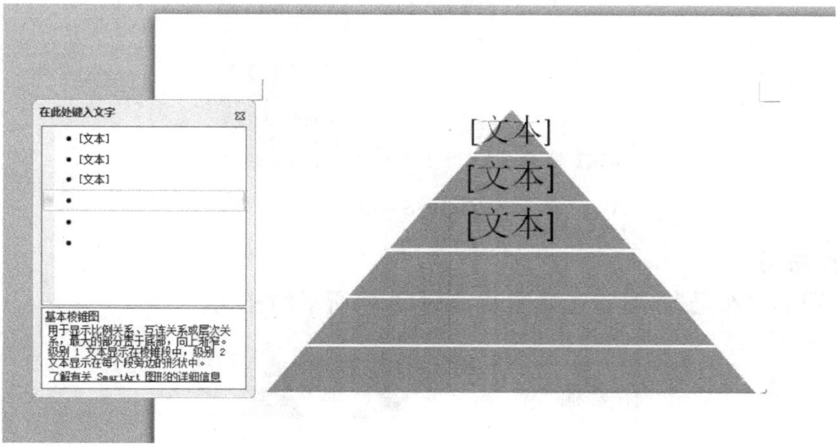

图 2—6—12

2.6.3　设计 SmartArt 图形

输入文本之后会产生如图 2—6—13 所示效果。

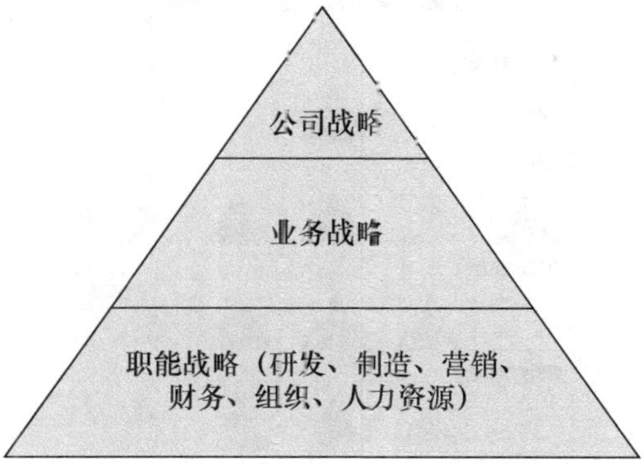

图 2—6—13

如果觉得该图样式、颜色太单调，还可以进一步进行设置：双击已生成的图形任意位置，会发现工具栏变成 SmartArt 专用工具栏，可选择相关命令和格式。如图 2—6—14 所示。下面分别介绍。

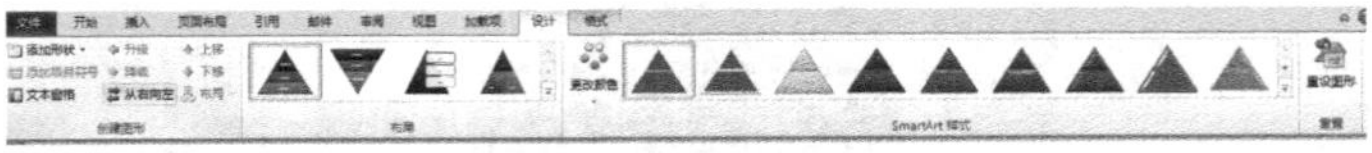

图 2—6—14

1. 添加形状

点击“添加形状”按钮右侧下拉箭头，可以选择在何处添加形状的命令，如图 2—6—15 所示。

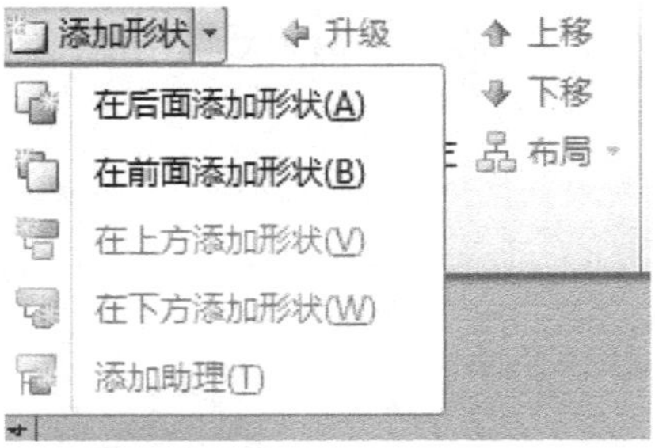

图 2—6—15

2. 图形布局

要改变图形“布局”，可以选择图 2—6—16 中所示的样式。

图 2—6—16

3. 颜色

SmartArt 提供了一些颜色方案供选择，对图形各部分进行统一着色，如图 2—6—17 所示。

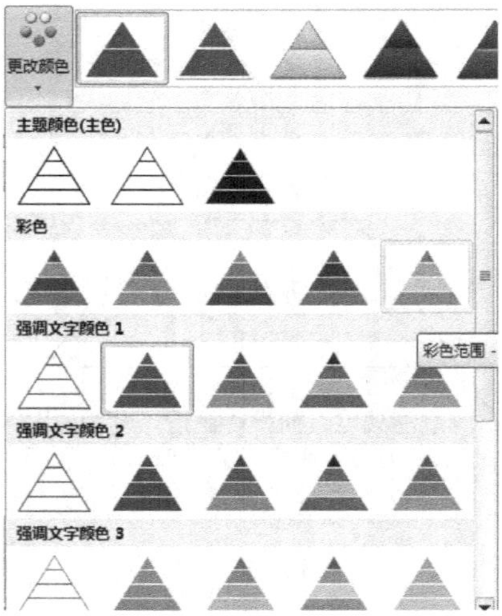

图 2—6—17

4. 三维效果

如果不满意平面图形，可以对图形进行三维格式设置，如图 2—6—18 所示。

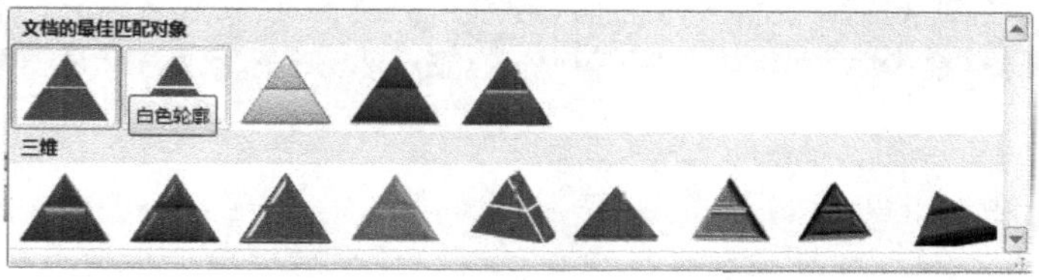

图 2—6—18

第 3 章　中文 Excel 2010 应用

Excel 之所以深受广大用户欢迎，是由它自身的特点和功能决定的，表现为以下几点：

(1) 较强的制表能力。Excel 既可以自动生成规范的表格，也可以根据用户的要求生成复杂的表格，而且表格的编辑、修改十分灵活。

(2) 较强的数据处理和数据链接能力。用户可以通过在单元格中建立公式实现数据的自动处理和链接。

(3) 内置了大量的函数。用户可以直接引用这些函数，极大地方便了用户对各种数据的处理。

(4) 具有便捷的图表生成能力。用户可以根据表格中枯燥的数据迅速、便捷地生成各种直观生动的图表，并且还允许用户根据需要修改及自定义图表。

(5) 具有较强的格式化数据表格和图表的能力。用户可以方便、灵活地使用 Excel 提供的格式化功能，使生成的数据表格或图表更加美观、清晰。

(6) 具有较强的打印控制能力。既允许用户通过屏幕预览打印效果，也允许用户控制、调整打印格式。

(7) 具有较强的数据分析和管理能力。用户可以使用 Excel 提供的数据分析工具进行数据分析，使用 Excel 提供的数据管理功能对表格中的数据进行排序或筛选。

(8) 具有较强的数据共享能力。Excel 可以与其他应用系统相互交换共享工作成果，既可以方便地从数据库文件中获取记录，也可以将工作簿文件直接转换成数据库文件。

3.1　制作“员工工资表”

小明爸爸的公司这个月员工的工资绩效统计出来了，小明决定使用 Excel 来录入员工的工资数据，方便以后的查询和管理、统计。设计表格见表 3—1—1。

表 3—1—1　　员工工资表

员工编号	员工姓名	所在部门	基本工资	应扣工资	住房补助	车费补助	保险金	奖金	应发金额
1001	张丹	人事部							
1002	李友华	行政部							
1003	林欣桐	财务部							

续前表

员工编号	员工姓名	所在部门	基本工资	应扣工资	住房补助	车费补助	保险金	奖金	应发金额
1004	曾巧	销售部							
1005	谢清	业务部							
1006	沈楷华	人事部							
1007	刘杰	行政部							
1008	王南	财务部							
1009	赵小旭	销售部							

3.1.1　Excel 2010 的启动

（1）通过“开始”菜单启动。单击桌面上的“开始”→“所有程序”→“Microsoft Office”→“Microsoft Office Excel 2010”命令。

（2）从桌面的快捷方式图标启动。若桌面上已建立了 Excel 2010 快捷方式图标，则双击此图标。

（3）利用已有的 Excel 文件启动。单击已存在的 Excel 文件可以启动 Excel 2010，同时打开了该工作簿文件。

3.1.2　退出 Excel 2010

（1）执行“文件”→“退出”命令。

（2）单击窗口标题栏中的图标，选择“关闭”命令。

（3）单击窗口标题栏右边的“关闭”按钮。

如果在退出前表格被修改过，系统会提示是否保存修改的内容，单击“是”按钮则保存文档；单击“否”按钮则直接退出，不作保存。

3.1.3　Excel 2010 窗口组成

Excel 2010 启动后，用户所看到的工作界面如图 3—1—1 所示，具体功能如下：

（1）标题栏：用来显示工作簿名称。

（2）主选项卡：所有命令都在各选项卡里面，根据操作进行选项卡命令的划分。

（3）功能区：每个选项卡都由多个功能区组成，各功能区是相似相关命令的集合。

（4）名称框：用来显示活动单元格名称。

（5）编辑栏：显示当前活动单元格的内容和公式，用户可以对当前活动单元格的内容或公式进行编辑。

（6）状态栏：用来显示当前系统的状态及对命令作简单描述。

（7）工作表标签：通过标签可以对工作表进行相应操作。

（8）列标：纵向所有单元格构成列，以字母为标识。

（9）行号：横向所有单元格构成行，以数字为标识。

（10）单元格：行和列相交处即为单元格，是存储数据的基本单元，可以输入各项数据和公式。

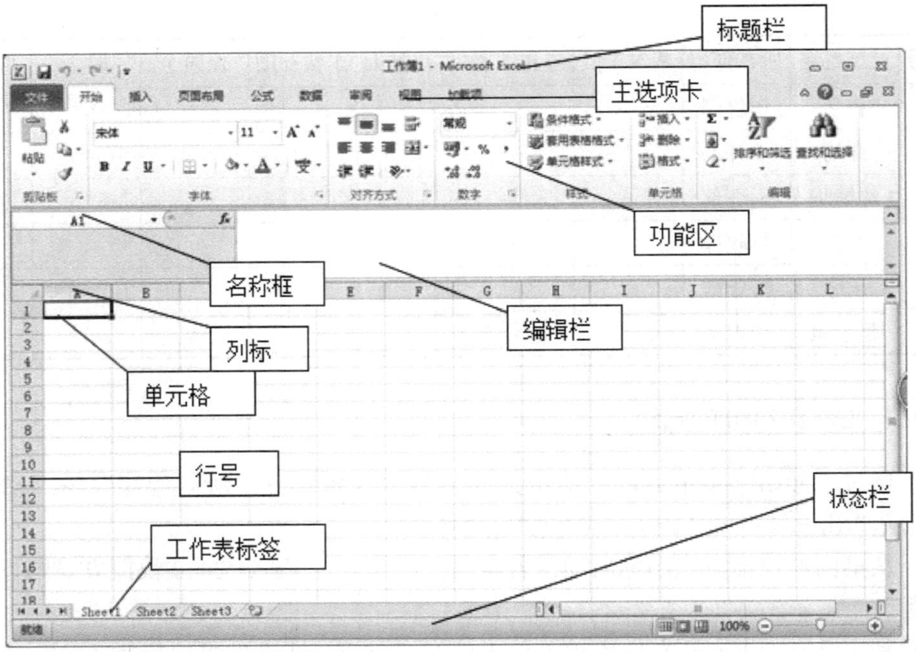

图 3—1—1

3.1.4 Excel 2010 的基本概念

1. 单元格

每张工作表是由多个长方形的“存储单元”所构成的，这些长方形的“存储单元”被称为“单元格”。输入的任何数据都将保存在这些“单元格”中。这些数据可以是字符串、数字、公式或者图形、声音等。

2. 单元格地址

每个单元格都有固定的地址。比如 A1，代表了 A 列第 1 行的单元格。同样，一个地址也表示唯一一个单元格，如 B5 指的是 B 列与第 5 行交叉位置上的单元格。在标明单元格时，先标明列号再标明行号。

一个工作簿文件可能会有多个工作表，为了区分不同工作表的单元格，要在地址前面增加工作表名称。如“Sheet2！A6”，说明该单元格是 Sheet2 工作表中的 A6 单元格。工作表名与单元格之间必须使用“!”来分隔。

3. 活动单元格

单元格是组成工作表的最小单位。要输入单元格数据，首先要激活单元格，被激活的单元格称为活动单元格。活动单元格边框为粗黑边框，这时输入的数据会保存在该单元格中。在单元格右下角有一个黑色的矩形框，当鼠标移动到该处时，会呈现实心黑色十字状，称为填充柄。

4. 区域

连续的多个单元格称为区域。标记为：“左上角单元格地址：右下角单元格地址”。

5. 工作簿

Excel 2010 使用了工作簿的概念，当改变某一工作表数据时，该工作表所在工作簿的其他工作表中由此而派生出的数据将自动修改，避免了前后数据不一致的问题。

Excel 2010 中，工作簿是以文件的形式存在的，工作簿由若干个工作表构成。一个工作表由 1 048 576 行和 16 384 列构成，其中行用数字 1、2、3、…、1 048 576 标注在工作簿窗口的左边，称为行头。列用字母 A、B、…、Z、AA、AB、…、AZ、BA、BB、…、ZZ、AAA、…、XFD 标注在工作簿窗口的顶部，称为列头。

6. 工作表

Excel 2010 的每一个工作簿可以包含若干个工作表，工作表之间是相互独立的。当用户创建一个工作簿时，新工作簿中有 3 个工作表，分别用“Sheet1”、“Sheet2”、“Sheet3”表示，“Sheet1”、“Sheet2”、“Sheet3”也叫做工作表标签，用户可以根据实际需要随时添加和删除工作簿中的工作表。

3.1.5 选择工作表

在任一时刻只有一张活动工作表，也可以将一张非活动工作表切换为活动工作表。操作很简单，只需用鼠标单击工作表标签即可；也可以用快捷键 Ctrl+PgDn 选择下一张工作表，用 Ctrl+PgUp 选择上一张工作表。

3.1.6 插入和删除工作表

1. 插入新的工作表

相对于 Excel 2003 和 Excel 2000 等 Excel 老版本，Excel 2010 工作簿中新增了一个“插入工作表”图标，用户可以很方便地在工作簿末尾插入一张新的工作表，操作方法如下：

方法 1：在工作表标签处单击鼠标右键，弹出图 3—1—2 所示菜单，然后选择“插入”选项，在出现的对话框（见图 3—1—3）中选择“工作表”，即可插入一张新工作表。

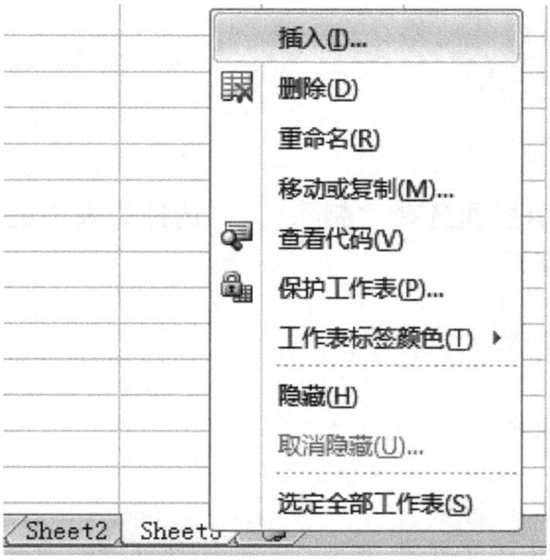

图 3—1—2

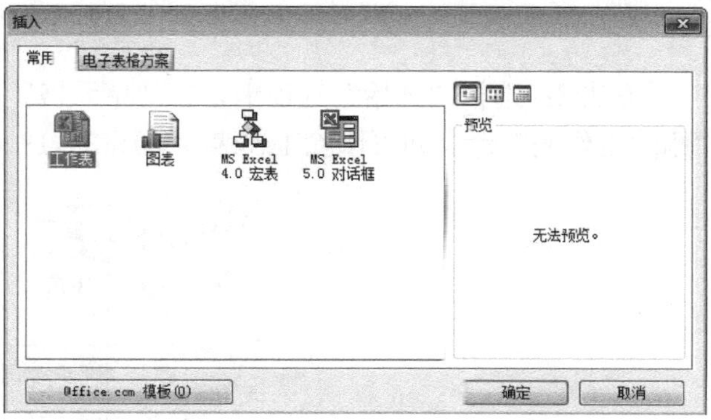

图 3—1—3

方法 2：打开 Excel 2010 工作簿窗口，在工作簿窗口底部工作表标签位置单击“插入工作表”图标即可，如图 3—1—4 所示。

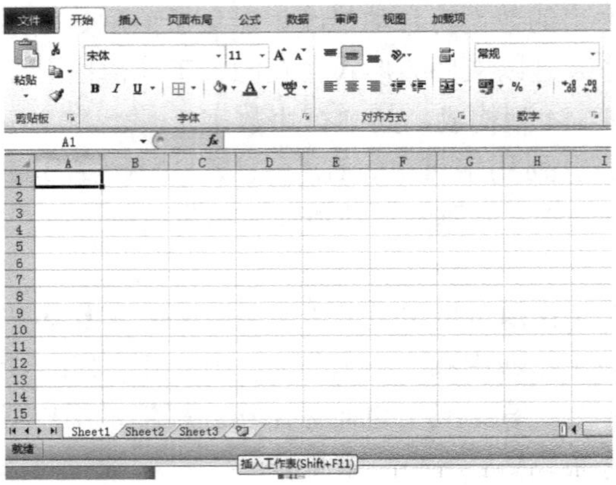

图 3—1—4

2. 删除工作表

方法 1：若插入多余的工作表，需要将其删除时，可选中要删除的工作表标签，通过点击鼠标右键，出现如图 3—1—5 所示的菜单，选择“删除”命令即可。在删除工作表的同时工作表相应标签也消失。

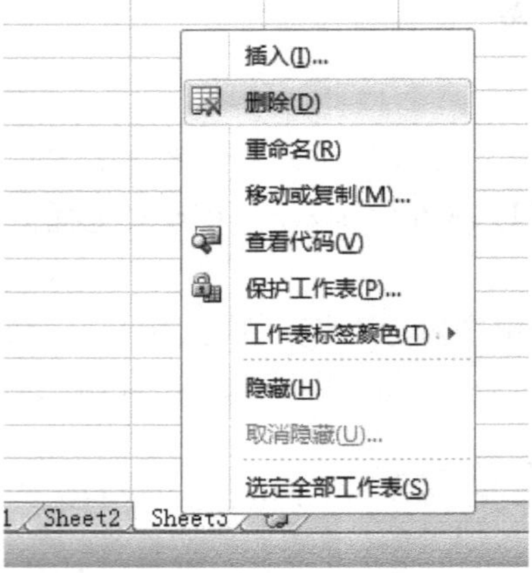

图 3—1—5

方法 2：选择“开始”选项卡，在“单元格”分组里面选择“删除”，再选择列表中的“删除工作表”命令即可删除工作表，如图 3—1—6 所示。

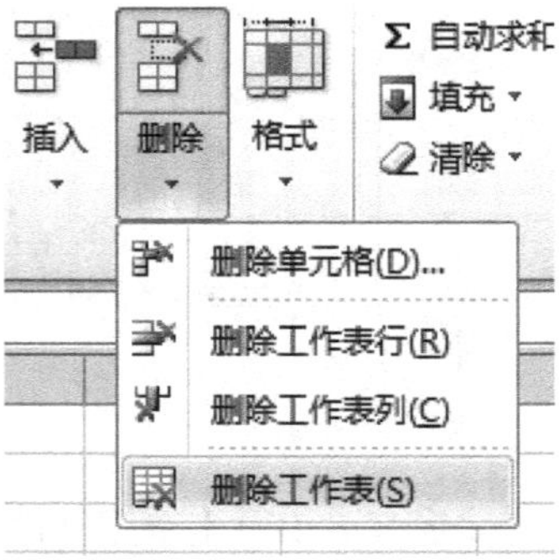

图 3—1—6

3.1.7　重命名工作表

方法 1：工作表在默认情况下是以 Sheet＋编号的方式来命名的，在工作中不便区分，因此最好对工作表重新命名，使其反映工作内容。可以用鼠标双击要重命名的工作表标签，工作表名称将会突出显示，或者通过右键快捷菜单方式，选择“重命名”，如图 3—1—7 所示，输入工作表的新名称并按 Enter 键即可。

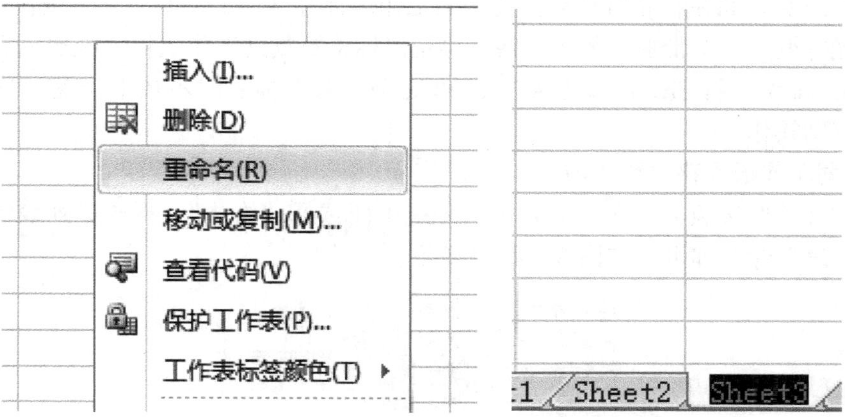

(a)　　　　(b)

图 3—1—7

方法 2：选择“开始”选项卡，在“单元格”分组里面选择“格式”，再选择列表中的“重命名工作表”命令即可重命名工作表，如图 3—1—8 所示。

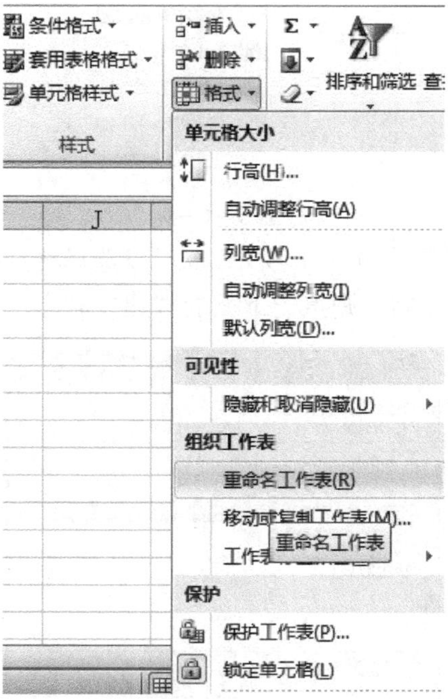

图 3—1—8

3.1.8 工作表的移动与复制

在实际应用中，通常需要复制和移动工作表。复制和移动工作表的操作既可以在工作簿间进行，也可以在工作簿内部进行；可以通过菜单操作，也可以通过鼠标拖动来实现。这里以鼠标拖动为例来学习工作表的复制和移动。

1. 同一工作簿内移动和复制

按住 Ctrl 键，将鼠标指针移到要复制的工作表标签（如 Sheet2）上，按住鼠标左键不放，此时光标变成一个带加号的小表格，再用鼠标将被复制工作表标签拖曳到目标工作表（如 Sheet3）即可。将 Sheet2 复制到 Sheet3 之前，若在拖曳时不按 Ctrl 键，完成的将是工作表的移动操作。

2. 不同工作簿间移动和复制

选择“开始”选项卡，在“单元格”分组里面选择“格式”，再选择列表中的“移动或复制工作表”命令即可，如图 3—1—9 所示。

图 3—1—9

此时会弹出对话框（如图 3—1—10 所示），可以选择移到哪个工作簿和这个工作簿的哪个工作表之前。如果需要复制，则点击下面的“建立副本”复选框。

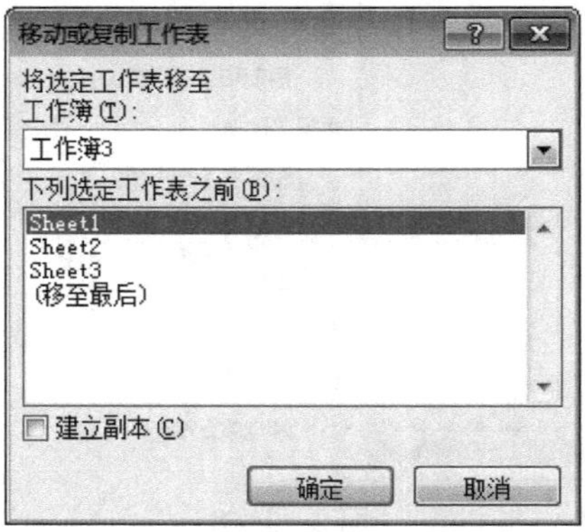

图 3—1—10

3.1.9　工作表的隐藏与显示

1. 工作表的隐藏

在 Excel 中可以将含有重要数据的工作表或者暂时不使用的工作表隐藏起来。在工作簿内隐藏工作表，可减少屏幕上窗口和工作表的数量，防止对隐藏工作表的误操作。对于隐藏的工作表，即使看不见隐藏的窗口，它仍是打开的。隐藏工作表的操作步骤如下：

(1) 选择要隐藏的工作表。

(2) 选择“开始”选项卡，执行“单元格”分组内“格式”命令中“隐藏和取消隐藏”→“隐藏工作表”命令，如图 3—1—11 所示，可以看到选定的工作表从屏幕上消失了。

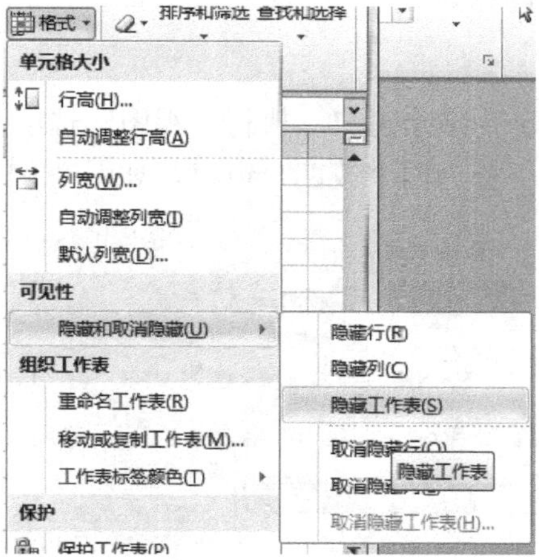

图 3—1—11

2. 工作表的显示

将工作表隐藏以后，如果要使用它们，可以恢复对它们的显示。其操作步骤如下：

(1) 选择“开始”选项卡，执行“单元格”分组内“格式”命令中“隐藏和取消隐藏”→“取消隐藏工作表”命令，如图 3—1—12 所示。

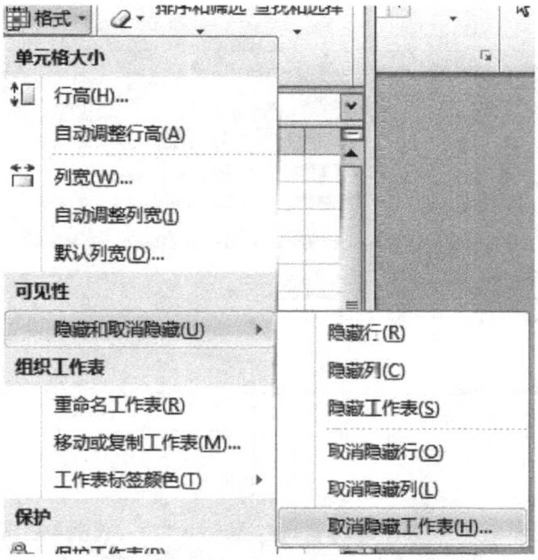

图 3—1—12

(2) 从“取消隐藏工作表”列表中选择要恢复的工作表，单击“确定”按钮，如图 3—1—13 所示。

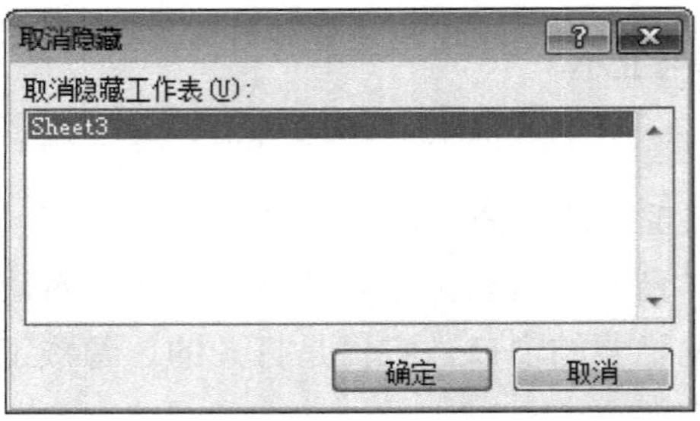

图 3—1—13

3.1.10 拆分和冻结工作表窗口

1. 拆分窗口

一个工作表窗口可以拆分为多个窗口。执行“视图”选项卡“窗口”分组里面的“拆分”命令，即可将一个窗口拆分为两个或四个窗口，如图 3—1—14 所示。

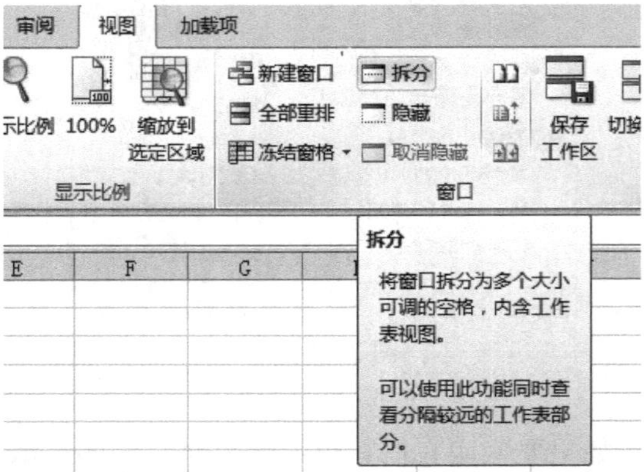

图 3—1—14

拆分之后的效果如图 3—1—15 所示。

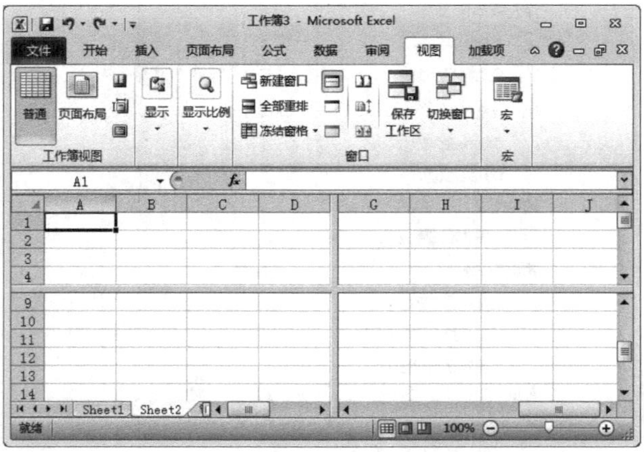

图 3—1—15

2. 取消拆分

再执行“视图”选项卡“窗口”分组里面的“拆分”命令，即可取消拆分。

也可以双击拆分线取消拆分。

3. 冻结窗口

当工作表较大，无法在向下或向右滚动浏览时始终显示固定的行与列，便可采用冻结窗口的方法。冻结行与列的方法是选定相邻的行或列，执行“视图”选项卡“窗口”分组里面的“冻结窗格”命令。

3.1.11　在工作表中选定对象

在工作表中选定对象的具体方法见表 3—1—2。

表 3—1—2　　在工作表中选定对象

选择	操作
一个单元格	单击该单元格或按箭头键移至该单元格。
单元格区域	单击该区域中的第一个单元格，然后拖至最后一个单元格，或者在按住 Shift 的同时按箭头键以扩展选定区域。 也可以选择该区域中的第一个单元格，然后按 F8，使用箭头键扩展选定区域。要停止扩展选定区域，请再次按 F8。
较大的单元格区域	单击该区域中的第一个单元格，然后在按住 Shift 的同时单击该区域中的最后一个单元格。也可以使用滚动功能显示最后一个单元格。
工作表中的所有单元格	单击“全选”按钮。 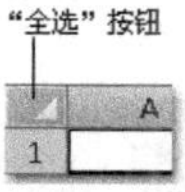 要选择整个工作表，还可以按 Ctrl＋A。 （如果工作表包含数据，按 Ctrl＋A 可选择当前区域。按住 Ctrl＋A 达 1 秒钟可选择整个工作表。）
不相邻的单元格或单元格区域	选择第一个单元格或单元格区域，然后在按住 Ctrl 的同时选择其他单元格或区域。 也可以选择第一个单元格或单元格区域，然后按 Shift＋F8 将另一个不相邻的单元格或区域添加到选定区域中。要停止向选定区域中添加单元格或区域，请再次按 Shift＋F8。 （如果不取消整个选定区域，便无法取消对不相邻选定区域中某个单元格或单元格区域的选择。）
整行或整列	单击行标题或列标题。 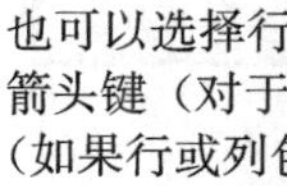 ①行标题　②列标题 也可以选择行或列中的单元格，方法是选择第一个单元格，然后按 Ctrl＋Shift＋箭头键（对于行，请使用向右键或向左键；对于列，请使用向上键或向下键）。 （如果行或列包含数据，那么按 Ctrl＋Shift＋箭头键可选择到行或列中最后一个已使用单元格之前的部分；按 Ctrl＋Shift＋箭头键 1 秒钟可选择整行或整列。）
相邻行或列	在行标题或列标题间拖动鼠标。或者选择第一行或第一列，然后在按住 Shift 的同时选择最后一行或最后一列。

续前表

选择	操作
不相邻的行或列	单击选定区域中第一行的行标题或第一列的列标题，然后在按住 Ctrl 的同时单击要添加到选定区域中的其他行的行标题或其他列的列标题。
行或列中的第一个或最后一个单元格	选择行或列中的一个单元格，然后按 Ctrl＋箭头键（对于行，请使用向右键或向左键；对于列，请使用向上键或向下键）。
工作表或 Microsoft Office Excel 表格中第一个或最后一个单元格	按 Ctrl＋Home 可选择工作表或 Excel 列表中的第一个单元格。 按 Ctrl＋End 可选择工作表或 Excel 列表中最后一个包含数据或格式设置的单元格。
工作表中最后一个使用的单元格（右下角）之前的单元格区域	选择第一个单元格，然后按 Ctrl＋Shift＋End 可将选定单元格区域扩展到工作表中最后一个使用的单元格（右下角）。
到工作表起始处的单元格区域	选择第一个单元格，然后按 Ctrl＋Shift＋Home 可将单元格选定区域扩展到工作表的起始处。
增加或减少活动选定区域中的单元格	按住 Shift 的同时单击要包含在新选定区域中的最后一个单元格。活动单元格和所单击的单元格之间的矩形区域将成为新的选定区域。（活动单元格就是选定单元格，可以向其中输入数据。一次只能有一个活动单元格。活动单元格四周的边框将加粗显示。）

3.1.12 插入与删除行、列和单元格

1. 插入行、列和单元格

对工作表中的数据进行编辑时，难免会出现遗漏，有时遗漏一个单元格中的数据，有时遗漏一行或一列，这时可以通过插入单元格、行或列来弥补。首先选择要插入单元格、行、列的单元格位置，再选择“开始”功能区，执行“单元格”分组里面“插入”→“插入单元格”命令，出现如图 3—1—16 所示的“插入”对话框，可根据需要选择插入单元格、整行或整列。选择“插入”菜单中的行或列命令也可完成对整行或整列的插入操作。

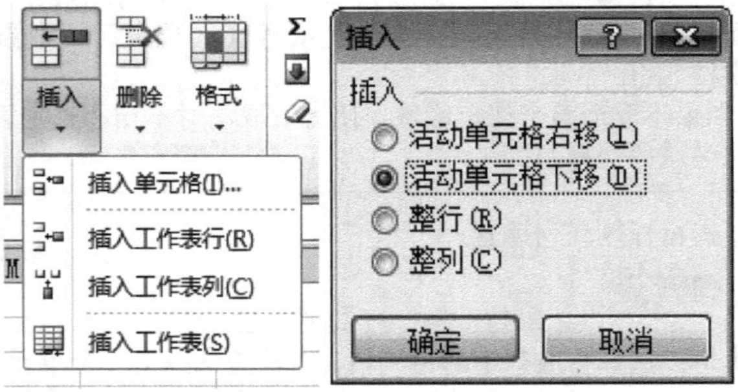

图 3—1—16

2. 删除行、列和单元格

首先选中要删除的单元格或要删除的行、列中的任意一个单元格，选择“开始”功能区，在“单元格”分组里面选择“删除”，再选择列表中的“删除单元格”命令，根据操作要求选择恰当的选项完成对单元格、行、列的删除。如图 3—1—17 所示。

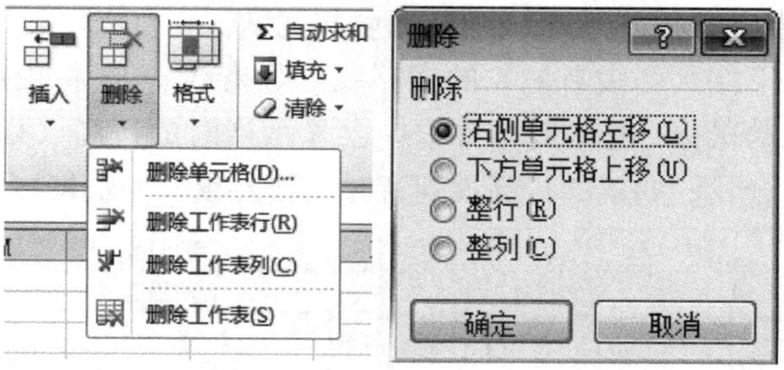

图 3—1—17

3.1.13 调整行高和列宽

通过设置 Excel 2010 工作表的行高和列宽，可以使 Excel 2010 工作表更具可读性。在 Excel 2010 工作表中设置行高和列宽的方法如下所述：

方法 1：使用菜单命令。

第 1 步，打开 Excel 2010 工作表窗口，选中需要设置高度或宽度的行或列。

第 2 步，在“开始”选项卡的“单元格”分组中单击“格式”按钮，在打开的菜单中选择“自动调整行高”或“自动调整列宽”命令，Excel 2010 将根据单元格中的内容进行自动调整，如图 3—1—18 所示。

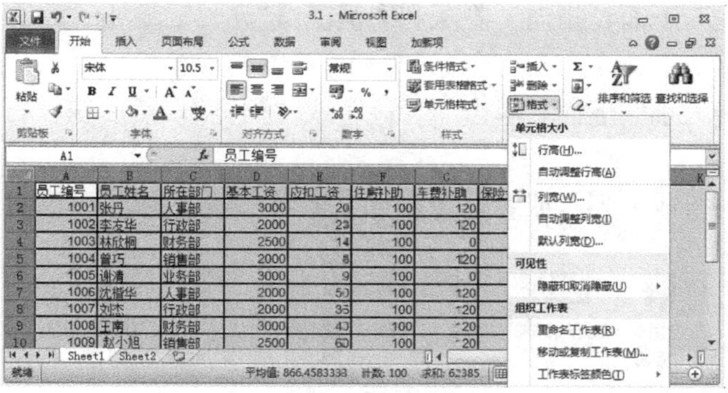

图 3—1—18

方法 2：使用“行高”或“列宽”按钮。

用户还可以单击“行高”或“列宽”按钮，打开“行高”或“列宽”对话框，在编辑框中输入具体数值，并单击“确定”按钮，如图 3—1—19 所示。

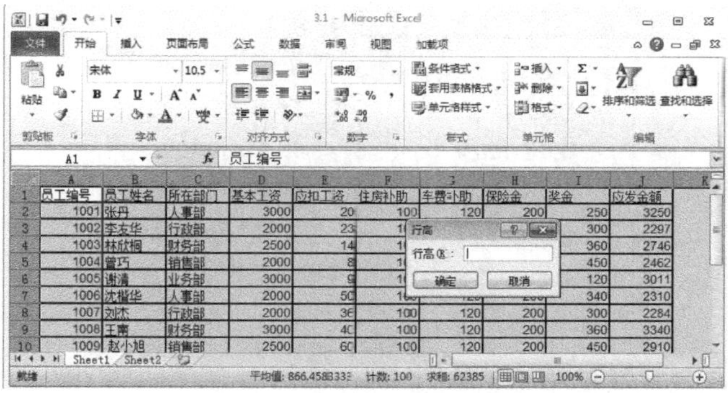

图 3—1—19

方法 3：使用鼠标拖动来改变行或列的高度和宽度。

将鼠标指向行号下端（列表右侧）的横路线（竖格线），光标由原来的空心十字转为上下箭头分割状，拖动鼠标，拖动时名称框中会显示当时的行高（列宽），如图 3—1—20 所示，当显示的值适合我们期望的行高或列宽时，松开鼠标左键即可。

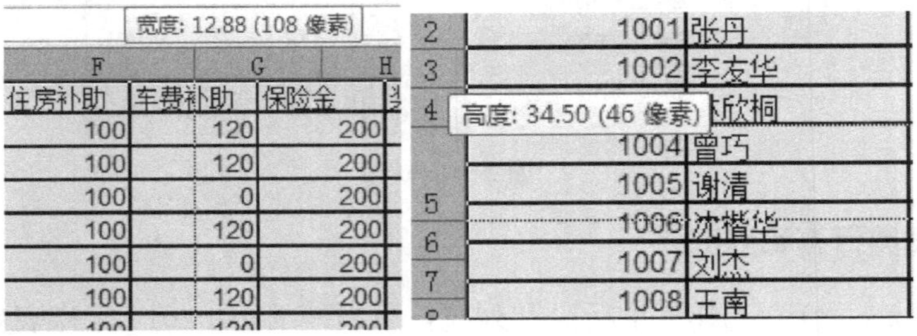

图 3—1—20

3.1.14 隐藏与显示行和列

（1）选择要隐藏的行或列。

（2）在“开始”选项卡上的“单元格”组中，单击“格式”。

（3）执行下列操作之一：

1）在“可见性”下面，指向“隐藏和取消隐藏”，然后单击“隐藏行”或“隐藏列”。如图 3—1—21 所示。

2）在“单元格大小”下面，单击“行高”或“列宽”，然后在“行高”或“列宽”中键入“0”。

3）右键单击一行或一列（或者选择多行或多列），然后单击“隐藏”。

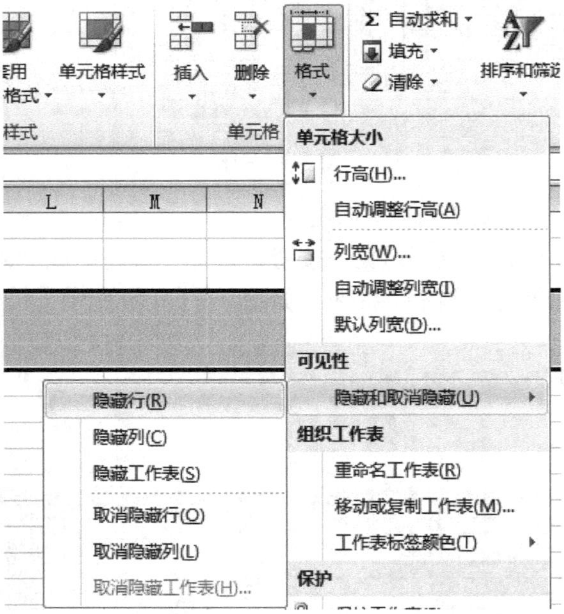

图 3—1—21

3.1.15 合并单元格

在 Excel 2010 工作表中，可以将多个单元格合并后居中作为工作表标题所在的单元格。用户可以在“开始”选项卡和“设置单元格格式”对话框中设置单元格合并，具体方法如下。

1. 在“开始”选项卡合并单元格

第 1 步，打开 Excel 2010 工作表窗口，选中准备合并的单元格区域。

第 2 步，在“开始”选项卡的“对齐方式”分组中，单击“合并后居中”下拉三角按钮。在打开的下拉菜单中，选择“合并后居中”命令可以合并单元格，同时设置为居中对齐；选择“跨越合并”命令可以对多行单元格进行同行合并；选择“合并单元格”命令仅仅合并单元格，对齐方式为默认；选择“取消单元格合并”命令可以取消当前已合并的单元格，如图 3—1—22 所示。

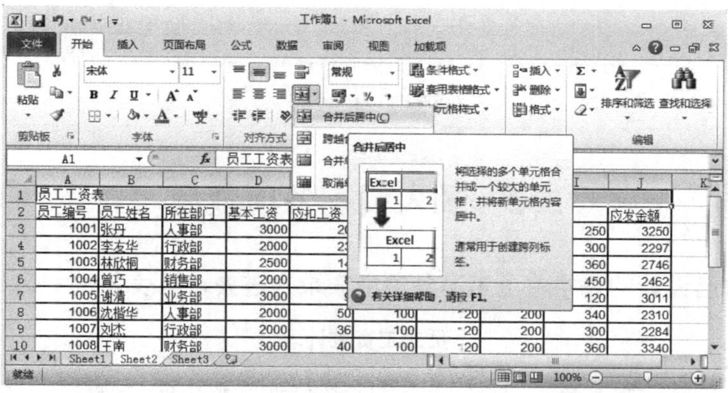

图 3—1—22

2. 在“设置单元格格式”对话框合并单元格

第 1 步，打开 Excel 2010 工作表窗口，选中准备合并的单元格区域。

第 2 步，右键单击被选中的单元格区域，在打开的快捷菜单中选择“设置单元格格式”命令，如图 3—1—23 所示。

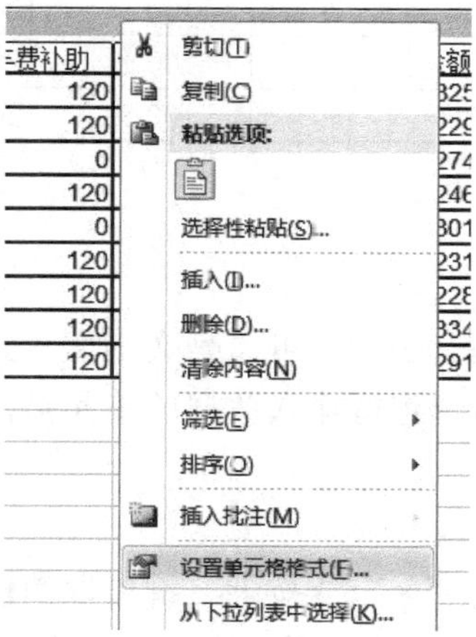

图 3—1—23

第 3 步，打开“设置单元格格式”对话框，切换到“对齐”选项卡。选中“合并单元格”复选框，并在“水平对齐”下拉菜单中选中“居中”选项。完成设置，单击“确定”按钮，如图 3—1—24 所示。

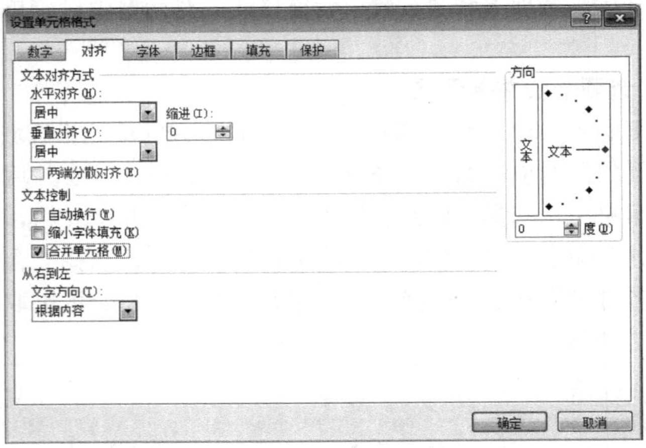

图 3—1—24

3.2　录入员工各项金额

小明利用自己设计的表格将员工的各项金额录入进去，见表 3—2—1。

表 3—2—1　　**员工工资统计表**

员工编号	员工姓名	所在部门	基本工资	应扣工资	住房补助	车费补助	保险金	奖金	应发金额
1001	张丹	人事部	3 000	20	100	120	200	250	3 250
1002	李友华	行政部	2 000	23	100	120	200	300	2 297
1003	林欣桐	财务部	2 500	14	100	0	200	360	2 746
1004	曾巧	销售部	2 000	8	100	120	200	450	2 462
1005	谢清	业务部	3 000	9	100	0	200	120	3 011
1006	沈楷华	人事部	2 000	50	100	120	200	340	2 310
1007	刘杰	行政部	2 000	36	100	120	200	300	2 284
1008	王南	财务部	3 000	40	100	120	200	360	3 340
1009	赵小旭	销售部	2 500	60	100	120	200	450	2 910

3.2.1　输入数据

在工作表中输入的数据类型有多种，可以是文本型、数字型、货币型、日期型等。

输入数据的基本方法：单击选定待输入数据的单元格，直接在单元格或编辑栏中输入数据。

确认输入数据的方法如下：

（1）用鼠标单击编辑栏按钮“×”或按 Esc 键可取消输入，选定的单元格位置不变。

（2）用鼠标单击编辑栏按钮“√”，可确认输入，选定的单元格位置不变。

（3）按回车键或方向键可确认输入并将光标移到其他单元格，此时该单元格下方、上方、左方、右方的单元格自动成为选定单元格。

不同类型的数据的输入方法如图 3—2—1 所示。

图 3—2—1

1. 输入文本型数据

在 Excel 中，文本可以是非数字字符、数字字符、空格字符和汉字字符的组合。文本型数据对齐方式默认是左对齐。

（1）普通文字直接输入。如在选中的单元格中直接输入“员工编号”。

（2）邮政编码、学号、身份证号码、编号等全数字文本的输入，应首先键入一个英文半角的单引号“'”，再输入相应的数字串。否则，系统输入的数字串将被视为一个数值，在单元格内右对齐，特别是输入的数字串前面有若干个“0”字符时，前面的“0”字符会全部丢失。

在单元格中输入硬回车（Alt＋Enter 键）可以使一个单元格中的数据分行显示，否则，数据只能在一行中显示。

2. 输入常规数字

数值是指能参与算术运算的数据。在 Microsoft Excel 中，数值数据可以采用整数、小数，也可以使用科学记数法，组成数值数据的字符有：0、1、2、3、4、5、6、7、8、9、＋、－、()、,、/、¥、$、%、.、E、e。

（1）普通数值直接输入即可。可以在数字中插入逗号作为千位分隔符。如输入“12，389，203”也是合法数值数据。

（2）分数的输入：用“/”作为分子与分母之间的间隔符。输入分数时，应先输入一个“0”和一个空格字符，再输入分数，否则 Excel 将把该分数当作日期数据。如输入“4/5”，应键入：“0”、空格、“4/5”。

（3）输入负数：在负数前键入负号“－”，再输入无符号的数值本身；或将无符号的数值置于括号“（）”中。

(4) 科学记数法：可在数字中插入“E”或“e”。如“1.34E4”和“1.34e4”均代表1.34×10^4。

3. 输入货币型数据

货币符号应置于数字前面。

4. 输入日期型数据

默认状态下，日期和时间项在单元格中右对齐。如果Excel不能识别输入的日期或时间格式，输入的内容将被视作文本，并在单元格中左对齐。

输入日期的方法如下：

(1) 普通日期直接输入即可。如输入“2013—12—21”或“2013/12/21”都是正确的时间数据。

(2) 输入当天日期：按“Ctrl+;”组合键。

Microsoft Excel常用的内置时间格式有：〖时：分：秒 AM〗、〖时：分：秒 PM〗、〖时：分：秒 A〗、〖时：分：秒 P〗。AM、PM、A、P前面有一个空格，大小写都可以，秒可以省略。

输入时间的方法如下：

(1) 普通时间直接输入即可。如输入“10:20:56AM”或“10:24”都是正确的时间数据。

(2) 输入计算机系统时钟的时间：按下“Ctrl+Shift+;”组合键。

3.2.2 填充数据

当工作表某个区域中的数据相同时，常采用以下方法输入数据。

1. 使用键盘

先选定输入相同数据的区域，然后在第一个单元格中输入数据，再按Ctrl+Enter复合键，选定区域中将显示同一个数据。如图3—2—2中录入员工保险金的数目。

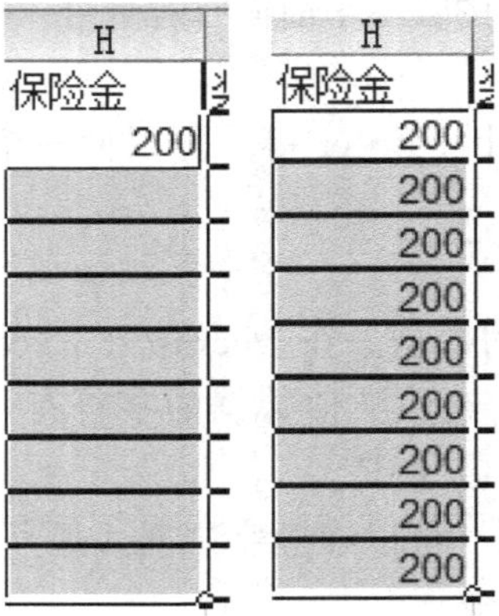

图3—2—2

2. 使用填充柄

“填充柄”是指选中区域右下角的黑色小方块。将指针移到该位置时，指针变为一个黑色十字形。拖动填充柄可实现系列数据的自动填充操作。

操作步骤如下：

（1）选定输入相同数据区域的第一个单元格。

（2）输入数据。

（3）移动鼠标指向填充柄，按住鼠标左键，拖动至要填充区域（第一个单元格的左边、右边、上边、下边，但不能选择矩形区域）的最后一个单元格。

在拖动过程中，鼠标旁边有一个方块跟随，如图 3—2—3 所示。

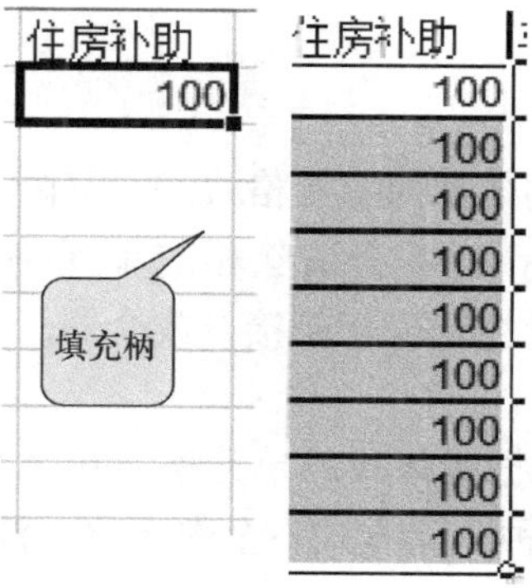

图 3—2—3

3.2.3　查找和替换数据

单击“开始”选项卡下“编辑”组中的“查找和选择”按钮，打开“查找”或“替换”菜单，如图 3—2—4 所示。

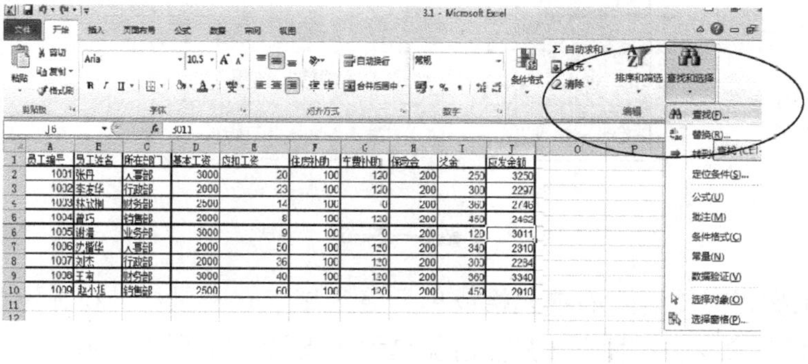

图 3—2—4

（1）查找：选择“查找”命令，打开“查找和替换”对话框，选择对话框中的“查找”选项卡，在“查找内容”右边的文本框中输入要查找的文本，并单击对话框中相应的命令按钮实现查找操作。

（2）替换：选择“替换”命令，打开“查找和替换”对话框，选择对话框中的“替换”选项卡，在“查找内容”右边的文本框中输入要查找的文本，在“替换为”右边的文本框中输入要替换的文本，并单击对话框中相应的命令按钮实现查找并替换功能的操作。如图 3—2—5 所示。

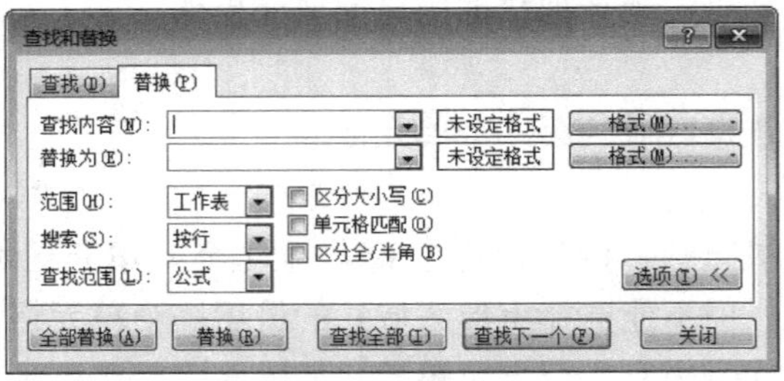

图 3—2—5

3.2.4 清除数据

对单元格或单元格区域中的数据内容及格式进行清除是常用的功能。清除的对象可以是“内容”，即单元格中的数据，但不会清除相应单元格中设置的格式、批注、超链接；也可以是单元格中的格式，或批注，或超链接，或全部。

清除方法如下：

方法 1：首先选中要删除数据或格式的单元格，在“开始”选项卡的“编辑”分组里面选择“清除”，再选择其中某种清除方式：全部清除、清除格式、清除内容、清除批注、清除超链接。如图 3—2—6 所示。

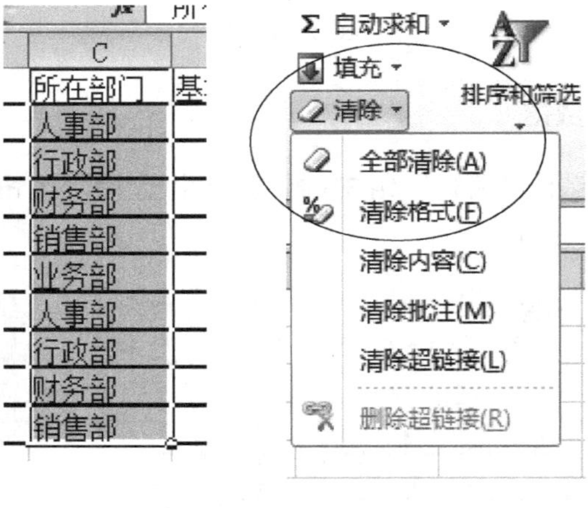

图 3—2—6

方法 2：鼠标指向要清除的单元格或单元格区域，右击鼠标，在弹出的快捷菜单中，单击“清除内容”命令。这种方法只能清除单元格或单元格区域中的内容。

3.2.5 自动填充功能

当工作表某个区域中具有相同的数据或这些数据之间存在某种变化规律时，可使用自动填充功能，提高数据的输入效率。

1. 使用填充柄填充

操作步骤如下：

（1）选定待填充数据区的起始单元格，然后输入序列的初始值。

（2）如果要让序列按给定的步长增长，再选定下一单元格，在其中输入序列的第二个数值。前两个单元格中数值的差额将决定该序列的增减步长。

（3）如果数值数据以及类似于数值数据的文本数据序列变化步长为 1，或者日期数据按“日”变化，步长为 1，该步可省略，直接进入步骤（5）。

（4）选定这两个单元格。

（5）拖动填充柄，经过待填充数据的区域，同时观察拖动过程中鼠标旁边方块中的内容是否按要求变化，如果满足要求，就释放鼠标。如果还是原来的值，则可以按下“Ctrl”键（复制）再拖动。如图 3—2—7 所示。

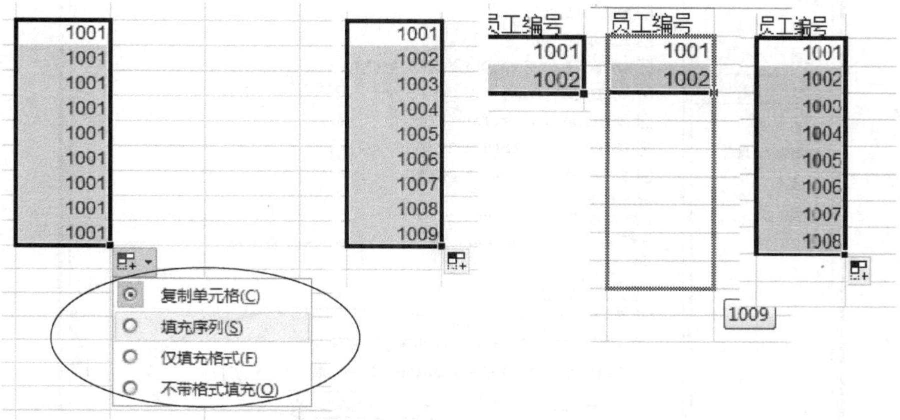

图 3—2—7

2. 利用功能区中的命令填充

在第一个单元格中输入数据，选中要填充数据的单元格区域，然后在“开始”选项卡的“编辑”分组里面选择“填充”右边的“▼”，单击列表中“向下”、“向右”、“向上”、“向左”或“系列”等相应命令。如果选择了“系列”命令，会弹出“序列”对话框，需要在对话框中选择序列产生在行还是列、类型、步长值、终止值等相应内容，最后按“确定”。如图 3—2—8 所示。

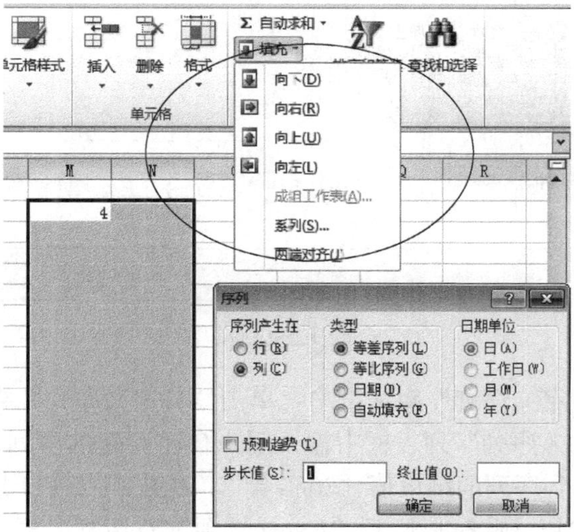

图 3—2—8

3. 自定义序列数据填充

（1）单击“文件”选项卡下的选项命令，打开“Excel 选项”对话框。在对话框中单击左窗格中的“高级”项，然后单击右侧窗格“常规”区域下方的“编辑自定义列表”按钮，如图 3—2—9 所示。打开“自定义序列”对话框，如图 3—2—10 所示。

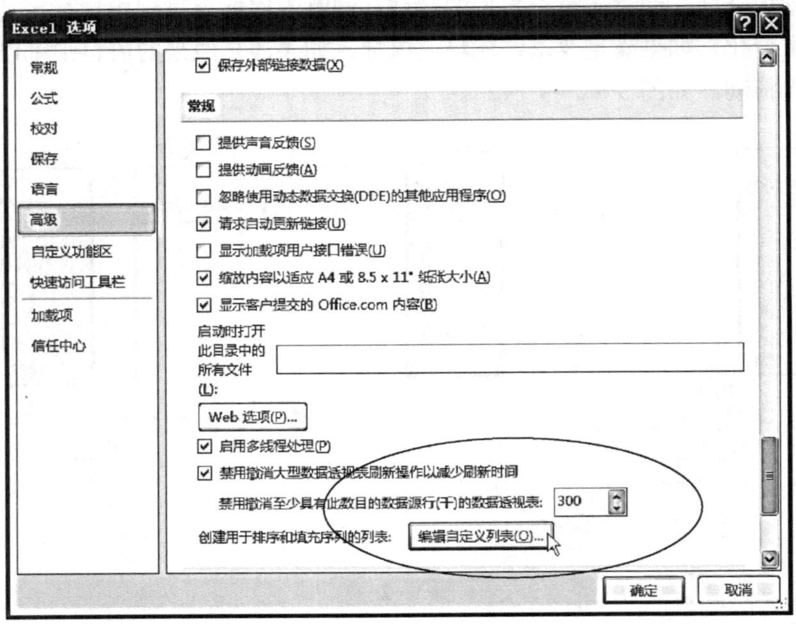

图 3—2—9

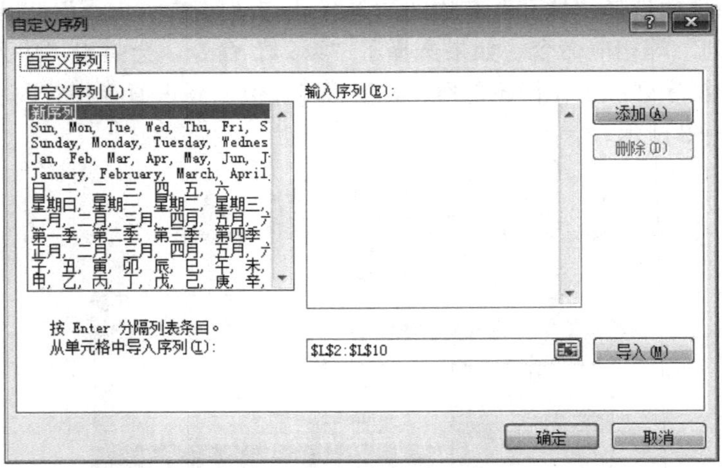

图 3—2—10

（2）在打开的“自定义序列”对话框中，单击“自定义序列”列表中的“新序列”选项。然后在右侧的“输入序列”列表框中输入用户自己新建的序列，如“2013 年”，然后按 Enter 键，直至输入到序列的结束值“2020 年”，如图 3—2—11 所示。单击“添加”按钮，再单击“确定”按钮。此时返回到“Excel 选项”对话框，再单击“确定”按钮，关闭对话框。

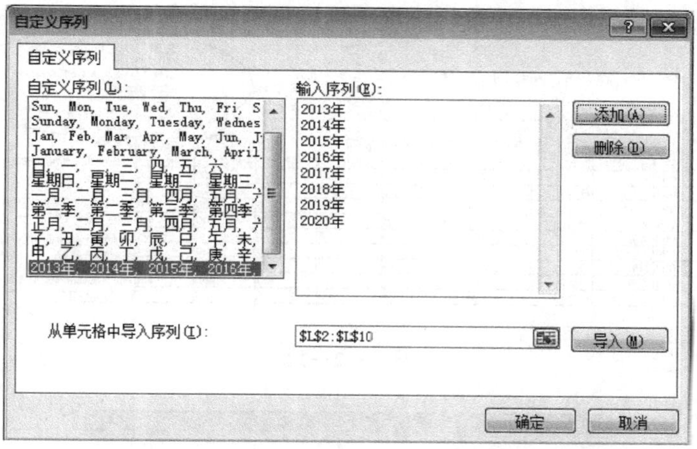

图 3—2—11

（3）在工作表中选中准备输入序列的起始单元格，在此单元格中输入“2013 年”，然后拖动该单元格的填充柄，实现自定义序列数据的输入，如图 3—2—12 所示。

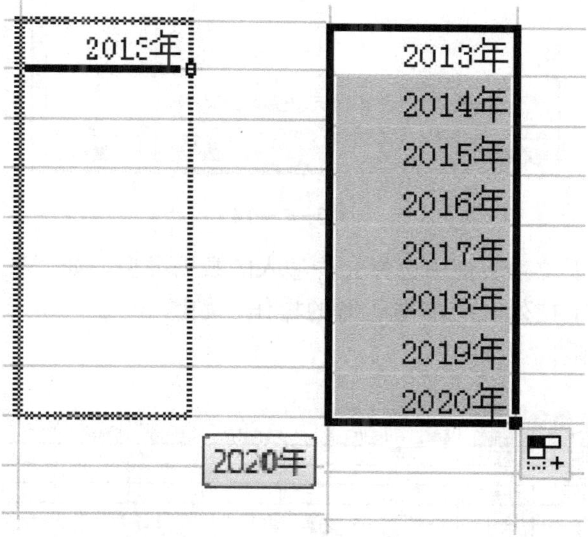

图 3—2—12

3.2.6　设置数据有效性

在 Excel 中，可以使用“数据有效性”来控制单元格中输入数据的类型及范围。这样可以限制其他用户给参与运算的单元格输入错误的数据，以避免运算时发生混乱。

1. 设置有效性数据，避免输入错误数据

操作步骤如下：

（1）选定需要限制有效数据范围的单元格。

（2）在“数据”选项卡的“数据工具”分组里面选择“数据有效性”右边的“▼”，将出现如图 3—2—13 所示的菜单，单击“数据有效性”命令，出现如图 3—2—14 所示的对话框。

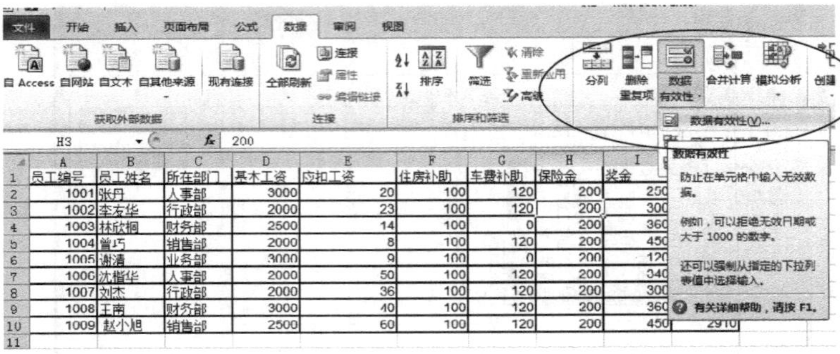

图 3—2—13

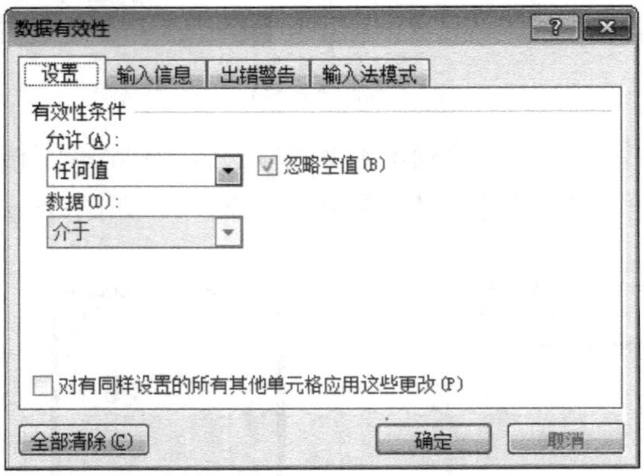

图 3—2—14

(3) 在“允许”下拉列表框中选择允许输入的数据类型，如“整数”、“日期”等。

(4) 在“数据”下拉列表中单击所需的操作，如图 3—2—15 所示，根据选定的操作符指定数据上限或下限。

图 3—2—15

(5) 切换到“出错警告”选项卡，选择出错警告信息的样式，填写标题和错误信息，最后单击“确定”按钮，完成数据有效性设置。如图 3—2—16 所示。

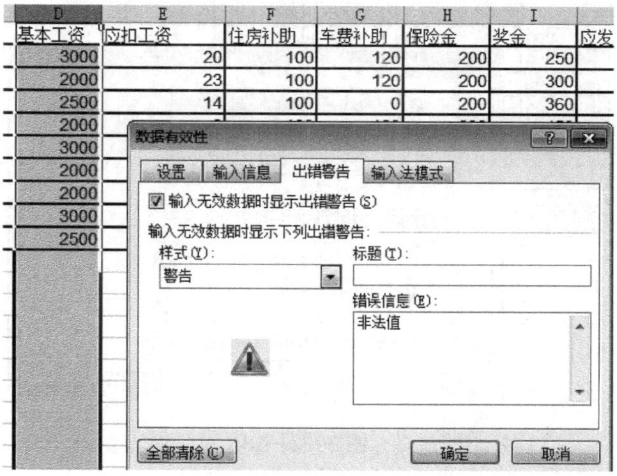

图 3—2—16

在如图 3—2—16 所示的工作表 D 列中输入的数值不在 2 000～4 000 之间时，Excel 立刻弹出错误警告，提示我们输入有误，如图 3—2—17 所示。这时，只要单击“否”，关闭提示消息框，重新输入正确的数据，就可以避免录入错误的数据。

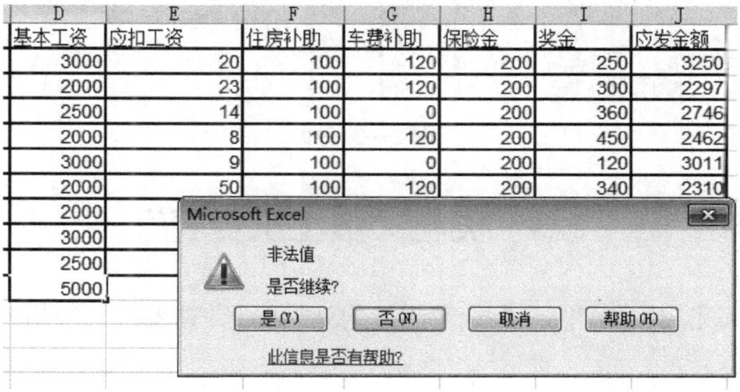

图 3—2—17

2. 快速揪出无效数据

用 Excel 处理数据，有些数据是有范围限制的，比如员工工资是 2 000～4 000 元，录入此范围之外的数据就是无效数据，如果采用人工审核的方法，要从浩瀚的数据中找到无效数据是件麻烦事，而用 Excel 2010 的数据有效性，就能快速揪出表格中的无效数据。

用 Excel 2010 打开一份需要进行审核的 Excel 表格，选中需要审核的区域，切换到“数据”功能区“数据工具”分组里面选择“数据有效性”，弹出“数据有效性”窗口，切换到“设置”选项卡，打开“允许”下拉框，选择“整数”，打开“数据”下拉框，选择“介于”，最小值设为 2 000，最大值设为 4 000，单击“确定”按钮，如图 3—2—18 所示。设置好数据有效性规则后，单击“数据”功能区“数据有效性”按钮右侧的“▼”，从下拉菜单中选择“圈释无效数据”，表格中所有无效数据都被一个红色的椭圆形圈释出来，错误数据一目了然，如图 3—2—19 所示。

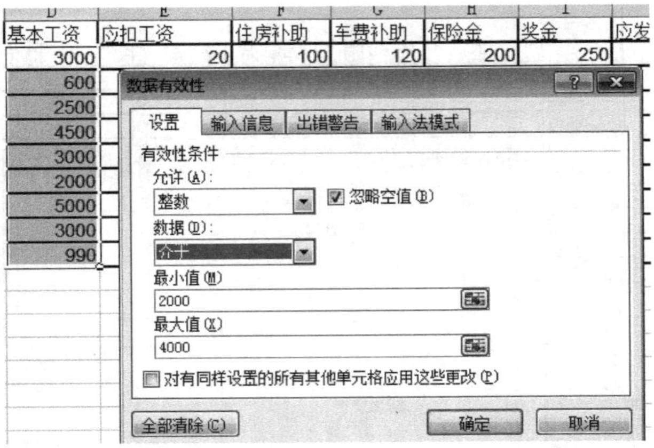

图 3—2—18

图 3—2—19

3.3 美化“员工工资表”

表格数据录入完成，如图 3—3—1 所示，要根据需要对表格进行格式化设置，使表格更美观。

员工编号	员工姓名	所在部门	基本工资	应扣工资	住房补助	车费补助	保险金	奖金	应发金额
1001	张丹	人事部	3 000	20	100	120	200	250	3 250
1002	李友华	行政部	2 000	23	100	120	200	300	2 297
1003	林欣桐	财务部	2 500	14	100	0	200	360	2 746
1004	曾巧	销售部	2 000	8	100	120	200	450	2 462
1005	谢清	业务部	3 000	9	100	0	200	120	3 011
1006	沈楷华	人事部	2 000	50	100	120	200	340	2 310
1007	刘杰	行政部	2 000	36	100	120	200	300	2 284
1008	王南	财务部	3 000	40	100	120	200	360	3 340
1009	赵小旭	销售部	2 500	60	100	120	200	450	2 910

图 3—3—1

3.3.1 设置工作表格式

工作表格式包括数字、字体、对齐、边框、底纹等，可以分别设置相关的选项。如设置字体，选中需要修改格式的单元格或单元格区域，在“开始”选项卡的“字体”分组中修改字号、字体、字体颜色等，如图 3—3—2 所示。也可以单击“字体”分组右下角的设置单元格格式按钮，或在选定区域右击，在快捷菜单中选择“设置单元格格式”命令，如图 3—3—3 所示，在弹出的“设置单元格格式”对话框中选择“字体”选项卡进行设置，如图 3—3—4 所示。

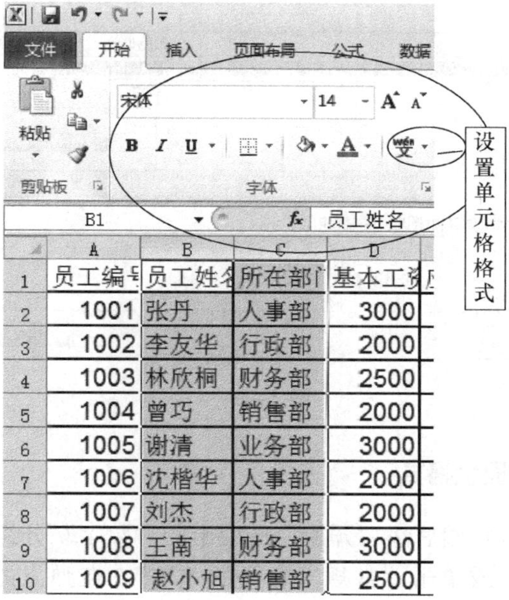

图 3—3—2

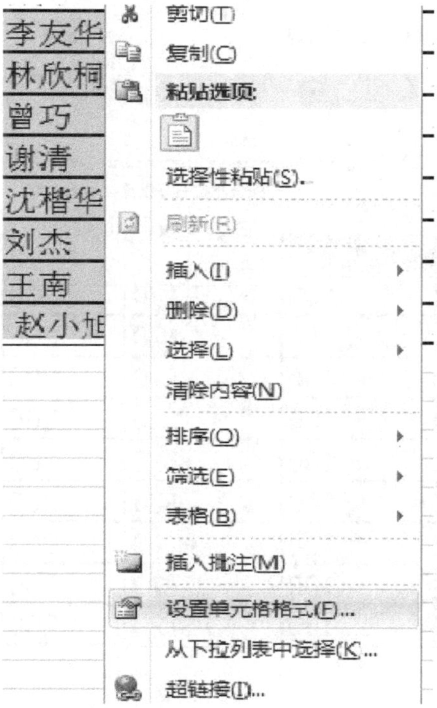

图 3—3—3

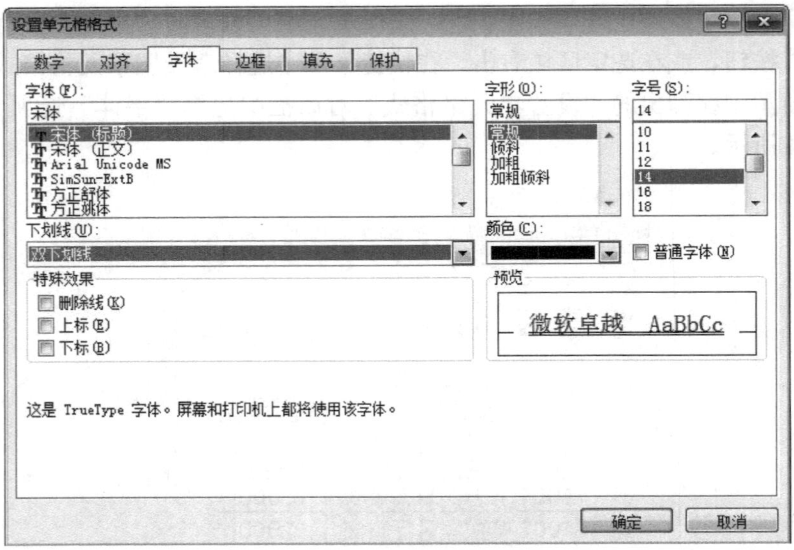

图 3—3—4

3.3.2 设置数字的显示格式

（1）选中单元格区域，然后在“开始”选项卡的“数字”分组里面选择相应的显示按钮，如图 3—3—5 所示。或单击“常规”右侧的“▼”，在弹出的列表中选择，如图 3—3—6 所示。

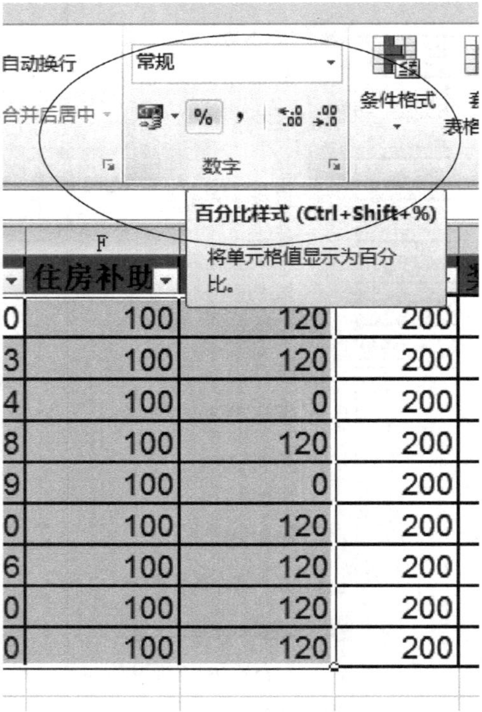

图 3—3—5

图 3—3—6

（2）在选中单元格区域右击，在快捷菜单中选择“设置单元格格式”命令（或在“开始”选项卡的“数字”分组里面单击“常规”右侧的“▼”，在弹出的列表中选择“其他数字格式”命令），在出现的“设置单元格格式”对话框中选择“数字”选项卡，在其列表中选择相应的选项，设置完成后，单击“确定”按钮，如图 3—3—7 所示。

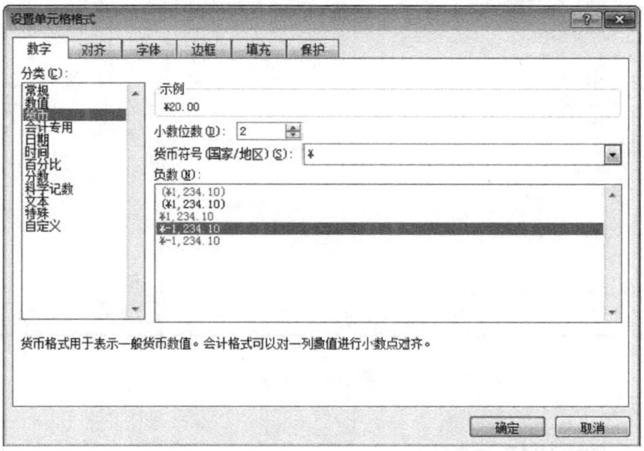

图 3—3—7

3.3.3　设置数据的对齐方式

（1）选中单元格区域，然后在“开始”选项卡的“对齐方式”分组里面选择相应的显示按钮，如图 3—3—8 所示。

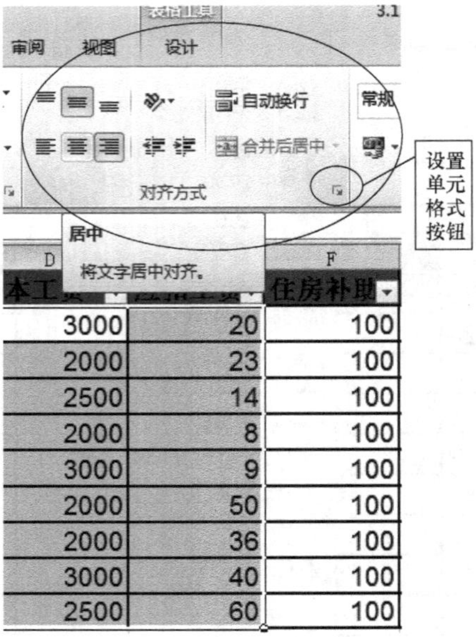

图 3—3—8

（2）选中要设置数据格式对齐的单元格，然后在选定区域右击，在快捷菜单中选择“设置单元格格式”命令（或单击“对齐方式”分组区域右下角的设置单元格格式按钮），打开“设置单元格格式”对话框，单击“对齐”选项卡，选择所需的文本对齐方式、文字方向等，如图 3—3—9 所示。

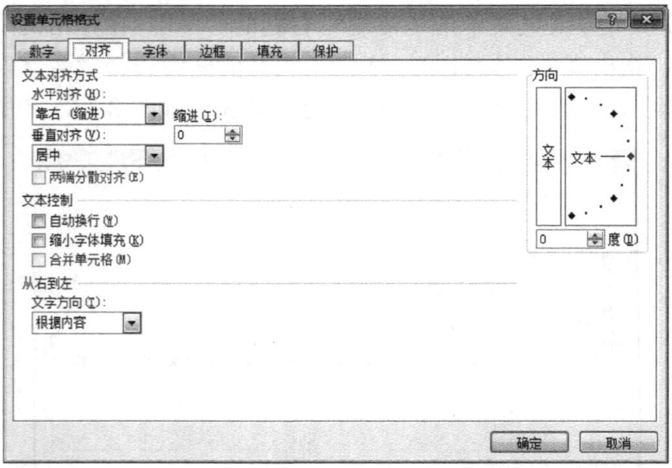

图 3—3—9

3.3.4 设置单元格的边框与底纹

1. 设置单元格的边框

方法 1：选中要设置边框的单元格，然后在“开始”选项卡的“字体”分组里面单击“边框”按钮右侧的“▼”，在打开的列表中选择相应命令，在这里还可以手工绘制表格边框线。如图 3—3—10 所示。

图 3—3—10

方法 2：选中要设置边框的单元格，右击选定单元格区域，选择“设置单元格格式”命令，如图 3—3—11 所示。也可以单击“字体”、“对齐方式”、“数字”分组区域右下角的设置单元格格式按钮，如图 3—3—12 所示。打开“设置单元格格式”对话框，单击“边框”选项卡进行设置，如图 3—3—13 所示。

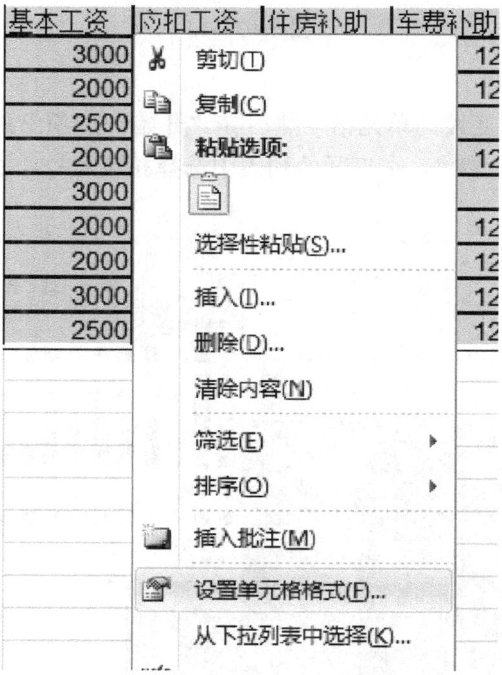

图 3—3—11

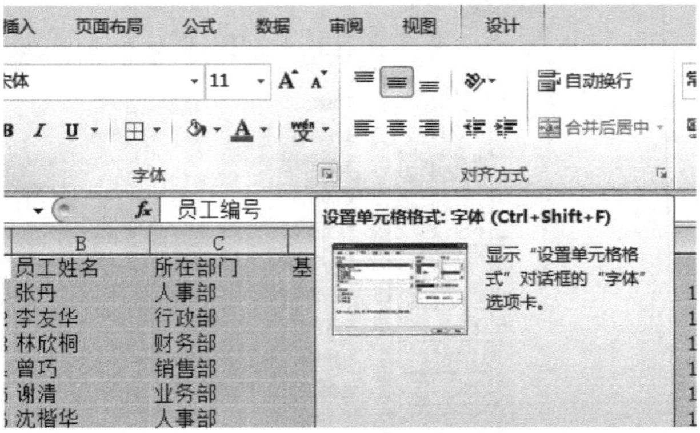

图 3—3—12

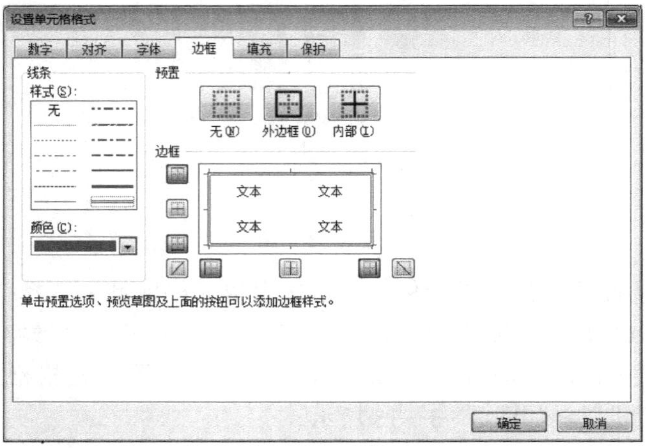

图 3—3—13

2. 设置单元格的底纹

方法 1：选中要设置底纹的单元格，然后在“开始”选项卡的“字体”分组里面单击“填充颜色”按钮右侧的“▼”，在打开的列表中选择相应命令，如图 3—3—14 所示。

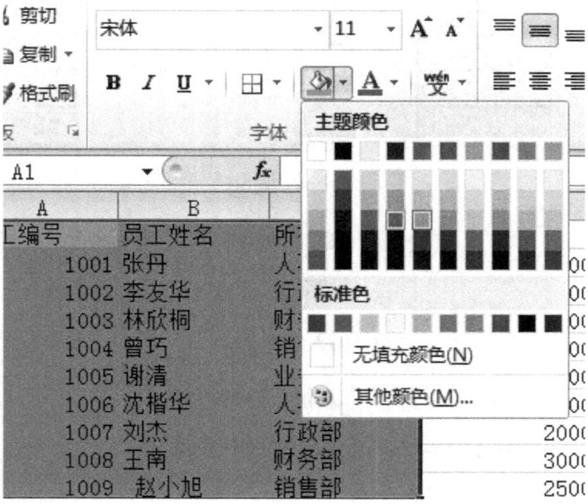

图 3—3—14

方法 2：选中要设置底纹的单元格，右击选定区域，选择“设置单元格格式”命令；也可以单击“字体”、“对齐方式”、“数字”分组区域右下角的设置单元格格式按钮。打开“设置单元格格式”对话框，单击“填充”选项卡，选择“填充效果”、“其他颜色”等。如果选择“无颜色”，则取消原来的底色设置。如图 3—3—15 所示。

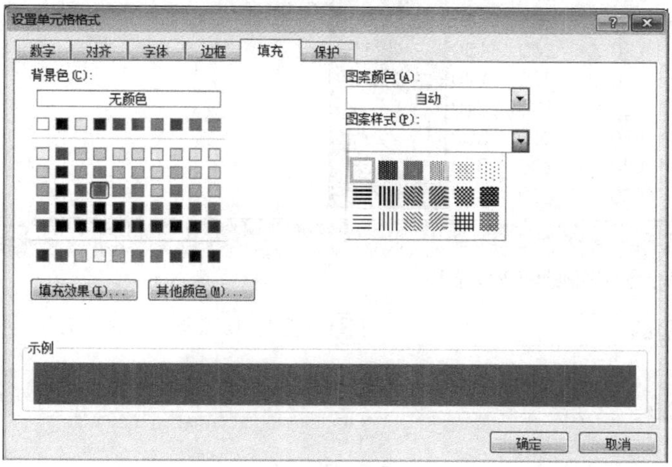

图 3—3—15

3.3.5　设置条件格式

选定要条件格式化的数据区域，单击“开始”选项卡下“样式”分组中的“条件格式”下的“▼”，打开“条件格式”菜单，可选择“突出显示单元格规则”、“项目选取规则”、“数据条”、“色阶”、“图标集”，以及“新建规则”、“清除规则”、“管理规则”。如图 3—3—16 所示。

图 3—3—16

实例如图 3—3—17 所示。

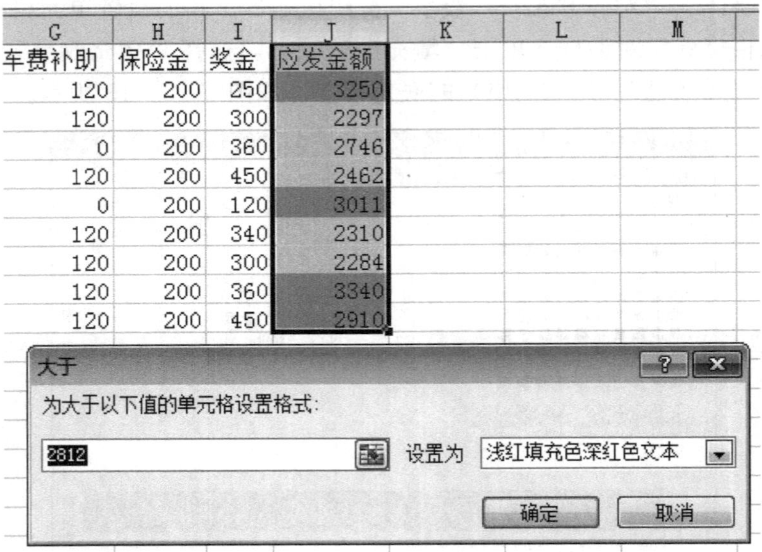

图 3—3—17

3. 3. 6　表格的自动套用格式功能

美化表格最快捷的方法是使用表格自动套用格式，操作时，将光标定位到表格中，在“开始”选项卡“样式”区中单击“套用表格样式”右侧的“▼”，在弹出的列表中选择。如图 3—3—18 所示。

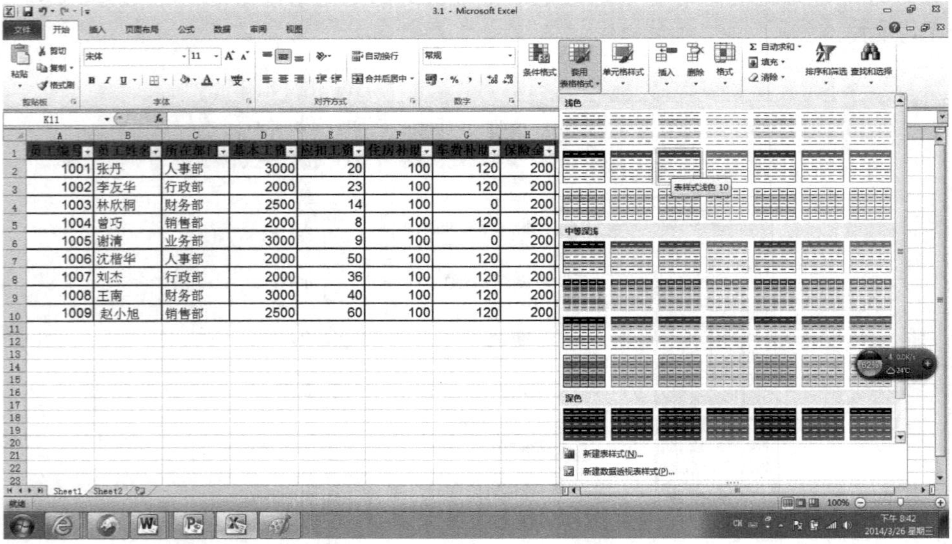

图 3—3—18

3. 3. 7　迷你图的插入和编辑

迷你图的插入和编辑操作步骤如下：

（1）选中用于创建迷你图表的数据单元格或单元格区域，如 D2：K10，切换到“插入”功能选项卡中，在“迷你图”组中单击一种迷你图表类型（目前只有 3 种——“折线图”、“柱形图”、“盈亏”）。此处选择“折线图”，打开“创建迷你图”对话框，如图 3—3—19 所示。

基本工资	应扣工资	住房补助	车费补助	保险金	奖金	应发金额	
3000	20	100	120	200	250	3250	
2000	23	100	120	200	300	2297	
2500	14	100	0	200	360	2746	
2000	8	100	120	200	450	2462	
3000	9	100	0	200	120	3011	
2000	50	100	120	200	340	2310	
2000	36	100	120	200	300	2284	
3000	40	100	120	200	360	3340	
2500	60	100	120	200	450	2910	

图 3—3—19

（2）单击“数据范围”右侧的折叠按钮，选取创建迷你图的数据范围（如 D2:K10），单击“位置范围”右侧的折叠按钮，选中显示迷你图表的单元格（如 K2：K10），单击“确定”按钮，迷你图就显示在上述单元格区域中了。如图 3—3—20 所示。

基本工资	应扣工资	住房补助	车费补助	保险金	奖金	应发金额	
3000	20	100	120	200	250	3250	
2000	23	100	120	200	300	2297	
2500	14	100	0	200	360	2746	
2000	8	100	120	200	450	2462	
3000	9	100	0	200	120	3011	
2000	50	100	120	200	340	2310	
2000	36	100	120	200	300	2284	
3000	40	100	120	200	360	3340	
2500	60	100	120	200	450	2910	

图 3—3—20

（3）选中迷你图表所在的单元格，软件会展开“迷你图工具/设计”选项卡，可以利用其中的相关功能按钮对迷你图作进一步的格式化处理。如图 3—3—21 所示。

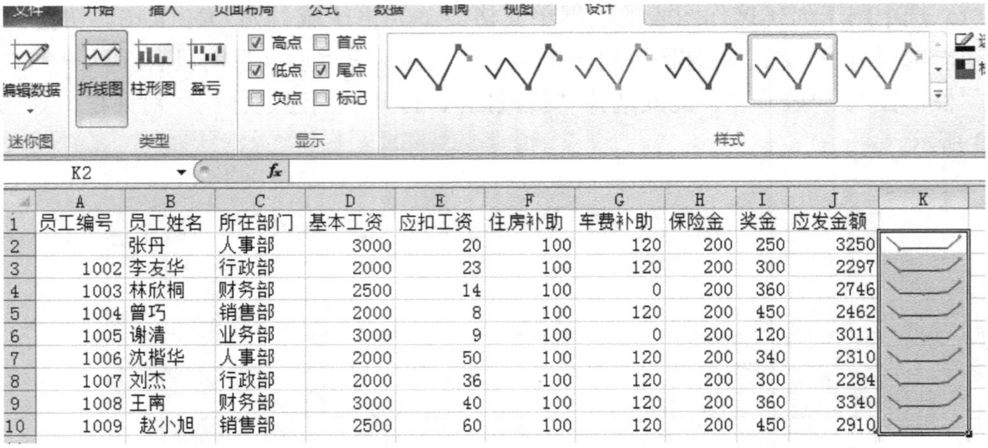

	A	B	C	D	E	F	G	H	I	J	K
1	员工编号	员工姓名	所在部门	基本工资	应扣工资	住房补助	车费补助	保险金	奖金	应发金额	
2		张丹	人事部	3000	20	100	120	200	250	3250	
3	1002	李友华	行政部	2000	23	100	120	200	300	2297	
4	1003	林欣桐	财务部	2500	14	100	0	200	360	2746	
5	1004	曾巧	销售部	2000	8	100	120	200	450	2462	
6	1005	谢清	业务部	3000	9	100	0	200	120	3011	
7	1006	沈楷华	人事部	2000	50	100	120	200	340	2310	
8	1007	刘杰	行政部	2000	36	100	120	200	300	2284	
9	1008	王南	财务部	3000	40	100	120	200	360	3340	
10	1009	赵小旭	销售部	2500	60	100	120	200	450	2910	

图 3—3—21

3.4 制作销售图表

小明爸爸的公司有很多员工，每个员工的工资由一系列数据构成，总的来说，每个人的工资基本能体现出多劳多得的激励机制，小明爸爸只需要看一下员工的“应发金额”，就能大体知道每个员工的工作态度。但数据看起来很麻烦，也不容易很快做出比较。爸爸就要求小明用一种最简单的方法对各员工的工资做一个直观的体现。小明查看了关于 Office 2010 的一些功能，了解到 Excel 2010 的图表功能，便做出了一个能体现每个员工应发金额大小的图表，如图 3—4—1 所示。

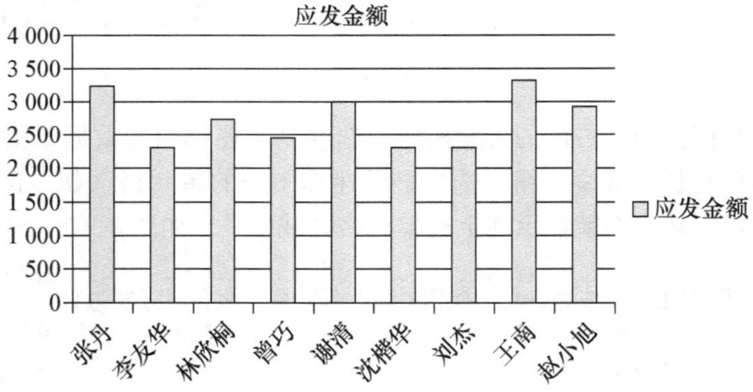

图 3—4—1

3.4.1 什么是图表

通过对统计信息可视化时的基本属性进行分析与研究，图表可定义为：泛指在屏幕中显示、可直观展示统计信息属性（时间性、数量性等）、对知识挖掘和信息直观生动感受起关键作用的图形结构，是一种很好地将对象属性数据直观、形象地“可视化”的手段。图表设计隶属于视觉传达设计范畴，是通过图示、表格来表示某种事物、现象或某种思维的抽象观念。

3.4.2 图表的作用

我们也许无法记住一连串数字以及它们之间的关系和趋势，但是可以很轻松地记住一幅图画或者一个曲线。因此，使用图表会使得 Excel 编制的工作表更易于理解和交流。

Excel 具有许多高级的制图功能，使用起来也非常简便。在本节中，我们将学习建立一张简单的图表并进行修饰，使图表更加精致，如为图形加上背景、图注、正文等。

3.4.3 Excel 的图表类型

Excel 的图表类型是图表的外观图形，通常由绘图区、图例区、标题区和坐标轴等部分构成，用户可根据数据的排列形式、数据的特点以及要表示的意图来选用适当的图表类型，并对图表进行修饰和设置，使数据的显示更简洁、更易于理解和分析。在 Excel 的以往版本中，共包含有 11 种图表类型，分别是柱形图、饼图、折线图、条形图、面积图、XY（散点图）、股价图、曲面图、圆环图、气泡图和雷达图，共计 73 种子类型，如图 3—4—2 所示。

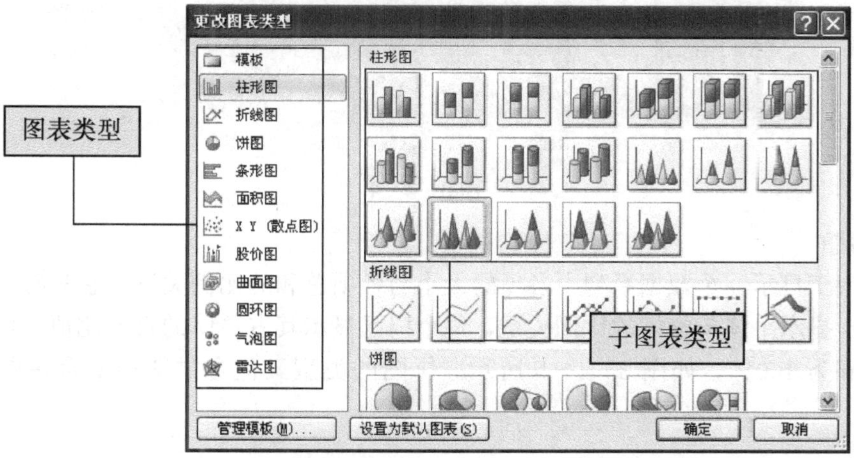

图 3—4—2

在 Excel 2010 中，除包含以往版本的 11 种图表类型外，还新增了“迷你图”图表类型，它是工作表单个单元格背景中的一个微型图表，对于单列或单行的数据分析有着突出的作用。在 Excel 2010 中包含有折线图、柱形图和盈亏三种迷你图类型。图 3—4—3 就是用迷你图展示各员工应发金额。

A	B	C	D	E	F	G	H	I	J
员工编号	员工姓名	所在部门	基本工资	应扣工资	住房补助	车费补助	保险金	奖金	应发金额
1001	张丹	人事部	3000	20	100	120	200	250	3250
1002	李友华	行政部	2000	23	100	120	200	300	2297
1003	林欣桐	财务部	2500	14	100	0	200	360	2746
1004	曾巧	销售部	2000	8	100	120	200	450	2462
1005	谢清	业务部	3000	9	100	0	200	120	3011
1006	沈楷华	人事部	2000	50	100	120	200	340	2310
1007	刘杰	行政部	2000	36	100	120	200	300	2284
1008	王南	财务部	3000	40	100	120	200	360	3340
1009	赵小旭	销售部	2500	60	100	120	200	450	2910

图 3—4—3

3.4.4 图表类型选用规则

在 Excel 组件众多的图表类型中，每种图表类型所表示的形式都不同，只有根据数据的不同和使用要求的不同来选用适当的图表类型，才能将数据更直观、更简洁地展现出来。

1. 柱形图

柱形图通常用纵坐标轴的垂直条来显示数值项，用横坐标轴来显示信息类别，主要用于显示一段时间内数据的变化或者各项之间的比较情况，如图 3—4—4 所示。柱形图共有 19 种子图表，是所有图表类型中包含子图表最多的图表类型，也是最常用的图表之一。

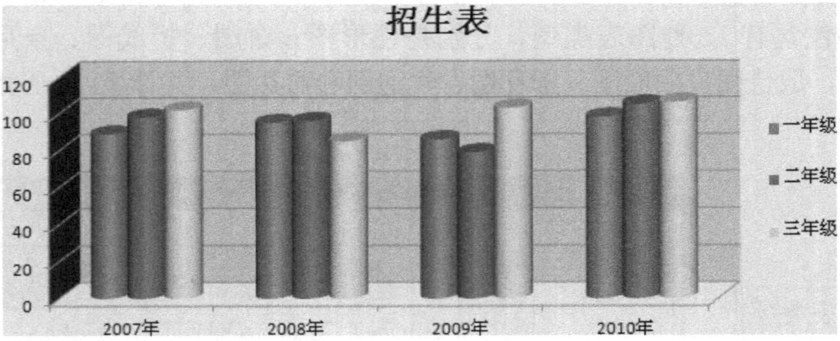

图 3—4—4

2. 饼图

饼图用于显示一个数据系列中各项的大小与各项总和的比例关系，它只有一个数据系列，适合于显示个体与整体的比例关系，每个扇区显示其占总体的百分比值，所有扇区百分值的总和为 100%，如图 3—4—5 所示。饼图的类型又包含饼图和复合饼图等 6 种子图表。

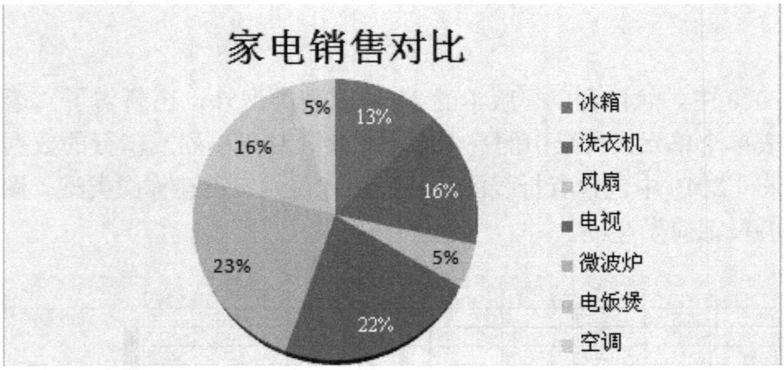

图 3—4—5

3. 折线图

折线图用一条折线显示一段时间内一组数据的变化趋势，通常用于比较相同时间间隔内数据的变化趋势，如图 3—4—6 所示。折线图中包含 7 种子图表。

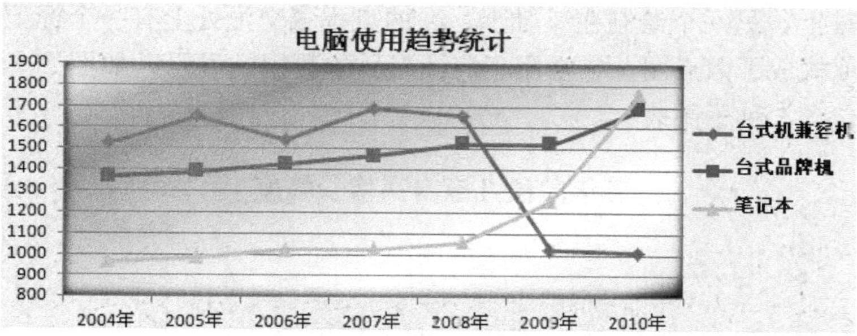

图 3—4—6

4. 条形图

条形图由一系列水平条组成，在比较两个或多个项之间的差异时很有用。条形图具有数据轴标签较长和持续显示数值的特点，如图 3—4—7 所示。条形图中共有 15 种子图表。

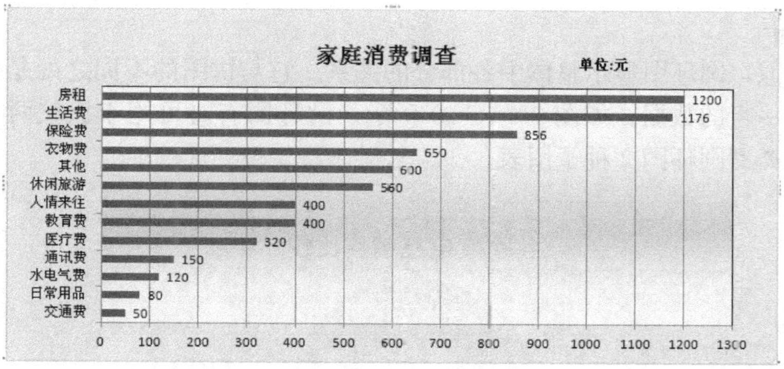

图 3—4—7

5. 面积图

面积图是以阴影或颜色填充折线下方区域的折线图，它显示一段时间内数据变动的幅值，面积图能看到各部分的变动及总体的变化，特别适合显示随时间改变的量，如图 3—4—8 所示。如果数据点比较少，添加垂直线有助于分辨每个时期的实际值。面积图中共有 6 种子图表。

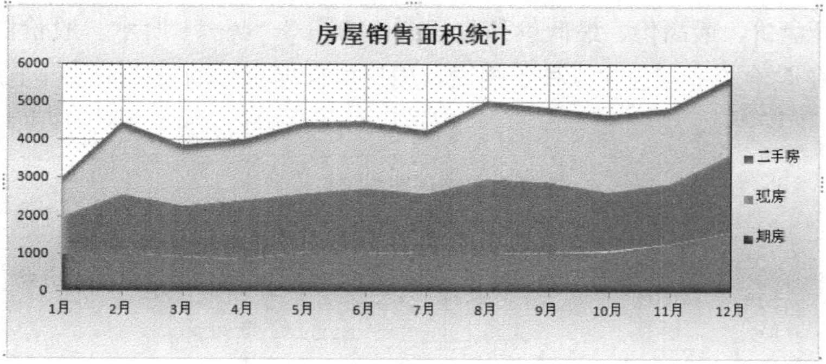

图 3—4—8

6. XY 散点图

它由 x 轴和 y 轴组成，用于显示成对数据中各数值之间的关系，并将每一数对中的一

个数绘制在 x 轴上，另一个绘制在 y 轴上，在两点垂直交汇处上有一个标记。当所有数据绘制完成后，就构成了散点图。它常用于统计与科学数据的显示，如图 3—4—9 所示。散点图类型中共包含 5 种子图表。

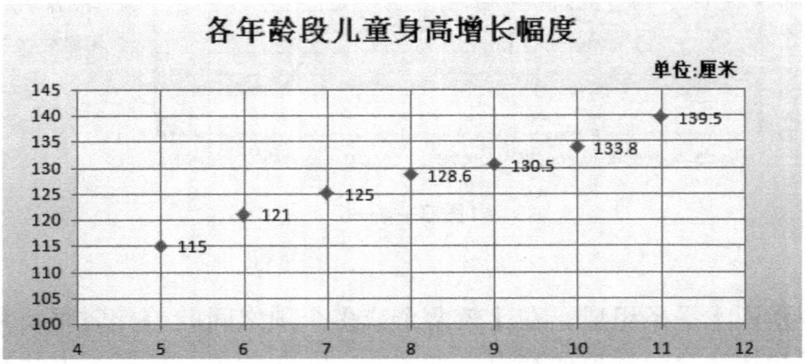

图 3—4—9

7. 圆环图

与饼图相似，圆环图显示整体中各部分的关系。它与饼图的不同之处是圆环图能够绘制超过一列或一行的数据，如图 3—4—10 所示。圆环图有时可用于比较两个饼图，它分为圆环图和分离型圆环图 2 种子图表。

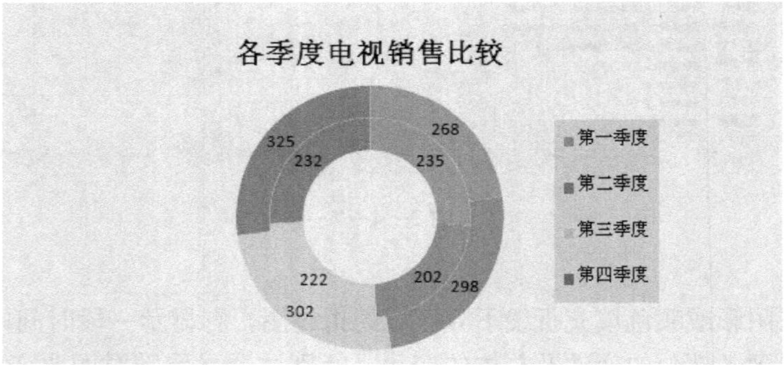

图 3—4—10

8. 股价图

股价图是具有 3 个数据序列的折线图，常用于显示股票市场的波动，如指定时间内一种股票的成交量、开盘价、最高价、最低价和收盘图，如图 3—4—11 所示。股价图多用于金融、商贸等行业。在股价图中，包含 4 种子图表，用户可根据自己的需要来选择适用的图表。

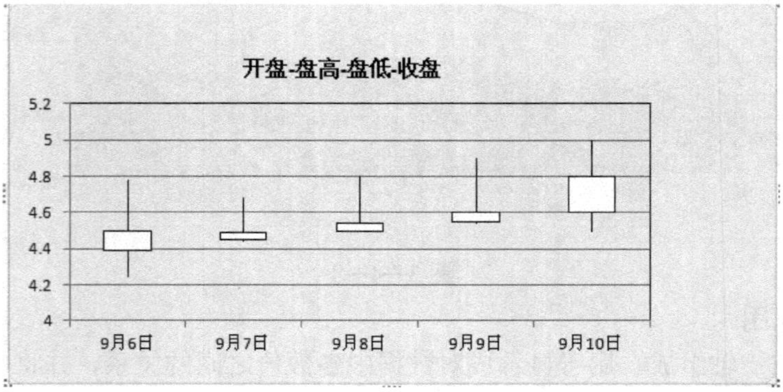

图 3—4—11

9. 雷达图

雷达图通常用于显示数据相对于中心的变化情况。采用雷达图可绘制几个内部关联的序列，轻易做出可视的对比，如图 3—4—12 所示。雷达图有 3 种子图表。

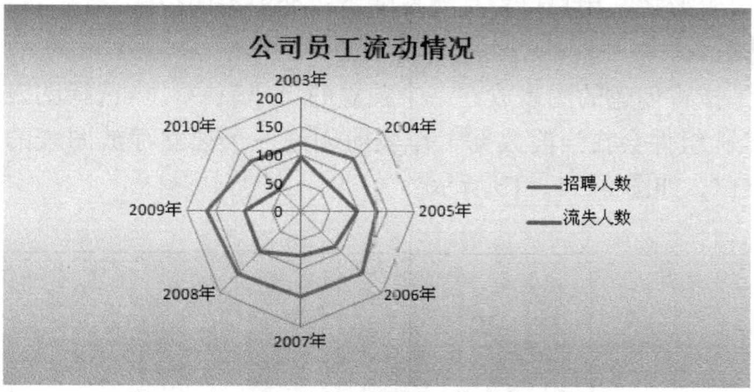

图 3—4—12

10. 曲面图

当要找出两组数据中的最优组合时，选择曲面图就能轻易实现。在曲面图中用颜色和图案表示具有相同数值范围的区域，如图 3—4—13 所示。曲面图包含 4 种子图表。

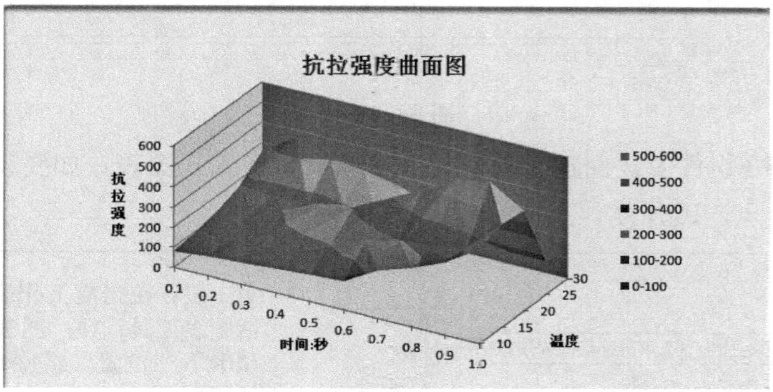

图 3—4—13

11. 气泡图

气泡图与散点图相似，它是一种特殊的 XY 散点图，可显示 3 个变量之间的关系。它最适合用于较小的数据集，如图 3—4—14 所示。如果数据点太多，则创建的气泡图难以被读懂。气泡图有 2 种子图表。

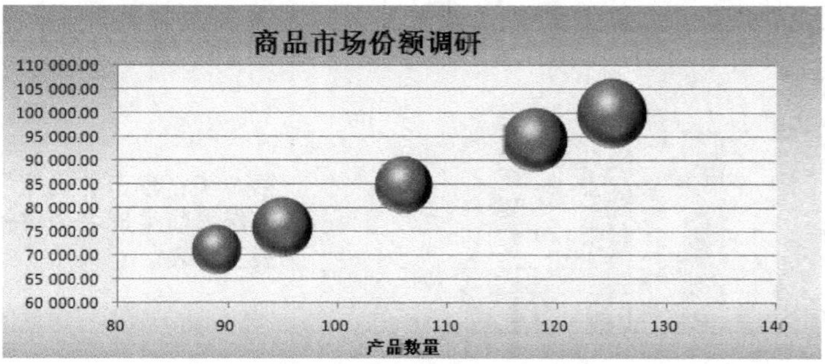

图 3—4—14

3.4.5 图表位置

Excel 的图表位置是指绘制完成的图表在工作簿中显示的位置，它包含图表工作表和嵌入式图表两种位置形式，用户可根据需要随时改变图表的位置。

1. 图表工作表

图表工作表是指将创建的图表放在一个独立的工作表中，当选择图表的存放位置为图表工作表时，Excel 组件会在当前数据工作表前创建一个独立存放图表的工作表，其默认的名称为“Chart1”，如图 3—4—15 所示。

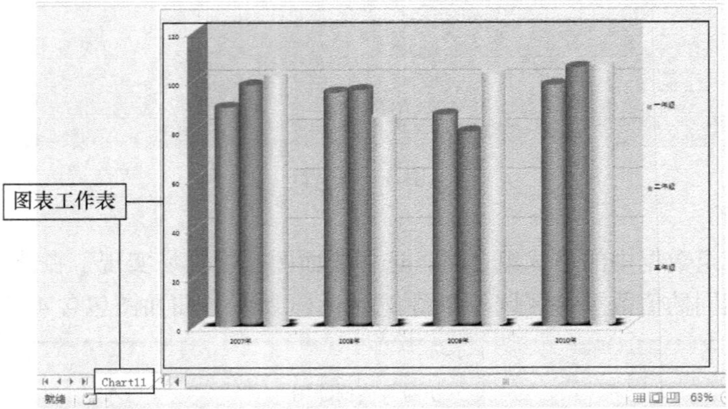

图 3—4—15

在 Excel 2010 组件中，创建的图表默认状态下为嵌入式图表，如要创建图表工作表，操作步骤如图 3—4—16 所示。

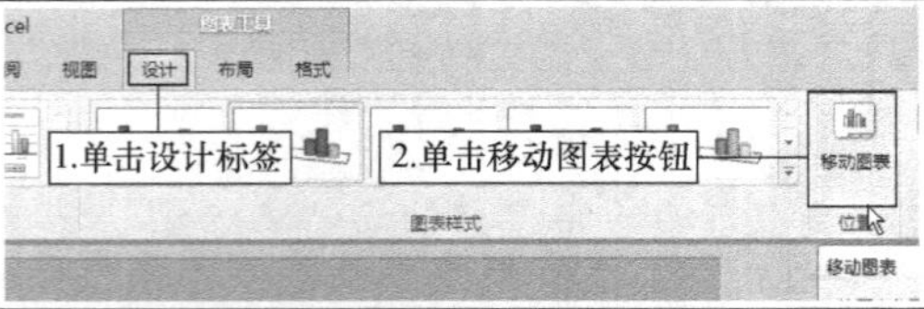	第 1 步：在当前工作表中，单击图表激活图表工具，在“图表工具→设计”选项卡下“位置”组中单击“移动图表”按钮。
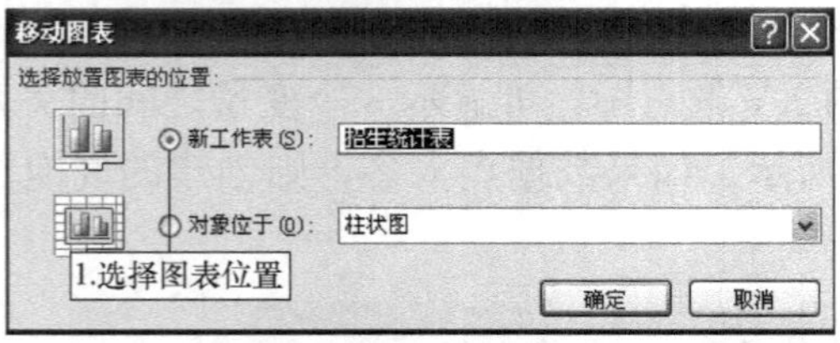	第 2 步：在弹出的“移动图表”对话框中，单击选中“新工作表”单选按钮，并为图表工作表重命名为“招生统计表”。
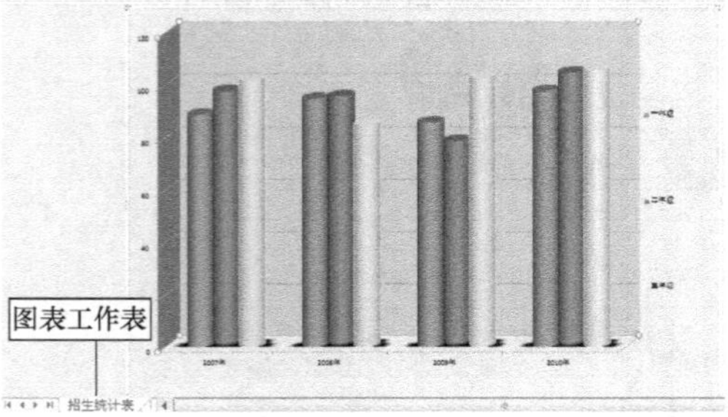	第 3 步：单击“确定”按钮后，在当前工作表前生成名为“招生统计表”的图表工作表。

图 3—4—16

2. 嵌入式图表

嵌入式图表是指将图表嵌入到包含有数据的工作表中，如图 3—4—17 所示。它是 Excel 2010 组件默认的图表放置位置。

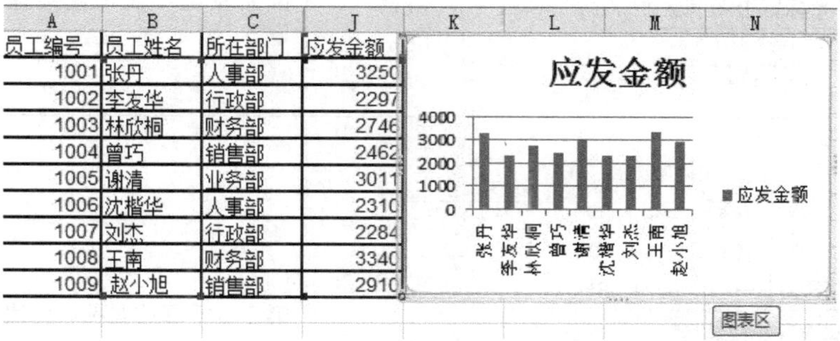

图 3—4—17

在 Excel 2010 组件中，创建的图表默认状态下为嵌入式图表，步骤如图 3—4—18 所示。

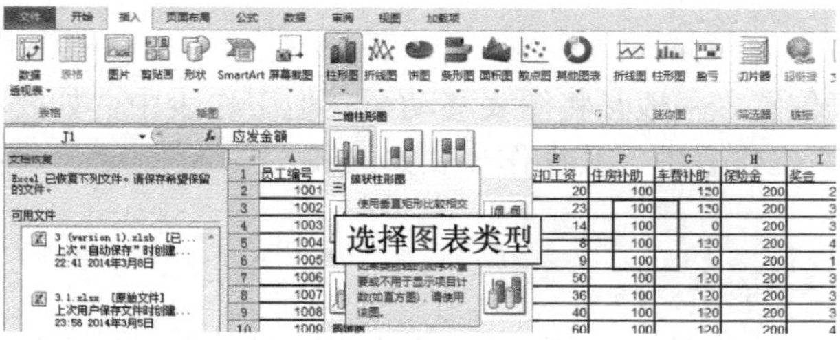	第 1 步：选取数据区域，在“插入”选项卡中的“图表”级中单击“柱形图”下三角按钮，从下拉列表中选择“二维柱形图”子图表类型。
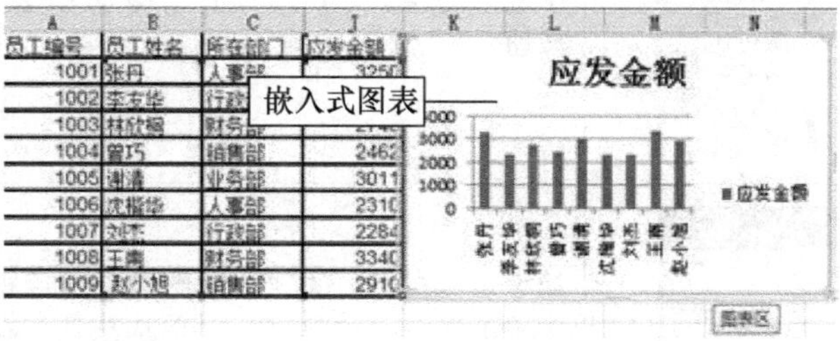	第 2 步：在当前工作表中嵌入所需的图表，对图表进行设置后即得最终图表效果。

图 3—4—18

3.4.6 改变图表的位置

图表的位置不是固定不变的，它可以根据用户的需要而随意移动和改变。改变图表位置的方法有两种：一是鼠标拖动法；二是使用“移动图表”命令。

1. 鼠标拖动法

鼠标拖动法一般在嵌入式图表中非常适用，它是利用鼠标直接拖动图表来改变图表位置的一种方法。如要将位于数据右侧的图表放置到数据下方，其具体的操作方法如图 3—4—19 所示。

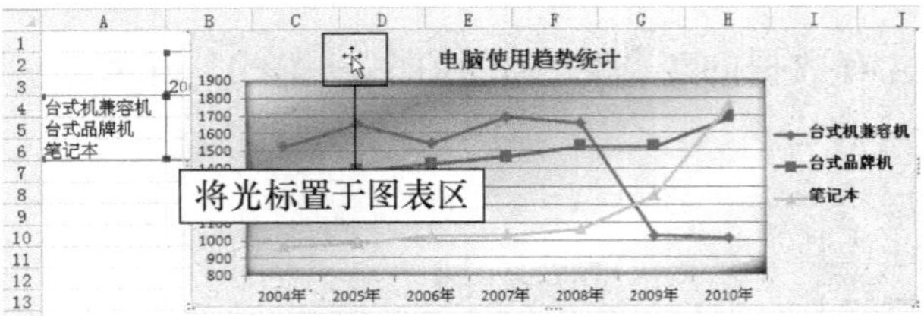

第 1 步：将光标置于要改变位置的图表上，当光标变为黑色十字形状时，按住鼠标左键不放，直接拖动图表到数据下方。

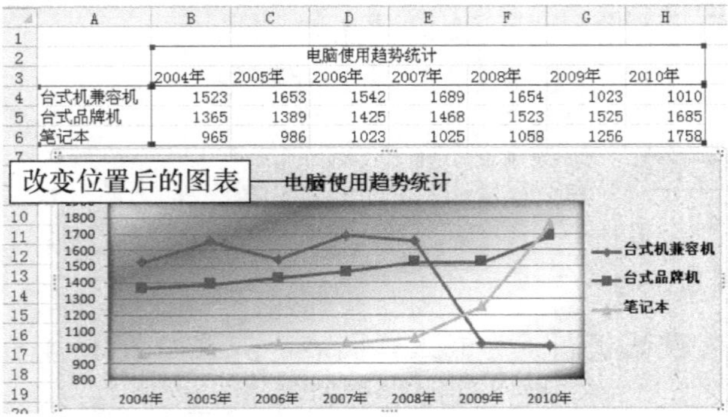

第 2 步：释放鼠标，图表位置改变。

图 3—4—19

2. 使用“移动图表”命令

通过“移动图表”命令来改变图表位置，一般是将图表移动至其他工作表中，如要将“电脑使用趋势统计表”移动到“饼图”工作表中，其操作步骤如图 3—4—20 所示。

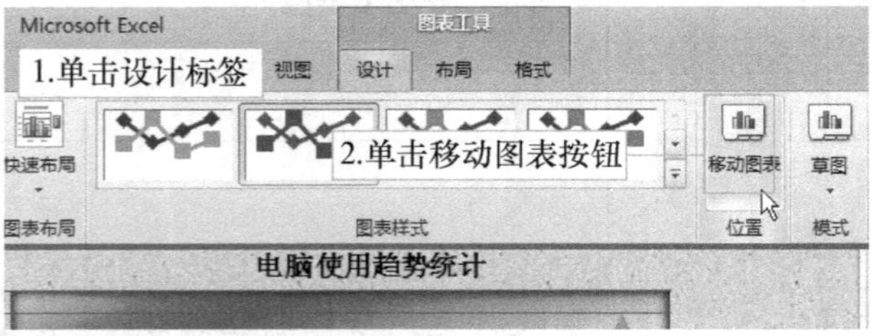

第 1 步：在“图表工具→设计”选项卡中的“位置”组中单击“移动图表”按钮。

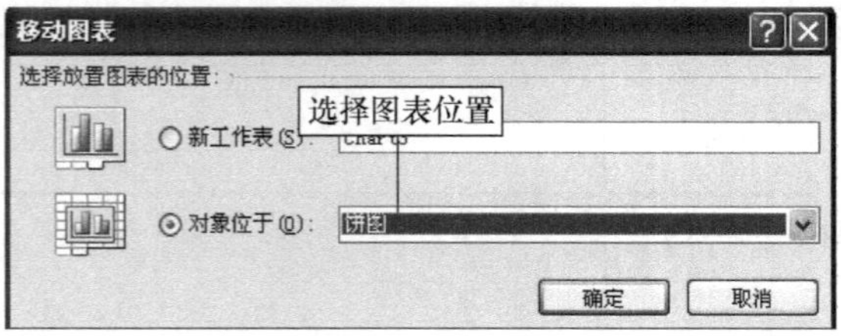

第 2 步：在弹出的“移动图表”对话框中单击选中“对象位于”单选按钮，在其右侧的下拉列表中选择“饼图”，然后单击“确定”按钮。

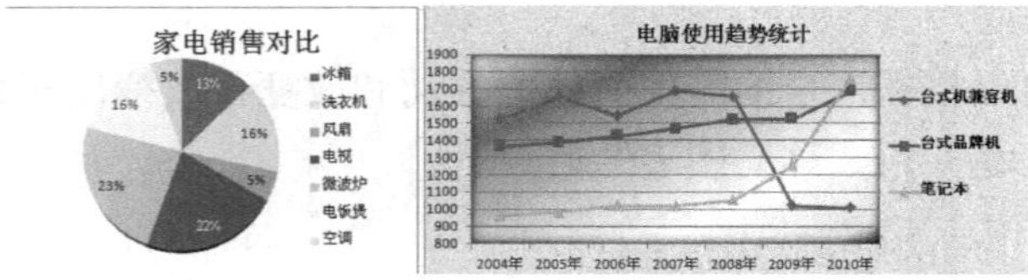

第 3 步：在饼图工作表中即显示移动的图表。

图 3—4—20

3.4.7 绘制图表的方法

Excel 的图表绘制方法，是指如何将指定数据用图表的方式表述出来。绘制图表的方法一般有快速绘制法、通过功能区按钮绘制法和利用数组常量绘制法三种，用户可根据需要选用适用的图表绘制方法。下面介绍前两种。

1. 快速绘制图表

通过快捷键可快速绘制出系统默认的图表类型。在 Excel 组件中，默认的图表类型为簇状柱形图，如所选择的数据适用于此图表类型，则可通过快捷键来快速绘制图表。

(1) 快速绘制嵌入式图表的步骤如图 3—4—21 所示。

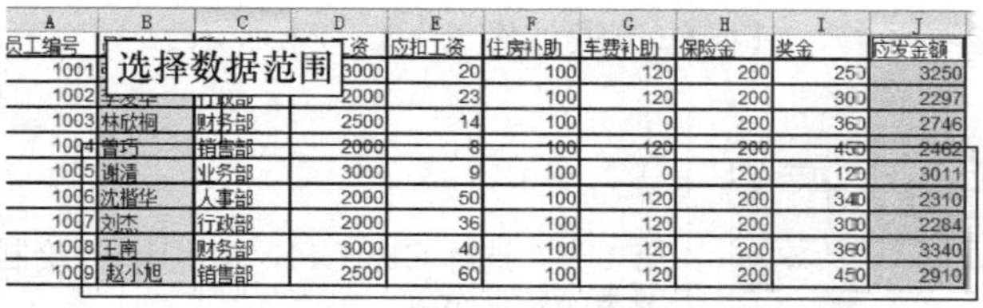	第 1 步：选择 B2：B10，J2：J10 为绘制图表的数据范围。
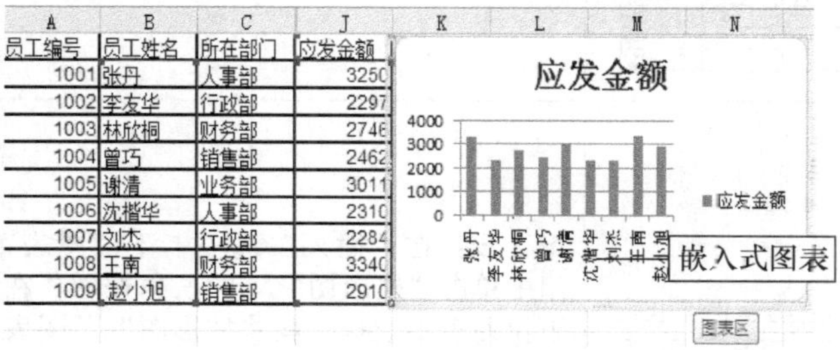	第 2 步：按 Alt+F1 键后绘制出嵌入式图表。

图 3—4—21

(2) 快速绘制图表工作表的步骤如图 3—4—22 所示。

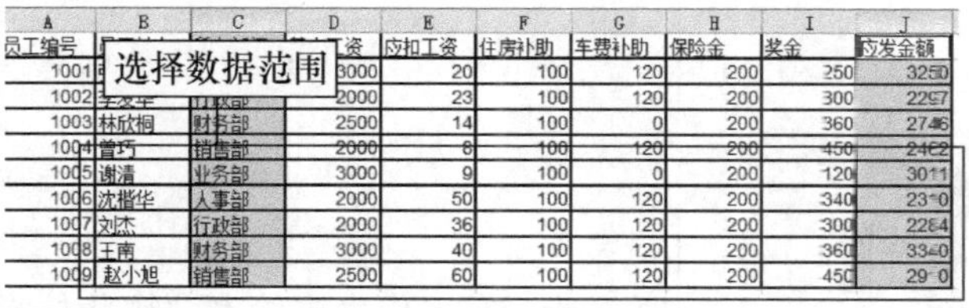	第 1 步：选择 C2：C10，J2：J10 为绘制图表的数据区域。
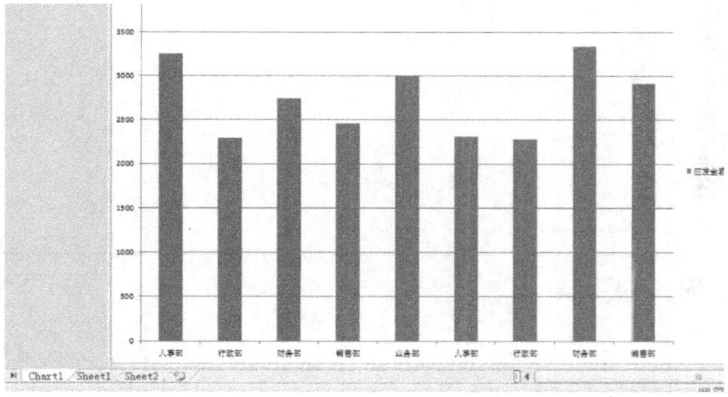	第 2 步：按 F11 键后绘制出默认名称为“Chart1”的图表工作表。

图 3—4—22

2. 通过功能区按钮绘制图表

在 Excel 组件中，提供了多种图表类型的模板供用户选择，用户可根据数据的形式和使用的要求来选择适用的图表类型，并绘制出满意的图表。图表类型模板位于“插入”选项卡下的“图表”功能组中，如图 3—4—23 所示。

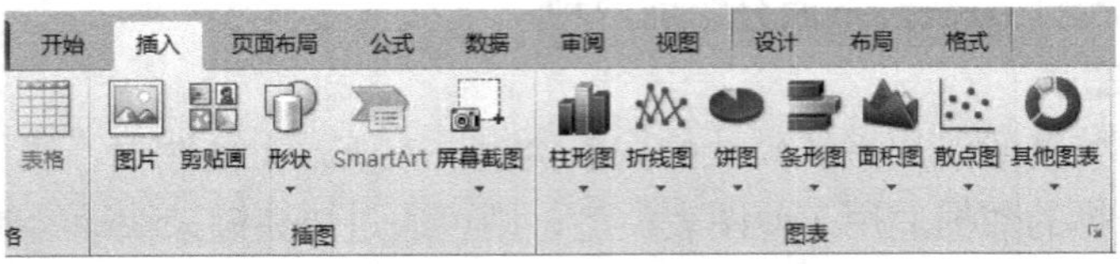

图 3—4—23

如给招生统计表绘制三维簇状柱形图图表，其操作步骤如图 3—4—24 所示。

A	B	C	D	E	F	G	H	I	J
员工编号	[illegible]	[illegible]	[illegible]资	应扣工资	住房补助	车费补助	保险金	奖金	应发金额
1001	[illegible]	[illegible]	3000	20	100	120	200	250	3250
1002	[illegible]	[illegible]	2000	23	100	120	200	300	2297
1003	林欣桐	财务部	2500	14	100	0	200	360	2746
1004	曾巧	销售部	2000	8	100	120	200	450	2462
1005	谢清	业务部	3000	9	100	0	200	120	3011
1006	沈楷华	人事部	2000	50	100	120	200	340	2310
1007	刘杰	行政部	2000	36	100	120	200	300	2284
1008	王南	财务部	3000	40	100	120	200	360	3340
1009	赵小旭	销售部	2500	60	100	120	200	450	2910

第 1 步：选择 C1：C10，J2：J10 为绘制图表的数据范围。

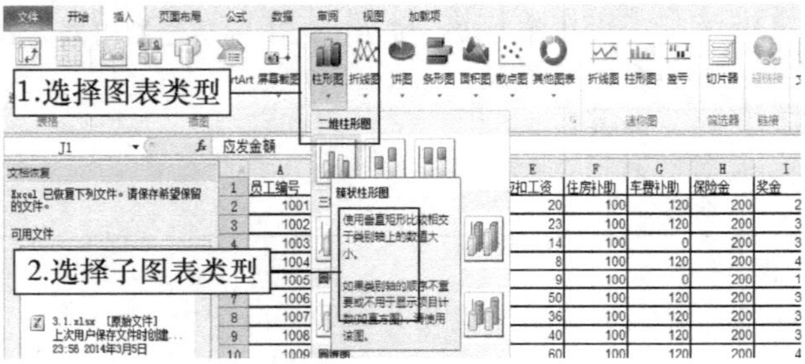

第 2 步：在“插入”选项卡下“图表”组中单击“柱形图”下的三角按钮，在下拉列表中选择“簇状柱形图”子图表类型。

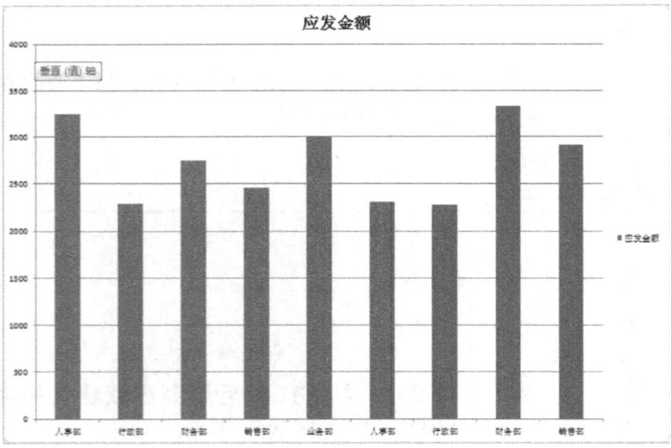

第 3 步：在工作表中绘制“簇状柱形图”。

图 3—4—24

3.4.8 图表术语

掌握了图表的类型、使用规则和绘制图表的方法后，我们现在来了解图表的专用术语。

1. 图表工作表

图表工作表是指工作簿中专用于存放图表的独立工作表。

2. 内嵌图表

内嵌图表作为工作表上的对象的图表，可以与其他数据相联系进行打印，也可以作为独立项目进行打印，适用于需要在工作表数据环境中显示数据的情况。

3. 图表类型组

图表类型组是绘制到同一数值轴上的同一类型的一个或多个数据系列。

4. 数据标记

数据标记是图表中的条形、面积、圆点、扇面或其他符号，代表源于数据表单元格的单个数据点或值。图表中的相关数据标记构成了数据系列。

5. 数据点

数据点是在图表中绘制的单个值，由条形、柱形、折线、饼图或圆环图的扇面、圆点和其他被称为数据标记的图形表示。相同颜色的数据标记组成一个数据系列。

6. 垂直线

即从数据点向类别轴（x 轴）延伸的垂直线。可根据图表的需要来设置垂直线，增强图表的可读性。

7. 误差线

误差线通常用在统计或科学记数法数据中，其显示相对序列中的每个数据标记的潜在误差或不确定度。

8. 分离

此操作是将饼图（或圆环图）中的扇形（或环）彼此分开。对一个或多个扇形（或环）都可以进行这种操作。

9. 分类间距

此值用于控制数据标记之间的间距。分类间距的值越大，数据标记簇之间的间距越大。

10. 高低点连线

此连线是将所有数据点按顺序连接起来，在折线图中十分常见。

11. 选定非相邻区域

即选择不连续的数据区域，也称为不连续的选定范围。只有被选定的区域才会被图表使用。

12. 重叠值

此值是指数据系列的重叠。重叠值越大，数据标记之间的重叠越厉害。

13. 子类型

即各图表类型下的变体子图表类型。

14. 刻度线

即坐标轴上的标记符，用于标记刻度或类别的分界，或者用于分离类别轴上的系列组。

15. 趋势线

趋势线以图形方式说明数据系列中的趋势。它们常用于绘制预报图表。

16. 轴标题

轴标题包含水平轴标题、垂直轴标题和竖轴标题，用于显示内容的标题或名称，如对标记或刻度的说明。

3.4.9 图表的各组成元素

一个完整的图表中包含有许多图表元素，“图表元素”控件位于“图表工具”→“布局”组下“当前所选内容”组中。该控件显示当前所选图表所有元素的名称。这些元素各自代表不同的含义，默认情况下会显示其中一部分元素，而其他元素可以根据需要添加，在一个图表中最基本的组成元素包含图表区、绘图区、图表标题、图例、数据系列和坐标轴等。

1. 图表区

图表区是对整个图表的总称，包含绘图区、所有数据系列、坐标轴、标题以及图例。

2. 绘图区

绘图区是图表的一部分，一般位于图表的中央位置，由垂直和水平轴及其负轴包围。

3. 图表标题

图表标题是为图表所命的名称，一般用于表明该图表要描述的是什么，通常位于图表区的顶端中心处。

4. 图例

图例用于显示每个数据系列的标识名称和颜色符号，用于辨别各数据系列所代表的含义。

5. 数据系列

即在图表中绘制的相关数据点，其源自数据表的行或列。图表中的每个数据系列具有唯一的颜色或图案并且在图表的图例中表示。可以在图表中绘制一个或多个数据系列。饼图只有一个数据系列。

6. 坐标轴

坐标轴分为水平坐标轴、垂直坐标轴和竖坐标轴，竖坐标轴只在三维图表中显示。坐标轴用于表述图表数据的性质，如类别、数值、时间等含义。

7. 基底

即数据系列下方的区域，只有三维图表中才存在。

8. 背面墙

即所有图表的整个背面区域，用于显示所有图表区格式的区域。

9. 背景墙

即绘图区的背面区域，用来显示数据系列的背景区域，通常只有三维图表中才存在。

10. 网格线

即绘图区上的数据参考线，有了它就能很容易地进行坐标轴数据的参照。

3.4.10 图表的基础操作

当图表绘制完成后，可根据需要对图表进行基础的操作，如调整图表大小、复制图表和删除图表。

1. 调整图表大小

在 Excel 中调整图表大小有两种方法：一种是鼠标拖动法，另一种是通过功能区设置。

（1）鼠标拖动法是将鼠标指向图表的任意一个角，当鼠标指针变为⤡形状时，直接拖动鼠标来调整图表的大小，如图 3—4—25 所示。

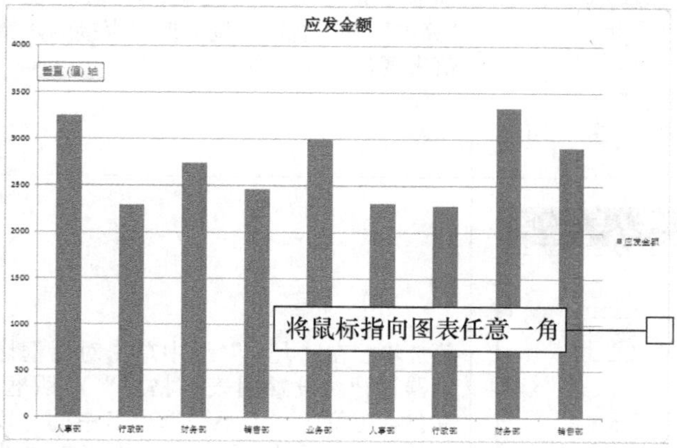

第 1 步：将鼠标指向图表的任意一角，鼠标指针变为⤡形状。

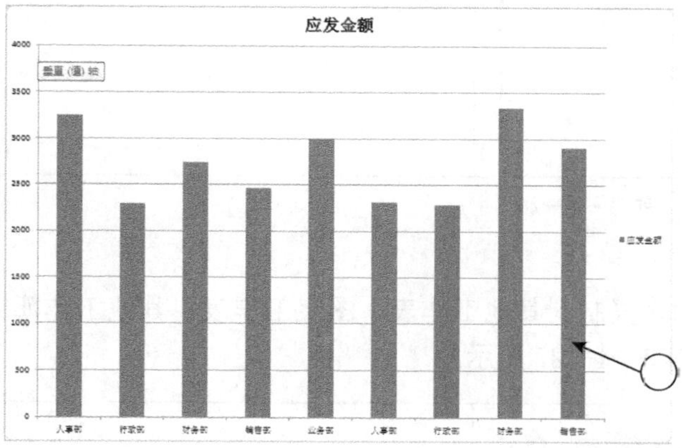

第 2 步：当鼠标指针变为⤡形状时，按住鼠标左键不放，向内拖动来缩小图表，当缩小到满意大小后松开鼠标。

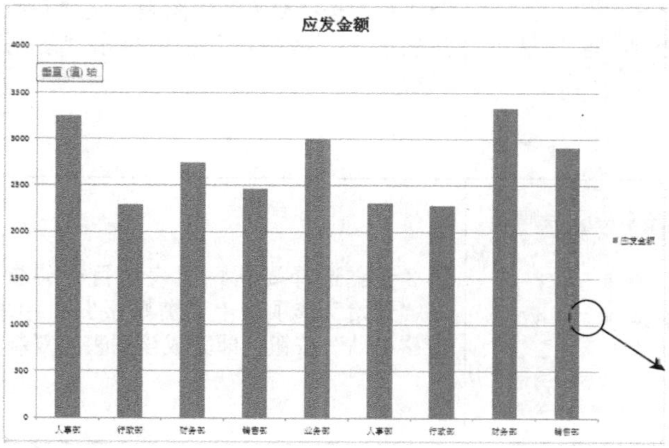

第 3 步：当鼠标指针变为⤡形状时，按住鼠标左键不放，向外拖动来放大图表，当放大到满意大小后松开鼠标。

图 3—4—25

（2）通过功能区中“大小”组中的“高度”和“宽度”调节框来调整图表大小，如图 3—4—26 所示。

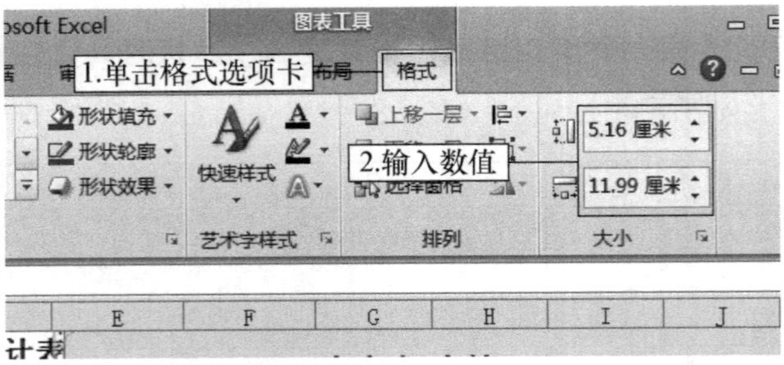

第 1 步：双击图表区激活图表工具，单击“图表工具→格式”选项卡，在该选项卡下的“大小”组中，根据需要在“高度”和“宽度”调节框中直接输入数值来调整图表大小。

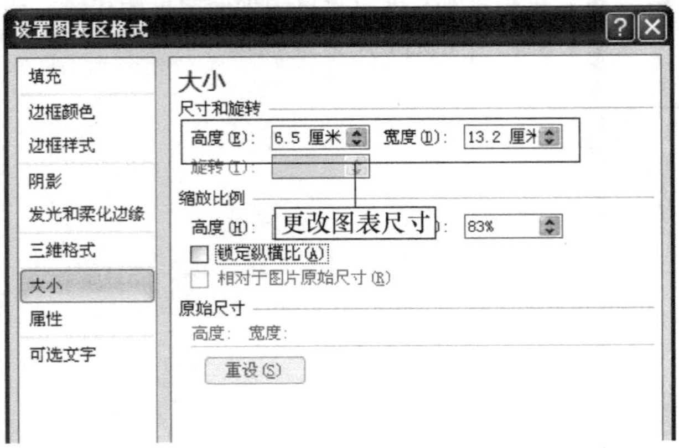

第 2 步：在“大小”组中单击对话框启动器打开“设置图表区格式”对话框，在自动定位的“大小”选项卡中的“尺寸和旋转”调节框中输入数值来更改大小。

图 3—4—26

2. 复制图表

在 Excel 工作表中，可以将现有图表复制到其他工作表、图表工作表、其他工作簿或同一工作表上的另一个位置。步骤如图 3—4—27 所示。

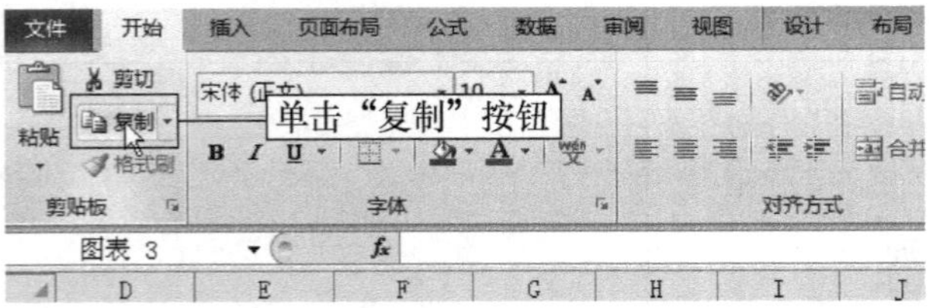

第 1 步：选择要复制的图表，在“开始”选项卡上“剪贴板”组中单击“复制”按钮。

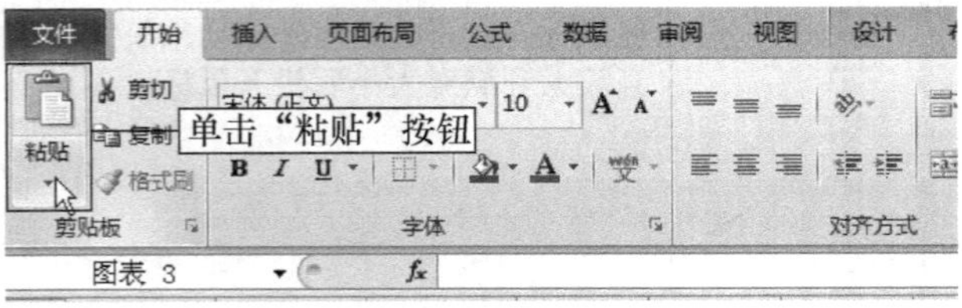

第 2 步：选择要粘贴图表的目标位置，在“开始”选项卡上“剪贴板”组中单击“粘贴”按钮，即完成该图表的复制。

图 3—4—27

如在同一工作表中复制图表，可单击要复制的图表，然后将其拖动到所需的位置，释放鼠标后，单击“复制到此位置”即可完成图表的复制。

3. 删除图表

删除工作表如图 3—4—28 所示。

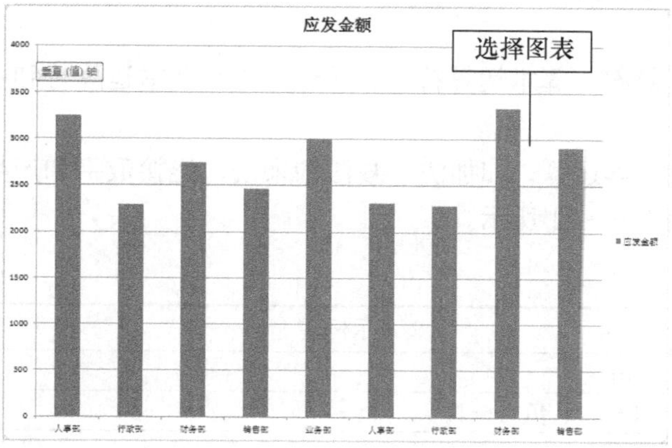	第 1 步：单击图表，选中要删除的图表。
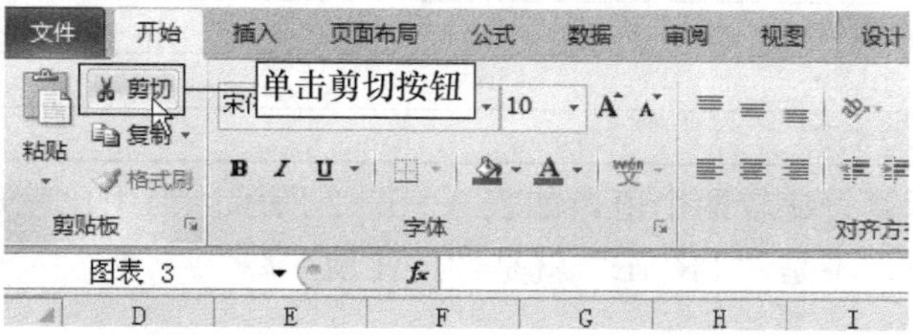	第 2 步：在“开始”选项卡下“剪贴板”组中单击“剪切”按钮，即完成该图表的删除。

图 3—4—28

删除图表还可以在选择要删除的图表后直接按键盘上的 Delete 键来完成。

3.5 公式与函数的应用

小明爸爸的公司每个月都会分别统计员工的基本工资、应扣工资、住房补助、车费补助、保险金、奖金，最终会得出应发工资，而应发工资＝基本工资＋住房补助＋车费补助＋奖金－应扣工资－保险金，那么有没有什么方法能快速地统计出每个员工的应发金额呢？如果需要统计出每个员工应缴纳的个人所得税，我们又该怎么统计呢？如果还需要统计出每个人工资的排名，又该怎么做呢？这里就涉及 Excel 的一个强大功能——公式与函数的应用。

最终得到如图 3—5—1 所示的结果。

	A	B	C	D	E	F	G	H	I	J	K	L
1	员工编号	员工姓名	所在部门	基本工资	应扣工资	住房补助	车费补助	保险金	奖金	应发金额	实发金额	实发金额排名
2	1001	张丹	人事部	4 000	20	100	120	200	550	4 550	4 519	2
3	1002	李友华	行政部	4 000	23	100	120	200	400	4 397	4 370	6
4	1003	林欣桐	财务部	3 500	14	100	0	200	560	3 946	3 933	9
5	1004	曾巧	销售部	3 500	8	100	120	200	450	3 962	3 948	8
6	1005	谢清	业务部	4 000	9	100	0	200	320	4 211	4 190	7
7	1006	沈楷华	人事部	4 000	50	100	120	200	440	4 410	4 383	5
8	1007	刘杰	行政部	4 000	36	100	120	200	500	4 434	4 454	3
9	1008	王南	财务部	4 000	40	100	120	200	460	4 440	4 412	4
10	1009	赵小旭	销售部	4 500	60	100	120	200	450	4 910	4 868	1
11	最高			4 500	60	100	120	200	560	4 910		
12	最低			3 500	8	100	0	200	320	3 946		
13	平均			3 944	29	100	93	200	459	4 368		
14	总计			35 500	260	900	840	1 800	4 130	39 310		

图 3—5—1

3.5.1 运算符

运算符对公式中的元素进行特定类型的运算。

1. 运算符的类型

Microsoft Excel 包含四种类型的运算符：算术运算符、比较运算符、文本运算符和引用运算符。

（1）算术运算符。若要完成基本的数学运算，如加法、减法和乘法，连接数字和产生数字结果等，可使用算术运算符，如表 3—5—1 所示。

表 3—5—1

算术运算符	含义（示例）
＋（加号）	加法运算（3＋3）
－（减号）	减法运算（3－1）、负（－1）
*（星号）	乘法运算（3*3）
/（正斜线）	除法运算（3/3）
%（百分号）	百分比（20%）
^（插入符号）	乘幂运算（3^2）

（2）比较运算符。可以使用比较运算符比较两个值，如表 3—5—2 所示。当用比较运算符比较两个值时，结果是一个逻辑值，不是“TRUE”就是“FALSE”。

表 3—5—2

比较运算符	含义（示例）
＝（等号）	等于（A1＝B1）
＞（大于号）	大于（A1＞B1）
＜（小于号）	小于（A1＜B1）
＞＝（大于等于号）	大于或等于（A1＞＝B1）
＜＝（小于等于号）	小于或等于（A1＜＝B1）
＜＞（不等号）	不相等（A1＜＞B1）

（3）文本运算符。使用和号（&）加入或连接一个或更多文本字符串以产生一串文本，如表 3—5—3 所示。

表 3—5—3

文本运算符	含义（示例）
&（和号）	将两个文本值连接或串起来产生一个连续的文本值（“North” & “wind”）

（4）引用运算符。使用表 3—5—4 中的运算符可以将单元格区域合并计算。

表 3—5—4

引用运算符	含义（示例）
:（冒号）	区域运算符，产生对包括在两个引用之间的所有单元格的引用（B5:B15）
,（逗号）	联合运算符，将多个引用合并为一个引用（SUM（B5:B15，D5:D15））
（空格）	交叉运算符，产生对两个引用共有的单元格的引用（B7:D7　C6:C8）

举例：对 A、C、D、F、H 列与 1、2、5、7、10 行交点处各单元格的求和的公式为：

用空格运算符：“=SUM((A:A,C:D,F:F,H:H)(1:2,5:5,7:7,10:10))”；

不用空格运算符：“=SUM(A1:A2,C1:D2,F1:F2,H1:H2,A5,C5:D5,F5,H5,A7,C7:D7,F7,H7,A10,C10:D10,F10,H10)”。

2. 公式中的运算次序

公式按特定次序计算数值。Excel 中的公式通常以等号（=）开始，用于表明之后的字符为公式。紧随等号之后的是需要进行计算的元素（操作数），各操作数之间以运算符分隔。Excel 将根据公式中运算符的特定顺序从左到右进行计算。

（1）运算符优先级。

如果公式中同时用到多个运算符，Excel 将按表 3—5—5 所示的顺序进行运算。如果公式中包含相同优先级的运算符，如公式中同时包含乘法和除法运算符，则 Excel 将从左到右进行计算。

表 3—5—5

运算符	说明
:（冒号） （单个空格） ,（逗号）	引用运算符
—	负号（如—1）
%	百分比
^	乘幂
* 和/	乘和除
+和—	加和减
&	连接两个文本字符串（连接）
=<><=>=<>	比较运算符

（2）使用括号。

若要更改求值的顺序，应将公式中要先计算的部分用括号括起来。例如，公式“=5+2*3”的结果是 11，因为 Excel 先进行乘法运算后进行加法运算。将 2 与 3 相乘，然后再加上 5，即得到结果。

与此相反，如果使用括号改变语法，“=(5+2)*3”是先将 5 加上 2，再将结果乘以 3，得到结果 21。在公式“=(B4+25)/SUM(D5：F5)”中，第一部分中的括号表明 Excel 应首先计算 B4+25，然后再除以单元格 D5、E5 和 F5 中数值的和。

（3）各种类型数据的比较规则如下：

1）数据值型数据的比较规则：按照数据值的大小进行比较。

2）日期型数据的比较规则：昨天<今天<明天。

3）时间型数据的比较规则：过去<现在<将来。

4）文本型数据的比较规则：按照字典顺序比较。

（4）字典顺序的比较规则：

1）从左向右进行比较，第 1 个不同字符的大小就是两个文本数据的大小。

2）如果前面的字符都相同，则没有剩余字符的文本小。

3）英文字符＜中文字符。

4）英文字符按在 ASCII 码表的顺序进行比较，位置靠前的小。即空格＜数字＜大写字母＜小写字母。

5）中文字符中，中文符号（如◆）＜汉字。

3.5.2 单元格引用

1. 相对引用

公式中的相对单元格引用（如 A1）是基于包含公式和单元格引用的单元格的相对位置。如果公式所在单元格的位置改变，引用也随之改变。如果多行或多列复制或填充公式，引用会自动调整。默认情况下，新公式使用相对引用。例如，如果将单元格 B2 中的相对引用复制或填充到单元格 B3，将自动从“A1”调整到“A2”。

2. 绝对引用

公式中的绝对单元格引用（如＄A＄1）总是在特定位置引用单元格。如果公式所在单元格的位置改变，绝对引用将保持不变。如果多行或多列地复制或填充公式，绝对引用将不作调整。默认情况下，新公式使用相对引用，如果需要，可将它们转换为绝对引用。

3. 混合引用

混合引用具有绝对列和相对行，或绝对行和相对列。绝对引用列采用＄A1、＄B1 等形式；绝对引用行采用 A＄1、B＄1 等形式。如果公式所在单元格的位置改变，则相对引用改变，而绝对引用将不变。如果多行或多列地复制或填充公式，相对引用将自动调整，而绝对引用不作调整。

4. 三维引用

对同一工作簿内不同工作表中相同引用位置的单元格或区域的引用称为三维引用。

（1）引用同一工作簿不同工作表中的单元格，如：

＝Sheet1！G3＋Sheet2！G5＋Sheet2！E27

（2）引用已打开的不同工作簿中的单元格，如：

＝［Book1］Sheet1！＄IL＄4＋[Book2］Sheet2！＄E＄7

（3）引用未打开的不同工作簿中的单元格，如：

＝'C:\dk\[Book1.xlsx]Sheet2'！＄B＄4＋'C:\dk\[Book1.xlsx]Sheet1'！＄C＄6

（4）同一公式中存在几种不同的引用，如：

＝［Book1］Sheet1！＄A＄4＋Sheet1！G7＋F9

5. 规律

加上了绝对引用符“＄”的列标和行号为绝对地址，在公式向旁边复制时不会发生变化。没有加上绝对地址符号的列标和行号为相对地址，在公式向旁边复制时会跟着发生变化。混合引用时部分地址发生变化。

相对引用、绝对引用和混合引用是指在公式中使用单元格或单元格区域的地址。将公式向旁边复制时，地址变化的具体情况举例如下：

（1）相对引用，复制公式时地址跟着发生变化，如：

C1 单元格有公式：＝A1＋B1

当将公式复制到 C2 单元格时变为：＝A2＋B2

当将公式复制到 D1 单元格时变为：＝B1＋C1

（2）绝对引用，复制公式时地址不会跟着发生变化，如：

C1 单元格有公式：＝A1＋B1

当将公式复制到 C2 单元格时仍为：＝A1＋B1

当将公式复制到 D1 单元格时仍为：＝A1＋B1

（3）混合引用，复制公式时地址的部分内容跟着发生变化，如：

C1 单元格有公式：＝$A1＋B$1

当将公式复制到 C2 单元格时变为：＝$A2＋B$1

当将公式复制到 D1 单元格时变为：＝$A1＋C$1

3.5.3　函数应用基础

1. 函数和公式

（1）什么是函数?

Excel 函数即预先定义，执行计算、分析等处理数据任务的特殊公式。以常用的求和函数 SUM 为例，它的语法是“SUM（number1，number2，…）”。其中“SUM”称为函数名称，一个函数只有一个名称，它决定了函数的功能和用途。函数名称后紧跟左括号，接着是用逗号分隔的称为参数的内容，最后用一个右括号表示函数结束。

参数是函数中最复杂的组成部分，它规定了函数的运算对象、顺序或结构等，使得用户可以对某个单元格或区域进行处理，如分析存款利息、确定成绩名次、计算三角函数值等。

按照函数的来源，Excel 函数可以分为内置函数和扩展函数两大类。前者只要启动了 Excel，用户就可以使用；而后者必须通过单击“工具→加载宏”菜单命令加载，才能像内置函数那样使用。

（2）什么是公式?

函数与公式既有区别又互相联系。如果说前者是 Excel 预先定义好的特殊公式，后者就是由用户自行设计的对工作表进行计算和处理的公式。以公式“＝SUM（E1:H1）*A1＋26”为例，它要以“＝”开始，其内部可以包括函数、引用、运算符和常量，其中“SUM（E1:H1）”是函数，“A1”则是对单元格 A1 的引用（使用其中存储的数据），“26”则是常量，“*”和“＋”则是算术运算符（另外还有比较运算符、文本运算符和引用运算符）。

如果函数要以公式的形式出现，它必须有两个组成部分：一个是函数名称前面的等号，另一个则是函数本身。

2. 函数的参数

函数右边括号中的部分称为参数。假如一个函数可以使用多个参数，那么参数与参数之间使用半角逗号进行分隔。参数可以是常量（数字和文本）、逻辑值（如“TRUE”或“FALSE”）、数组、错误值（如#N/A）或单元格引用（如 E1：H1），甚至可以是另一个或几个函数等。参数的类型和位置必须满足函数语法的要求，否则将返回错误信息。

（1）常量。

常量是直接输入到单元格或公式中的数字或文本，或由名称所代表的数字或文本值，如数字“2890.56”、日期“2003—8—19”和文本“黎明”都是常量。但是公式或由公式计算出的结果都不是常量，因为只要公式的参数发生了变化，它自身或计算出来的结果就会发生变化。

（2）逻辑值。

逻辑值是比较特殊的一类参数，它只有 TRUE（真）或 FALSE（假）两种类型。如在公式“=IF（A3=0,"“，A2/A3)”中，“A3=0”是一个可以返回 TRUE（真）或 FALSE（假）两种结果的参数。当“A3=0”为 TRUE（真）时，在公式所在单元格中填入“0”，否则在单元格中填入“A2/A3”的计算结果。

（3）数组。

数组是可产生多个结果或对存放在行和列中的一组参数进行计算的公式。Excel 中有常量和区域两类数组。

1）常量数组放在“{}”（按下 Ctrl+Shift+Enter 组合键自动生成）内部，而且内部各列的数值要用半角逗号隔开，各行的数值要用半角分号隔开。假如要表示第 1 行中的 56、78、89 和第 2 行中的 90、76、80，就应该建立一个 2 行 3 列的常量数组“{56，78，89；90，76，80}。

2）区域数组是一个矩形的单元格区域，该区域中的单元格共用一个公式。如公式“=TREND（B1：B3，A1：A3)”作为数组公式使用时，它所引用的矩形单元格区域“B1：B3，A1：A3”就是一个区域数组。

（4）错误值。

在单元格中输入或编辑公式后，有时会出现“######”或“#VALUE!”的错误信息。表 3—5—6 将常见的错误信息作了汇总。

表 3—5—6

错误信息	原因	解决方法
#######!	公式所产生的结果太长，该单元格容纳不下	调整单元格的宽度
#DIV/0!	公式中出现被零除的现象	修改公式中的零除数
#N/A	在函数或公式中没有可用数值	
#NAME?	在公式中使用 Excel 不能识别的文本	将错误的文本修改
#NULL	试图为两个并不相交的区域指定交叉点	在两个不相交的区域之间应使用半角逗号隔开，即 SUM（A1:A10，C1:C10)
#NUM!	公式或函数中某个数字有问题	
#REF!	单元格引用无效	
#VALUE!	使用错误的参数或运算对象类型	确认公式或函数所需的运算符或参数类型是否正确

3.5.4　Excel 中的函数

Excel 函数一共有 11 类：数据库函数、日期与时间函数、工程函数、财务函数、信息函数、逻辑函数、查询和引用函数、数学和三角函数、统计函数、文本函数以及用户自定义函数。

1. 数据库函数

当需要分析数据清单中的数值是否符合特定条件时，可以使用数据库工作表函数。例如，在一个包含销售信息的数据清单中，可以计算出所有销售数值大于 1 000 且小于 2 500 的行或记录的总数。Microsoft Excel 共有 12 个工作表函数用于对存储在数据清单或数据库中的数据进行分析，这些函数的统一名称为 Dfunctions，也称为 D 函数，每个函数均有三个相同的参数：database、field 和 criteria。这些参数指向数据库函数所使用的工作表区域。其中参数 database 为工作表上包含数据清单的区域，参数 field 为需要汇总的列的标志，参数 criteria 为工作表上包含指定条件的区域。

2. 日期与时间函数

日期与时间函数可以在公式中分析和处理日期值和时间值。

3. 工程函数

工程函数用于工程分析。这类函数中的大多数可分为三种类型：对复数进行处理的函数、在不同的数字系统（如十进制系统、十六进制系统、八进制系统和二进制系统）间进行数值转换的函数、在不同的度量系统中进行数值转换的函数。

4. 财务函数

财务函数可以进行一般的财务计算，如确定贷款的支付额、投资的未来值或净现值，以及债券或息票的价值。财务函数中常见的参数如下：

（1）未来值（fv）——在所有付款发生后的投资或贷款的价值。

（2）期间数（nper）——投资的总支付期间数。

（3）付款（pmt）——对于一项投资或贷款的定期支付数额。

（4）现值（pv）——在投资初期的投资或贷款的价值。例如，贷款的现值为所借入的本金数额。

（5）利率（rate）——投资或贷款的利率或贴现率。

（6）类型（type）——付款期间内进行支付的间隔，如在月初或月末。

5. 信息函数

可以使用信息函数确定存储在单元格中的数据的类型。信息函数包含一组称为 ISEVEN 的工作表函数，在单元格满足条件时返回 TRUE。例如，如果单元格包含一个偶数值，ISEVEN 工作表函数返回 TRUE。如果需要确定某个单元格区域中是否存在空白单元格，可以使用 COUNTBLANK 工作表函数对单元格区域中的空白单元格进行计数，或者使用 ISBLANK 工作表函数确定区域中的某个单元格是否为空。

6. 逻辑函数

使用逻辑函数可以进行真假值判断，或者进行复合检验。例如，可以使用 IF 函数确定条件是真还是假，并由此返回不同的数值。

7. 查询和引用函数

当需要在数据清单或表格中查找特定数值，或者需要查找某一单元格的引用时，可以使用查询和引用函数。例如，如果需要在表格中查找与第一列中的值相匹配的数值，可以使用 VLOOKUP 工作表函数。如果需要确定数据清单中数值的位置，可以使用 MATCH 工作表函数。

8. 数学和三角函数

通过数学和三角函数，可以处理简单的计算，如对数字取整、计算单元格区域中的数值总和或复杂计算。

9. 统计函数

统计函数用于对数据区域进行统计分析。例如，统计函数可以提供由一组给定值绘制出的直线的相关信息，如直线的斜率和 y 轴截距，或构成直线的实际点数值。

10. 文本函数

文本函数可以在公式中处理文字串。例如，可以改变大小写或确定文字串的长度。可以将日期插入文字串或连接在文字串上。

11. 用户自定义函数

如果要在公式或计算中使用特别复杂的计算，而工作表函数又无法满足需要时，则需要创建用户自定义函数。可以使用 Visual Basic for Applications 来创建。

3.5.5 Excel 中的常用函数及其使用方法

1. AND 函数

函数名称：AND。

主要功能：返回逻辑值。如果所有参数值均为逻辑“真（TRUE)”，则返回逻辑“真（TRUE)”，反之返回逻辑“假（FALSE)”。

使用格式：AND（logical1，logical2，…）。

参数说明：logical1，logical2，logical3……表示待测试的条件值或表达式，最多可达 30 个。

应用举例：在 C5 单元格输入公式：=AND（A5>=60，B5>=60)，确认。如果 C5 中返回“TRUE”，说明 A5 和 B5 中的数值均大于等于 60；如果返回“FALSE”，说明 A5 和 B5 中的数值至少有一个小于 60。

特别提醒：如果指定的逻辑条件参数中包含非逻辑值，则函数返回错误值“#VALUE!”或“#NAME”。

2. OR 函数

函数名称：OR。

主要功能：返回逻辑值，仅当所有参数值均为逻辑“假（FALSE)”时返回函数结果逻辑“假（FALSE)”，否则都返回逻辑“真（TRUE)”。

使用格式：OR（logical1，logical2，…）。

参数说明：logical1，logical2，logical3……表示待测试的条件值或表达式，最多可达 30 个。

应用举例：在 C62 单元格输入公式：=OR（A62>=60，B62>=60)，确认。如果

C62 中返回“TRUE”，说明 A62 和 B62 中的数值至少有一个大于或等于 60；如果返回“FALSE”，说明 A62 和 B62 中的数值都小于 60。

特别提醒：如果指定的逻辑条件参数中包含非逻辑值，则函数返回错误值“#VALUE!”或“#NAME”。

3. ABS 函数

函数名称：ABS。

主要功能：求出相应数字的绝对值。

使用格式：ABS（number）。

参数说明：number 代表需要求绝对值的数值或引用的单元格。

应用举例：如果在 B2 单元格中输入公式：=ABS（A2），则在 A2 单元格中无论输入正数（如 100）还是负数（如-100），B2 中均显示出正数（如 100）。

特别提醒：如果 number 参数不是数值，而是一些字符（如“A”等），则 B2 中返回错误值“#VALUE!”。

4. INT 函数

函数名称：INT。

主要功能：将数值向下取整为最接近的整数。

使用格式：INT（number）。

参数说明：number 表示需要取整的数值或包含数值的引用单元格。

应用举例：输入公式：=INT（18.89），确认后显示出 18。

特别提醒：在取整时，不进行四舍五入；如果输入的公式为=INT（-18.89），则返回结果为“-19”。

5. AVERAGE 函数

函数名称：AVERAGE。

主要功能：求出所有参数的算术平均值。

使用格式：AVERAGE（number1，number2，…）。

参数说明：number1、number2……代表需要求平均值的数值或引用单元格（区域），参数不超过 30 个。

应用举例：在 B8 单元格中输入公式：=AVERAGE（B7:D7，F7:H7，7，8），确认后，即可求出 B7 至 D7 区域、F7 至 H7 区域中的数值和“7、8”的平均值。

在本节开头图 3—5—1 中，要计算各金额的平均值，只需要选择 D13 单元格，在编辑栏输入“=AVERAGE（D2:D10）”按 ENTER 键，然后拖动填充柄到 J13 即可。

特别提醒：如果引用区域中包含“0”值单元格，则计算在内；如果引用区域中包含空白或字符单元格，则不计算在内。

6. SUM 函数

函数名称：SUM。

主要功能：计算所有参数数值的和。

使用格式：SUM（number1，number2，…）。

参数说明：number1、number2……代表需要计算的值，可以是具体的数值、引用的单元格（区域）、逻辑值等。

应用举例：如图 3—5—2 所示，在 B8 单元格中输入公式：=SUM（B2:B7），确认后即可求出语文的总分。

图 3—5—2

在图 3—5—1 中，要计算各项金额的总和，只需要选择 D14 单元格，在编辑栏输入“=SUM（D2:D10）”，按 ENTER 键，拖动填充柄到 J14 即可。

特别提醒：如果参数为数组或引用，只有其中的数字将被计算。数组或引用中的空白单元格、逻辑值、文本或错误值将被忽略。

7. SUMIF 函数

函数名称：SUMIF。

主要功能：根据指定条件对若干单元格、区域或引用求和。

使用格式：SUMIF（range，criteria，sum_range）。

参数说明：range 为用于条件判断的单元格区域，criteria 是由数字、逻辑表达式等组成的判定条件，sum_range 为需要求和的单元格、区域或引用。

应用举例：某单位统计工资报表中职称为“中级”的员工工资总额。假设工资总额存放在工作表的 F 列，员工职称存放在工作表的 B 列。则公式为“=SUMIF（B1:B1 000，“中级”，F1:F1 000)”，其中“B1:B1 000”为提供逻辑判断依据的单元格区域，“中级”为判断条件，就是仅仅统计“B1:B1 000”区域中职称为“中级”的单元格，“F1:F1 000”为实际求和的单元格区域。

8. COUNT 函数

函数名称：COUNT。

主要功能：返回数字参数的个数。它可以统计数组或单元格区域中含有数字的单元格个数。

使用格式：COUNT（value1，value2，…）。

参数说明：value1、value2……是包含或引用各种类型数据的参数（1～30 个），其中只有数字类型的数据才能被统计。

应用举例：如果 A1=90、A2=人数、A3=""、A4=54、A5=36，则公式“=COUNT（A1：A5)”返回“3”。

9. COUNTA 函数

函数名称：COUNTA。

主要功能：返回参数组中非空值的数目。利用函数 COUNTA 可以计算数组或单元格区域中数据项的个数。

使用格式：COUNTA（value1，value2，…）。

参数说明：value1、value2……代表所要计数的值，参数个数为 1～30 个。在这种情况下的参数可以是任何类型，它们包括空格但不包括空白单元格。如果参数是数组或单元格引用，则数组或引用中的空白单元格将被忽略。如果不需要统计逻辑值、文字或错误值，则应该使用 COUNT 函数。

应用举例：如果 A1＝6.28、A2＝3.74，其余单元格为空，则公式“＝COUNTA（A1:A7）”的计算结果等于“2”。

10. COUNTIF 函数

函数名称：COUNTIF。

主要功能：统计某个单元格区域中符合指定条件的单元格数目。

使用格式：COUNTIF（range，criteria）。

参数说明：range 代表要统计的单元格区域；criteria 表示指定的条件表达式。

应用举例：在 C17 单元格中输入公式：＝COUNTIF（B1:B13，"＞＝80"），确认后，即可统计出 B1 至 B13 单元格区域中数值大于等于 80 的单元格数目。

特别提醒：允许引用的单元格区域中有空白单元格出现。

11. IF 函数

函数名称：IF。

主要功能：根据对指定条件的逻辑判断的真假结果，返回相对应的内容。

使用格式：＝IF（logical，value_if_true，value_if_false）。

参数说明：logical 代表逻辑判断表达式；value_if_true 表示当判断条件为逻辑“真（TRUE）”时的显示内容，如果忽略返回“TRUE”；value_if_false 表示当判断条件为逻辑“假（FALSE）”时的显示内容，如果忽略返回“FALSE”。

应用举例：C29 单元格中输入公式：＝IF（C26＞＝18，"符合要求"，"不符合要求"），确认以后，如果 C26 单元格中的数值大于或等于 18，则 C29 单元格显示“符合要求”字样，反之显示“不符合要求”字样。

12. COLUMN 函数

函数名称：COLUMN。

主要功能：显示所引用单元格的列标号值。

使用格式：COLUMN（reference）。

参数说明：reference 为引用的单元格。

应用举例：C11 单元格中输入公式：＝COLUMN（B11），确认后显示为“2”（即 B 列）。

特别提醒：如果在 B11 单元格中输入公式：＝COLUMN（），也显示为“2”；与之相对应的还有一个返回行标号值的函数——ROW（reference）。

13. DATE 函数

函数名称：DATE。

主要功能：给出指定数值的日期。

使用格式：DATE（year，month，day）。

参数说明：year 为指定的年份数值（小于 9999）；month 为指定的月份数值（可以大于 12）；day 为指定的天数。

应用举例：在 C20 单元格中输入公式：=DATE（2003，13，35），确认后，显示出 2004—2—4。

特别提醒：由于上述公式中，月份为 13，多了一个月，顺延至 2004 年 1 月；天数为 35，比 2004 年 1 月的实际天数又多了 4 天，故又顺延至 2004 年 2 月 4 日。

14. DATEDIF 函数

函数名称：DATEDIF。

主要功能：计算返回两个日期参数的差值。

使用格式：=DATEDIF(date1,date2,"y")、=DATEDIF(date1,date2,"m")、=DATEDIF(date1,date2,"d")。

参数说明：date1 代表前面一个日期，date2 代表后面一个日期，y（m、d）要求返回两个日期相差的年（月、天）数。

应用举例：在 C23 单元格中输入公式：=DATEDIF（A23，TODAY（），" y"），确认后返回系统当前日期（用 TODAY（）表示）与 A23 单元格中日期的差值，并返回相差的年数。

特别提醒：这是 Excel 中的一个隐藏函数，在函数向导中是找不到的，可以直接输入使用，对于计算年龄、工龄等数值非常有效。

15. DAY 函数

函数名称：DAY。

主要功能：求出指定日期或引用单元格中日期的天数。

使用格式：DAY（serial_number）。

参数说明：serial_number 代表指定的日期或引用的单元格。

应用举例：输入公式：=DAY（"2003—12—18"），确认后，显示“18”。

特别提醒：如果是给定的日期，请包含在英文双引号中。

16. MONTH 函数

函数名称：MONTH。

主要功能：求出指定日期或引用单元格中日期的月份。

使用格式：MONTH（serial_number）。

参数说明：serial_number 代表指定的日期或引用的单元格。

应用举例：输入公式：=MONTH（"2003—12—18"），确认后，显示“12”。

特别提醒：如果是给定的日期，请包含在英文双引号中；如果将上述公式修改为：=YEAR（"2003—12—18"），则返回年份对应的值“2003”。

17. NOW 函数

函数名称：NOW。

主要功能：给出当前系统日期和时间。

使用格式：NOW（）。

参数说明：该函数不需要参数。

应用举例：输入公式：=NOW ()，确认后即刻显示出当前系统日期和时间。如果系统日期和时间发生了改变，只要按一下 F9 功能键，即可让其随之改变。

特别提醒：显示出来的日期和时间格式可以通过单元格格式进行重新设置。

18. TODAY 函数

函数名称：TODAY。

主要功能：给出系统日期。

使用格式：TODAY ()。

参数说明：该函数不需要参数。

应用举例：输入公式：=TODAY ()，确认后即刻显示出系统日期和时间。如果系统日期和时间发生了改变，只要按一下 F9 功能键，即可让其随之改变。

特别提醒：显示出来的日期格式可以通过单元格格式进行重新设置。

19. MAX 函数

函数名称：MAX。

主要功能：求出一组数中的最大值。

使用格式：MAX (number1，number2，…)。

参数说明：number1、number2……代表需要求最大值的数值或引用单元格（区域），参数不超过 30 个。

应用举例：输入公式：=MAX (E44：J44，7，8，9，10)，确认后即可显示出 E44 至 J44 单元格区域和数值 7、8、9、10 中的最大值。

图 3—5—1 中，要计算各金额最大值，只需要选择 D11 单元格，在编辑栏输入“=MAX (D2：D10)”，按 ENTER 键，拖动填充柄到 J11 即可。

特别提醒：如果参数中有文本或逻辑值，则忽略。公式中各参数间要用英文状态下的逗号隔开。

20. LARGE 函数

函数名称：LARGE。

主要功能：返回某一数据集中的某个最大值。可以使用 LARGE 函数查询考试分数中第一、第二、第三等的得分。

使用格式：LARGE (array，k)。

参数说明：array 为需要从中查询第 k 个最大值的数组或数据区域，k 为返回值在数组或数据单元格区域里的位置（即名次）。

应用举例：如果 B1=59、B2=70、B3=80、B4=90、B5=89、B6=84、B7=92，则公式“=LARGE (B1：B7，2)”返回“90”。

21. MIN 函数

函数名称：MIN。

主要功能：求出一组数中的最小值。

使用格式：MIN (number1，number2，…)。

参数说明：number1、number2……代表需要求最小值的数值或引用单元格（区域），参数不超过 30 个。

应用举例：输入公式：=MIN (E44：J44，7，8，9，10)，确认后即可显示出 E44

至 J44 单元格区域和数值 7、8、9、10 中的最小值。

图 3—5—1 中，要计算各金额最小值，只需要选择 D12 单元格，在编辑栏输入"=MIN（D2：D10）"，按 ENTER 键，拖动填充柄到 J12 即可。

特别提醒：如果参数中有文本或逻辑值，则忽略。

22. RANK 函数

函数名称：RANK。

主要功能：返回一个数字在数字列表中的排位。数字的排位是其大小与列表中其他值的比值（如果列表已排过序，则数字的排位就是它当前的位置）。

使用格式：RANK（number，ref，order）。

参数说明：number 为需要找到排位的数字。ref 为数字列表数组或对数字列表的引用，ref 中的非数值型参数将被忽略。order 为一数字，指明排位的方式。

应用举例：图 3—5—1 中，要计算员工实发金额的排名，只需要选择 L2 单元格，在编辑栏输入"=RANK（L2，L2:L10）"，按 ENTER 键，拖动填充柄到 L10 即可。

图 3—5—2 中，在 C2 单元格中输入公式=RANK（B2，B:B，0），表示求 B2 在 B 列（B:B）中按降序（0）的排名。确认后即可得出 B2 单元格中的成绩在 B 列成绩中的排名结果。

特别提醒：如果 order 为 0（零）或省略，Microsoft Excel 对数字的排位是基于 ref 按照降序排列的列表；如果 order 不为零，Microsoft Excel 对数字的排位是基于 ref 按照升序排列的列表。

23. VLOOKUP 函数

函数名称：VLOOKUP。

主要功能：在表格或数值数组的首列查找指定的数值，并由此返回表格或数组当前行中指定列处的数值。当比较值位于数据表首列时，可以使用函数 VLOOKUP 代替函数 HLOOKUP。

使用格式：VLOOKUP（lookup_value，table_array，col_index_num，range_lookup）。即 VLOOKUP（查找值，区域，列序号，逻辑值）。

参数说明：lookup_value 为需要在数据表第一列中查找的数值，它可以是数值、引用或文字符串。table_array 为需要在其中查找数据的数据表，可以使用对区域或区域名称的引用。col_index_num 为 table_array 中待返回的匹配值的列序号。col_index_num 为 1 时，返回 table_array 第一列中的数值；col_index_num 为 2 时，返回 table_array 第二列中的数值，以此类推；若列序号小于 1，函数 VLOOKUP 返回错误值"#VALUE!"；如果大于区域的列数，函数 VLOOKUP 返回错误值"#REF!"。range_lookup 为一逻辑值，指明函数 VLOOKUP 返回时是精确匹配还是近似匹配。如果为 TRUE 或省略，则返回近似匹配值，也就是说，如果找不到精确匹配值，则返回小于 lookup_value 的最大数值。如果 range_value 为 FALSE，函数 VLOOKUP 将返回精确匹配值。如果找不到，则返回错误值"#N/A"。

应用举例：如果 A1=23、A2=45、A3=50、A4=65，则公式"=VLOOKUP（50，A1:A4，1，TRUE）"返回"50"。

3.6　高效数据处理功能

小明爸爸对小明说："你的工资数据处理得非常好，但有时候数据太多不好分析，能不能随时对员工工资由高到低排序，或者筛选出应得工资高于 4 000 的员工，或者统计一下各部门的平均工资？"小明便想到了 Excel 的高效数据处理功能：排序（见图 3—6—1）、筛选（见图 3—6—2）、分类汇总（见图 3—6—3）。

	A	B	C	D	E	F	G	H	I	J
1	员工编号	员工姓名	所在部门	基本工资	应扣工资	住房补助	车费补助	保险金	奖金	应发金额
2	1003	林欣桐	财务部	3500	14	100	0	200	560	3946
3	1004	曾巧	销售部	3500	8	100	120	200	450	3962
4	1005	谢清	业务部	4000	9	100	0	200	320	4211
5	1002	李友华	行政部	4000	23	100	120	200	400	4397
6	1006	沈楷华	人事部	4000	50	100	120	200	440	4410
7	1008	王南	财务部	4000	40	100	120	200	460	4440
8	1007	刘杰	行政部	4000	36	100	120	200	500	4484
9	1001	张丹	人事部	4000	20	100	120	200	550	4550
10	1009	赵小旭	销售部	4500	60	100	120	200	450	4910

图 3—6—1

员工编号	员工姓名	所在部门	基本工资	应扣工资	住房补助	车费补助	保险金	奖金	应发金额
1008	王南	财务部	4000	40	100	120	200	460	4440
1007	刘杰	行政部	4000	36	100	120	200	500	4484
1001	张丹	人事部	4000	20	100	120	200	550	4550
1009	赵小旭	销售部	4500	60	100	120	200	450	4910

图 3—6—2

	A	B	C	D	E	F	G	H	I	J
1	员工编号	员工姓名	所在部门	基本工资	应扣工资	住房补助	车费补助	保险金	奖金	应发金额
2	1003	林欣桐	财务部	3500	14	100	0	200	560	3946
3	1008	王南	财务部	4000	40	100	120	200	460	4440
4			**财务部 平均值**							4193
5	1002	李友华	行政部	4000	23	100	120	200	400	4397
6	1007	刘杰	行政部	4000	36	100	120	200	500	4484
7			**行政部 平均值**							4441
8	1006	沈楷华	人事部	4000	50	100	120	200	440	4410
9	1001	张丹	人事部	4000	20	100	120	200	550	4550
10			**人事部 平均值**							4480
11	1004	曾巧	销售部	3500	8	100	120	200	450	3962
12	1009	赵小旭	销售部	4500	60	100	120	200	450	4910
13			**销售部 平均值**							4436
14	1005	谢清	业务部	4000	9	100	0	200	320	4211
15			**业务部 平均值**							4211
16			**总计平均值**							4368

图 3—6—3

3.6.1　排序

1. 简单排序

在实际应用中，通常需要将数据按照一定的顺序进行排列显示，如在统计员工应发金额时，希望按工资由低到高排列数据。这种只按单列数据的排序，可以使用工具栏上的按钮来实现，如图 3—6—4 所示。此时的排序选择光标在哪一列，就对哪一列设定升序、降序的排序条件，该列数据的排列顺序就会随之改变；同时数据区域整行的数据也会随该列数据的改变而改变。结果如图 3—6—1 所示。

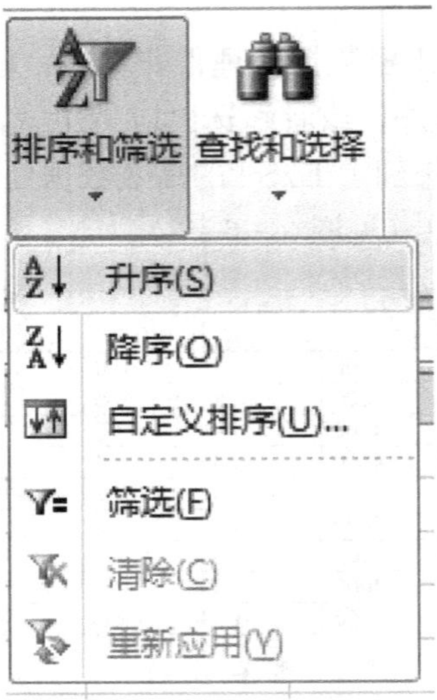

图 3—6—4

2. 复杂排序

当要求按照两个以上的字段进行排序时，如对“员工工资表”进行排序，想以基本工资为条件改变数据表的顺序，但很多员工的基本工资都是一样的，就可以再加上一个条件，在基本工资相同的情况下，再以奖金作为条件来排序。同样，如果再遇到奖金相同的时候，还可以加上条件（如应扣工资）来对数据进行排序。这就是多列排序，也叫复杂排序。像这种排序不再局限于单列，应该使用“数据”选项卡的“排序”命令。

例如，现在要求对基本工资进行升序排序，如果基本工资相同，则按奖金进行升序排序，如果奖金也相同，则按应扣工资进行升序排序。

（1）光标定位于数据区域任一单元格，选择“数据”选项卡，执行“排序”命令，如图 3—6—5 所示。

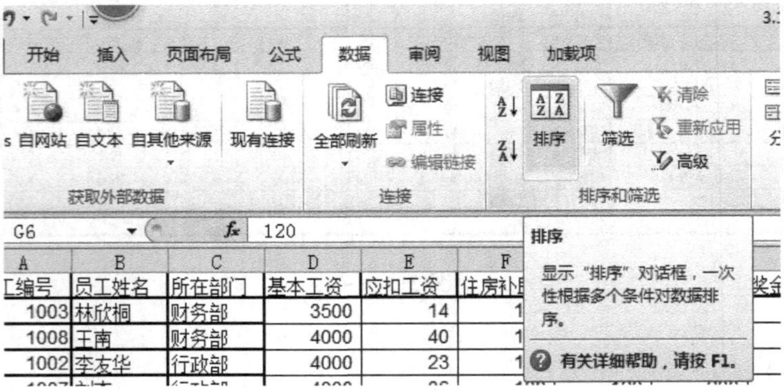

图 3—6—5

（2）弹出“排序”对话框，如图 3—6—6 所示，直接通过下拉列表选择条件，如果要设置多列条件，可以直接单击“添加条件”命令。

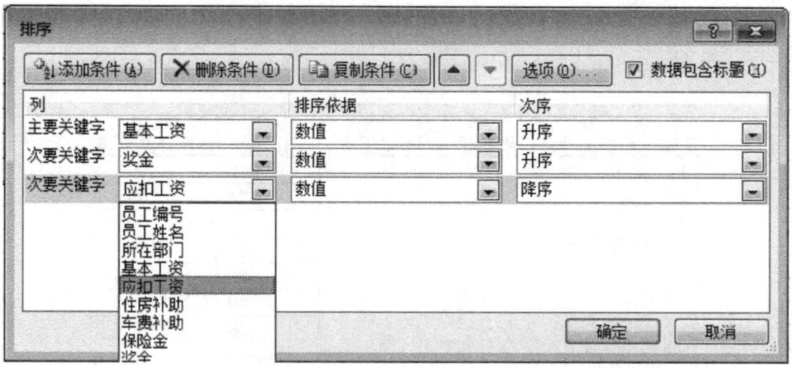

图 3—6—6

（3）单击“确定”按钮后，最终结果如图 3—6—7 所示，可以观察此图的特点。

	A	B	C	D	E	F	G	H	I	J
1	员工编号	员工姓名	所在部门	基本工资	应扣工资	住房补助	车费补助	保险金	奖金	应发金额
2	1004	曾巧	销售部	3500	8	100	120	200	450	3962
3	1003	林欣桐	财务部	3500	14	100	0	200	560	3946
4	1005	谢清	业务部	4000	9	100	0	200	320	4211
5	1002	李友华	行政部	4000	23	100	120	200	400	4397
6	1006	沈楷华	人事部	4000	50	100	120	200	440	4410
7	1008	王南	财务部	4000	40	100	120	200	460	4440
8	1007	刘杰	行政部	4000	36	100	120	200	500	4484
9	1001	张丹	人事部	4000	20	100	120	200	550	4550
10	1009	赵小旭	销售部	4500	60	100	120	200	450	4910

图 3—6—7

3.6.2　数据筛选

1. 自动筛选

在实际应用的时候，只会用到一部分数据，这时可以使用数据筛选功能隐藏不必要的数据，只显示需要的数据。其本质是对一列或多列制定条件，同时满足多列条件的所在行会显示，没有全部满足所有条件的行则隐藏。例如，我们要找出“员工工资表”中基本工资 4 000 元及以上并且奖金大于或等于 450 元的员工名单。步骤如下：

（1）光标定位于数据区域任一单元格，选择“开始”选项卡，执行“排序和筛选”命令组中的“筛选”，如图 3—6—8 所示。

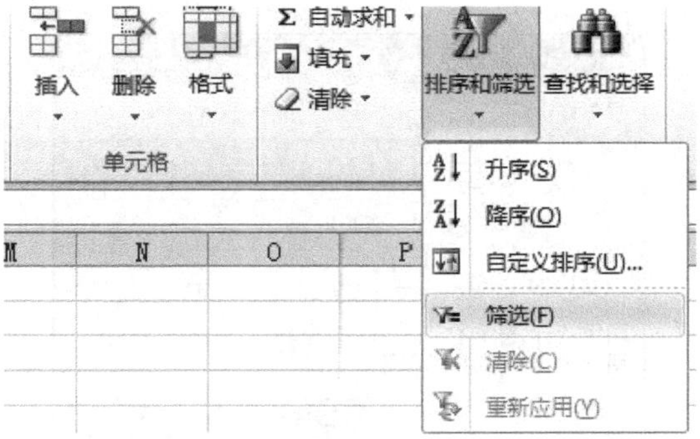

图 3—6—8

（2）此时第一行每个单元格右侧都会出现一个下拉箭头，点击下拉箭头可以选择筛选条件，如图 3—6—9 所示。

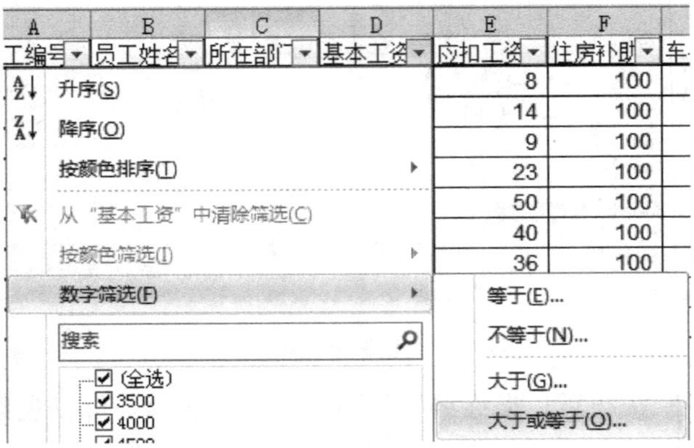

图 3—6—9

选择“大于或等于”命令，弹出如图 3—6—10 所示的“自定义自动筛选方式”对话框，输入需要的值，单击“确定”按钮。

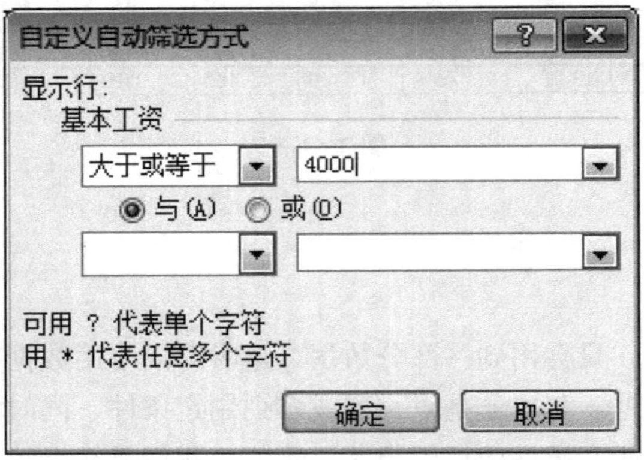

图 3—6—10

（3）同理，对“奖金”选择筛选条件，如图 3—6—11 所示，最终效果如图 3—6—12 所示。

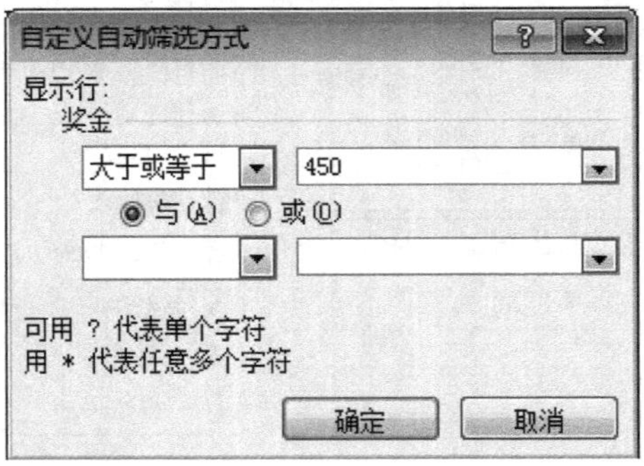

图 3—6—11

A	B	C	D	E	F	G	H	I	J
员工编号	员工姓名	所在部门	基本工资	应扣工资	住房补助	车费补助	保险金	奖金	应发金额
1008	王南	财务部	4000	40	100	120	200	460	4440
1007	刘杰	行政部	4000	36	100	120	200	500	4484
1001	张丹	人事部	4000	20	100	120	200	550	4550
1009	赵小旭	销售部	4500	60	100	120	200	450	4910

图 3—6—12

从图 3—6—12 中可以看出，所有显示出来的行都同时满足基本工资大于或等于 4 000 元，同时奖金大于或等于 450 元。如果要取消筛选，则只需要再次执行筛选命令。

2. 高级筛选

自动筛选可以对多列设置筛选条件，但自动筛选的筛选结果只能显示在原位置，并且其结果只能是多列条件之间成“与”关系。

高级筛选可以设置列与列之间的“或”关系条件，也可以对一个特定的列指定三个以上的条件，还可以指定计算条件，这些都是它比自动筛选优越的地方。高级筛选的条件区域应该至少有两行，第一行用来放置列标题，下面的行则放置筛选条件。需要注意的是，这里的列标题一定要与数据清单中的列标题完全一样才行。在条件区域筛选条件的设置中，同一行上的条件认为是“与”条件，而不同行上的条件认为是“或”条件。

例如，我们要找出“员工工资表”中基本工资 4 000 元及以上或者奖金大于或等于 450 元的员工名单。步骤如下：

（1）在数据区域外任一区域制作条件区域，如图 3—6—13 所示。

I	J	K	L	M
奖金	应发金额		基本工资	奖金
450	3962		>=4000	
560	3946			>=450
320	4211			
400	4397			

图 3—6—13

（2）选中数据区域中的一个单元格，单击“数据”选项卡中的“高级”筛选命令，如图 3—6—14 所示。Excel 自动选择好了筛选的区域，单击这个条件区域框中的拾取按钮，选中刚才设置的条件区域，再单击拾取框中的按钮返回“高级筛选”对话框，如图 3—6—15 所示，单击“确定”按钮，结果如图 3—6—16 所示。

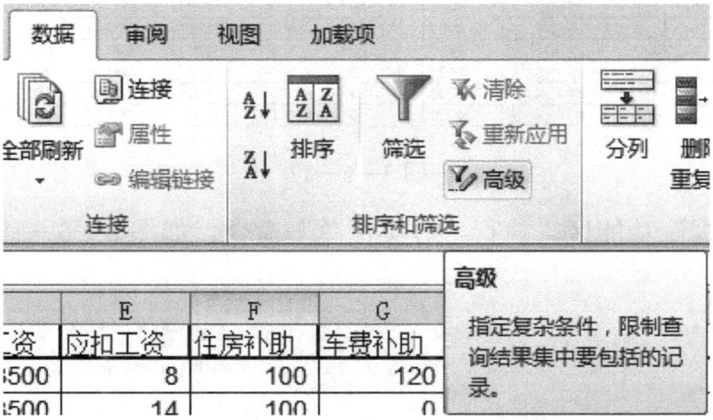

图 3—6—14

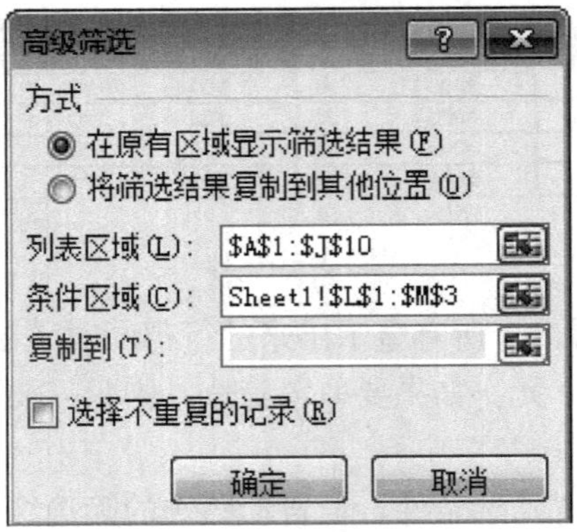

图 3—6—15

	A	B	C	D	E	F	G	H	I	J
1	员工编号	员工姓名	所在部门	基本工资	应扣工资	住房补助	车费补助	保险金	奖金	应发金额
3	1003	林欣桐	财务部	3500	14	100	0	200	560	3946
4	1005	谢清	业务部	4000	9	100	0	200	320	4211
5	1002	李友华	行政部	4000	23	100	120	200	400	4397
6	1006	沈楷华	人事部	4000	50	100	120	200	440	4410
7	1008	王南	财务部	4000	40	100	120	200	460	4440
8	1007	刘杰	行政部	4000	36	100	120	200	500	4484
9	1001	张丹	人事部	4000	20	100	120	200	550	4550
10	1009	赵小旭	销售部	4500	60	100	120	200	450	4910

图 3—6—16

3.6.3 数据的分类汇总与分级显示

1. 分类汇总

在实际应用中常常需要做这样的操作：统计单位各科室职工工资的总和、各系的成绩总和等。其共同的特点是先进行分类，将相同类别数据放在一起，再进行数量求和运算，这种操作称为分类汇总。Excel 的分类汇总功能包括求和、计数、求平均值等运算。

例如，统计出“员工工资表”中各部门应发工资的平均值。步骤如下：

(1) 光标定位于“所在部门”列的任一单元格，执行“开始”选项卡的“排序和筛选”命令，选择其中的升序（其实升序、降序都可以，目的是要让相同类别的数据放在一起），如图 3—6—17 所示。分类汇总之前一定要进行排序操作，对哪个字段分类就对哪个字段排序。

	A	B	C	D	E	F	G	H	I	J
1	员工编号	员工姓名	所在部门	基本工资	应扣工资	住房补助	车费补助	保险金	奖金	应发金额
2	1003	林欣桐	财务部	3500	14	100	0	200	560	3946
3	1008	王南	财务部	4000	40	100	120	200	460	4440
4	1002	李友华	行政部	4000	23	100	120	200	400	4397
5	1007	刘杰	行政部	4000	36	100	120	200	500	4484
6	1006	沈楷华	人事部	4000	50	100	120	200	440	4410
7	1001	张丹	人事部	4000	20	100	120	200	550	4550
8	1004	曾巧	销售部	3500	8	100	120	200	450	3962
9	1009	赵小旭	销售部	4500	60	100	120	200	450	4910
10	1005	谢清	业务部	4000	9	100	0	200	320	4211

图 3—6—17

(2) 选择“数据”功能区，执行“分类汇总”命令，如图 3—6—18 所示。

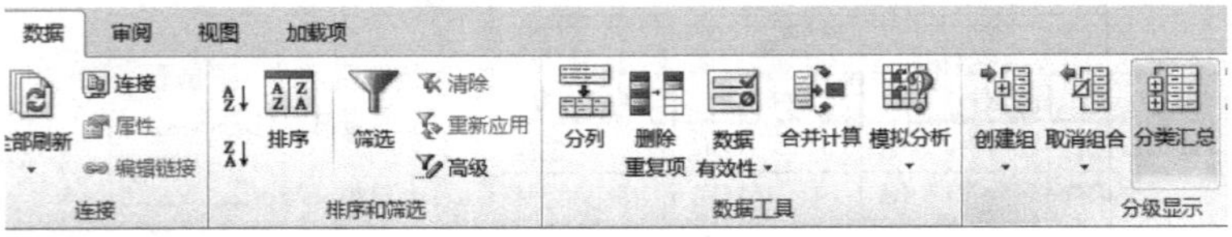

图 3—6—18

（3）弹出“分类汇总”对话框，选择“分类字段”为“所在部门”，“汇总方式”为“平均值”，“选定汇总项”为“应发金额”，如图 3—6—19 所示。

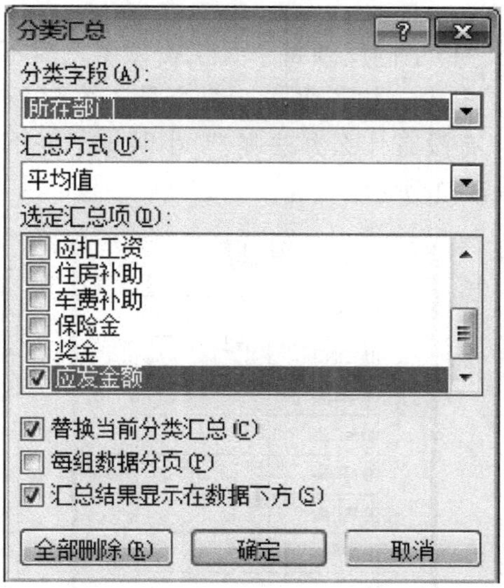

图 3—6—19

（4）单击“确定”按钮，数据区域变为如图 3—6—20 所示的结果。

	A	B	C	D	E	F	G	H	I	J
1	员工编号	员工姓名	所在部门	基本工资	应扣工资	住房补助	车费补助	保险金	奖金	应发金额
2	1003	林欣桐	财务部	3 500	14	100	0	200	560	3 946
3	1008	王南	财务部	4 000	40	100	120	200	460	4 440
4			财务部 平均值							4 193
5	1002	李友华	行政部	4 000	23	100	120	200	400	4 397
6	1007	刘杰	行政部	4 000	36	100	120	200	500	4 484
7			行政部 平均值							4 441
8	1006	沈楷华	人事部	4 000	50	100	120	200	440	4 410
9	1001	张丹	人事部	4 000	20	100	120	200	550	4 550
10			人事部 平均值							4 480
11	1004	曾巧	销售部	3 500	8	100	120	200	450	3 962
12	1009	赵小旭	销售部	4 500	60	100	120	200	450	4 910
13			销售部 平均值							4 436
14	1005	谢清	业务部	4 000	9	100	0	200	320	4 211
15			业务部 平均值							4 211
16			总计平均值							4 368

图 3—6—20

2. 分级显示

一般情况下，数据分 3 级显示，单击分级显示区上方“1”按钮，只显示列表中的列标题和总计结果，如图 3—6—21 所示；单击“2”按钮，显示各个分类汇总结果和总计结果；单击“3”按钮则显示如图 3—6—22 所示的所有详细数据。

	A	B	C	D	E	F	G	H	I	J
1	员工编号	员工姓名	所在部门	基本工资	应扣工资	住房补助	车费补助	保险金	奖金	应发金额
16			总计平均值							4 368
17										

图 3—6—21

	A	B	C	D	E	F	G	H	I	J
1	员工编号	员工姓名	所在部门	基本工资	应扣工资	住房补助	车费补助	保险金	奖金	应发金额
4			财务部 平均值							4 193
7			行政部 平均值							4 441
10			人事部 平均值							4 480
13			销售部 平均值							4 436
15			业务部 平均值							4 211
16			总计平均值							4 368

图 3—6—22

3.7 邮件合并

小明的爸爸对小明说："员工们反映每个月工资领了之后不知道这工资由哪些部分组成，不知道这个月奖金发了多少、扣了多少，每个员工去财务查工资既耽误了财务的工作，又浪费了员工的时间，有没有什么办法呢?"小明想了一下，只需要给每个员工发一张工资单就行了，如图 3—7—1 所示。

员工工资单

员工编号	1001
员工姓名	张丹
所在部门	人事部
基本工资	3 000
应扣工资	20
住房补助	100
车费补助	120
保险金	200
奖金	250
应发金额	3 250

员工工资单

员工编号	1002
员工姓名	李友华
所在部门	行政部
基本工资	2 000
应扣工资	23
住房补助	100
车费补助	120
保险金	200
奖金	300
应发金额	2 297

员工工资单

员工编号	1003
员工姓名	林欣桐
所在部门	财务部
基本工资	2 500
应扣工资	14
住房补助	100
车费补助	0
保险金	200
奖金	360
应发金额	2 746

图 3—7—1

3.7.1 邮件合并的应用

随着网络技术和计算机技术的发展，办公自动化软件 Office 已成为人们办公、生活中不可或缺的组成部分。在企事业单位、学校经常有大量通知，在日常办公过程中，经常会遇到这种情况：需要批量打印信封、请柬、录取通知书、准考证、荣誉证书、公函、学业考核通知书、成绩单、职工工资条等，这些文档的共同特点是形式和基本内容相同，只是某些项目下的具体内容不同，如姓名、邮政编码、电话号码、成绩、照片等。如果一份一份编辑打印或者打印好后用手工填写，显然劳神费力，且容易出错，如果要粘贴照片，那效率更低。有什么办法既可以减少枯燥无味的重复性工作，又能使工作效率提高呢？邮件合并功能能轻松帮你解决这个问题。邮件合并功能并不是一定要发邮件，它的意思是先建立两个文档：一个包括所有文件共有内容的主文档，另一个包括变化信息的数据源。然后使用邮件合并功能在主文档中插入变化的信息。合成后的文件可以保存为 Word 文档，可以打印出来，也可以以邮件形式发出去。这样可以极大地提高办公效率。

所谓邮件合并，就是在 Word 文档的固定内容中，插入一组变化的数据域，如 Word 表格、Excel 表、Access 数据表等，从而批量生成需要的邮件合并文档。

3.7.2 邮件合并的操作

1. 主文档的创建

主文档在邮件合并中所含文档是固定不变的内容，如信封上的寄信人地址和邮件编码、邀请信函中的内容、会议通知等。通常在使用邮件合并之前建立主文档，这样不但可以考查该项工作是否适合使用邮件合并，而且也为数据源文档的创建和制作提供依据。

按上面所述的“员工工资表”，首先要制作主文档，即固定不变的部分，如图 3—7—2 所示。

员工工资单

员工编号	
员工姓名	
所在部门	
基本工资	
应扣工资	
住房补助	
车费补助	
保险金	
奖金	
应发金额	

图 3—7—2

2. 数据源的创建

数据源文件中包含要合并到主文档中的信息，即前面提到的变化的内容。如收信人的地址、邮编，被邀请人的姓名、称呼，通知参加会议人的姓名等。该部分内容由数据表中含有标题行的数据记录表示，其中包含着相关的字段和记录内容。数据源可以是 Word、Excel、Access 或 Outlook 中的联系人记录表，也可以是其他数据库文件。在实际工作中，数据源通常是事先存在的，此时可以直接使用。

注意：数据源文档的第一行必须为字段名，即在邮件合并中的域名。

3. 合并数据源到主文档

即将数据源中的相应字段合并到文档的固定内容之中。数据源中的记录行数决定着主文档生成的份数。合并操作过程可以利用“邮件合并向导”或“邮件合并”工具轻松完成。

现在我们来看看怎么制作员工工资单。

(1) 准备好员工工资单主文档和员工工资表数据源之后，切换到主文档窗口。选择“邮件”功能区，“编写和插入域”按钮呈灰色，如图 3—7—3 所示，说明当前不可用，这时需要激活才能合并邮件。

(2) 在“开始邮件合并”选项卡中点击“开始邮件合并”右侧的下拉箭头，选择“信函”，如图 3—7—4 所示。这个操作的目的就是确定主文档类型，一般都选择信函。

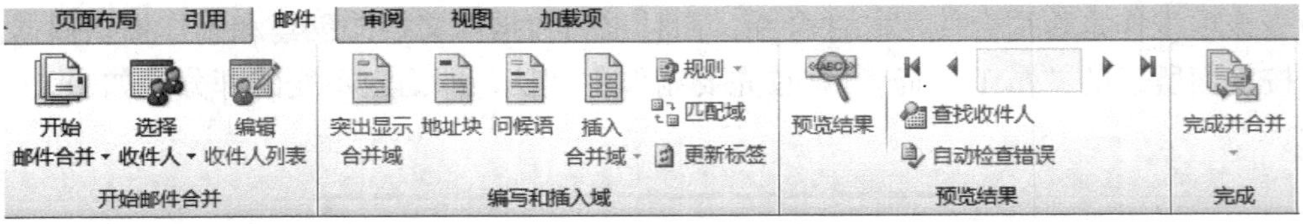

图 3—7—3

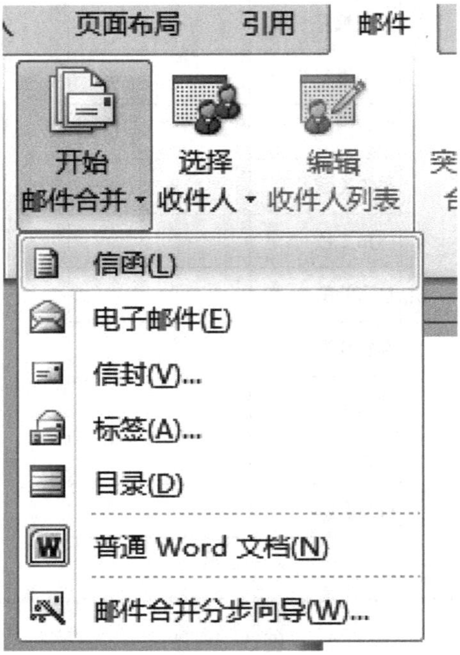

图 3—7—4

(3) 在“开始邮件合并”选项卡中，点击“选择收件人”右侧的下拉箭头，选择“使用现有列表”，如图 3—7—5 所示。(“员工工资表”是现成的。)

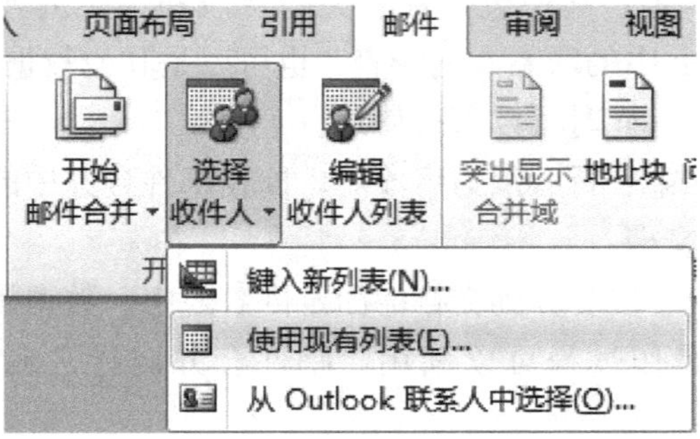

图 3—7—5

(4) 在弹出的“选取数据源”对话框中，选择数据源文件，也就是前面创建的“员工工资表”工作簿，如图 3—7—6 所示，选择“打开”按钮，弹出“选择表格”对话框，如图 3—7—7 所示，在这个对话框中，需要选择某一个工作表作为数据源，选择“Sheet1 $”后，单击“确定”按钮。

图 3—7—6

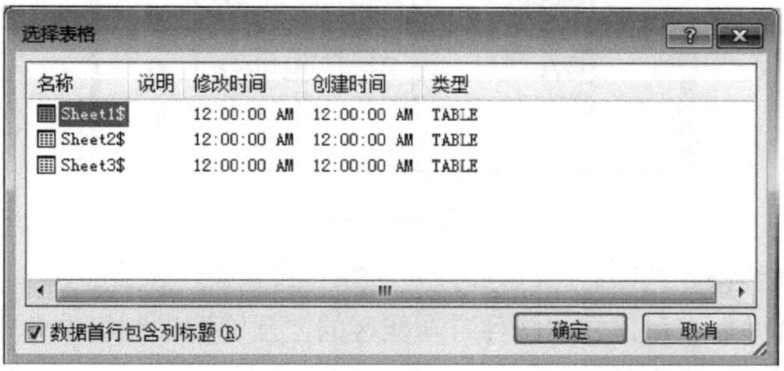

图 3—7—7

（5）撰写信函。

将光标定位于需要插入相应数据的位置，选择“插入合并域”，如图 3—7—8 所示。

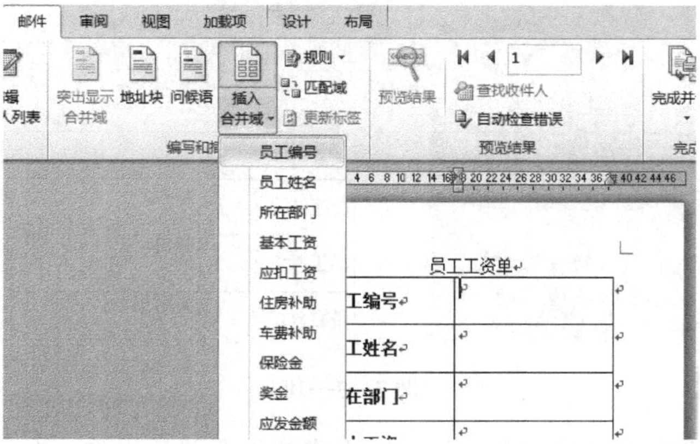

图 3—7—8

然后单击“员工姓名”后的单元格，插入员工姓名域；单击“所在部门”后的单元格，插入所在部门域。依次把所有单元格对应域插入到相应位置，如图 3—7—9 所示。

图 3—7—9

（6）预览信函并合并。

设置好邮件合并后，可以在“邮件”功能区的“预览结果”组中单击“预览结果”按钮进行预览，如图 3—7—10 所示。

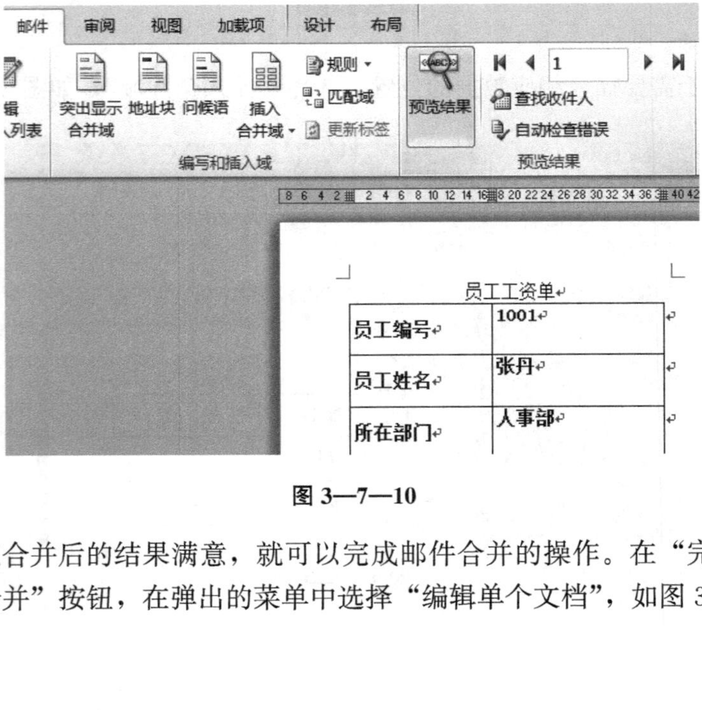

图 3—7—10

如果对预览合并后的结果满意，就可以完成邮件合并的操作。在“完成”选项卡中，单击“完成并合并”按钮，在弹出的菜单中选择“编辑单个文档”，如图 3—7—11 所示。

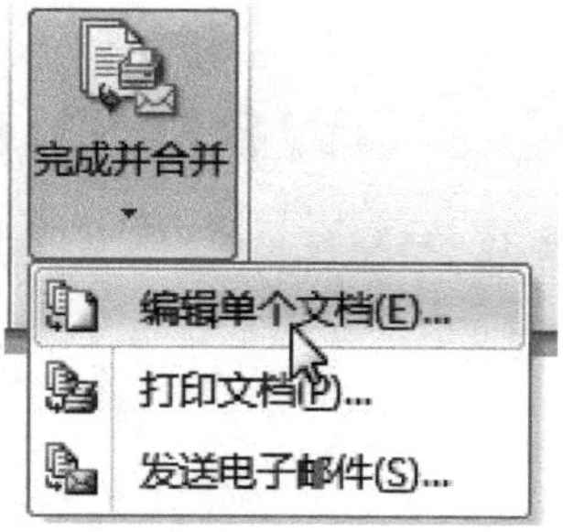

图 3—7—11

在弹出的“合并到新文档”对话框中，设置合并的范围，如图 3—7—12 所示，邮件合并完成。

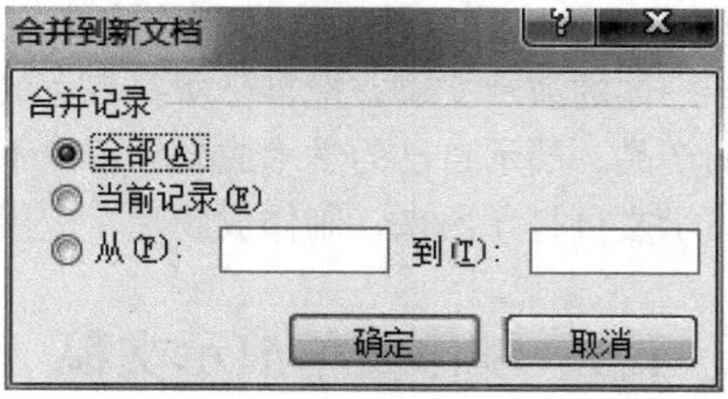

图 3—7—12

第 4 章　中文 PowerPoint 2010 应用

PowerPoint（PPT）是用于设计、制作专家报告、教学课件，进行产品演示、广告宣传等的电子版幻灯片，制作的演示文稿可以通过计算机屏幕或投影机播放。

PowerPoint 是制作和演示幻灯片的软件，能够制作出集文字、图形、图像、声音以及视频剪辑等多媒体元素于一体的演示文稿，把自己所要表达的信息组织在一组图文并茂的画面中，用于介绍公司的产品、展示自己的学术成果。用户不仅可以在投影仪或者计算机上进行演示，也可以将演示文稿打印出来，制作成胶片，应用到更广泛的领域中。

4.1　制作简单演示文稿

小明爸爸的公司越做越大，现在想对公司做宣传，小明爸爸问小明该怎么做。小明想了一下，直接用 PowerPoint 2010 做了一个演示文稿，既美观又方便。如图 4—1—1 所示。

(b)

(c)

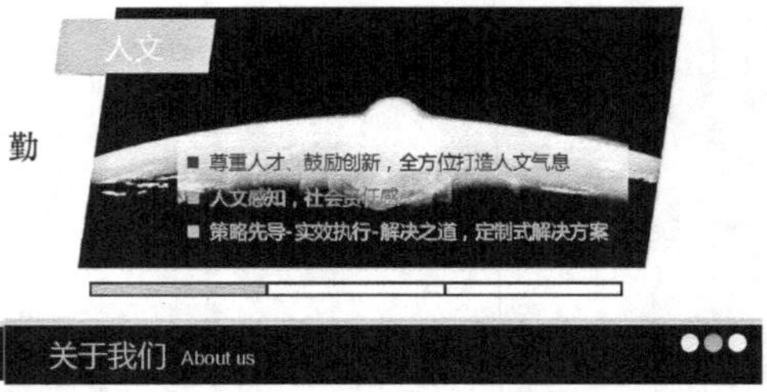

(d)

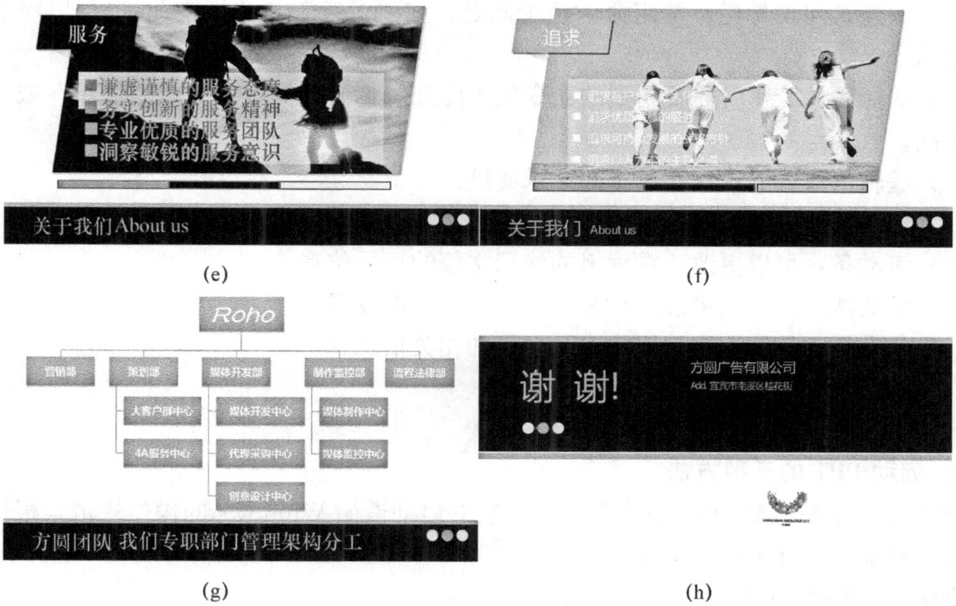

图 4—1—1

4. 1. 1　认识 PowerPoint 2010 窗口

PowerPoint 2010 窗口如图 4—1—2 所示。

图 4—1—2

（1）标题栏：显示正在编辑的演示文稿的文件名以及所使用的软件名。
（2）“文件”选项卡：基本命令位于此处，如“新建”、“打开”、“关闭”、“另存为”

和“打印”。

(3) 快速访问工具栏：常用命令位于此处，如“保存”和“撤销”。也可以添加自己的常用命令。

(4) 功能区：工作时需要用到的命令位于此处。它与其他软件中的“菜单”或“工具栏”相同。

(5) 编辑窗口：显示正在编辑的演示文稿。

(6) 显示按钮：可以根据自己的要求更改正在编辑的演示文稿的显示模式。

(7) 滚动条：可以更改正在编辑的演示文稿的显示位置。

(8) 缩放滑块：可以更改正在编辑的文档的缩放设置。

(9) 状态栏：显示正在编辑的演示文稿的相关信息。

4.1.2 PowerPoint 2010 的启动和关闭

1. 启动 PPT 的三种方法

PPT 是一个标准的 Windows 类软件，它的启动遵循 Windows 的操作规范，根据不同的情况，有多种启动方法。

方法 1：开始菜单法。

单击桌面“开始”按钮，选择“所有程序”→“Microsoft Office”→“Microsoft Office PowerPoint 2010”。这是一种标准的启动方法。

方法 2：快捷方式法。

双击桌面快捷方式图标“Microsoft Office PowerPoint 2010”。这是一种快速的启动方法，由于 Office 2010 默认安装时并不在桌面产生快捷方式，因此需要将“开始”菜单中相应程序项拷贝到桌面。

方法 3：目标程序法。

PPT 对应的目标程序是 PowerPoint. exe，利用“搜索”找到该文件，双击。当“开始”菜单程序项和桌面快捷方式被误删后，可以使用该方法。

2. 关闭 PPT 的两种方法

方法 1：仅关闭当前演示文稿。

单击菜单“文件”→“关闭”，等效方法是单击当前演示文稿窗口“关闭”按钮。

方法 2：关闭所有演示文稿并退出 PPT。

单击菜单“文件”→“退出”，等效方法是单击 PPT 主窗口“关闭”按钮。

4.1.3 PowerPoint 2010 的制作

1. 新建幻灯片

默认情况下，启动 PowerPoint 2010 时，系统新建一份空白演示文稿，并新建 1 张幻灯片。我们可以通过下面三种方法在当前演示文稿中添加新的幻灯片：

方法 1：快捷键法。按“Ctrl+M”组合键，即可快速添加 1 张空白幻灯片。

方法 2：回车键法。在“普通视图”下，将鼠标定在左侧的窗格中，然后按回车键，同样可以快速插入 1 张新的空白幻灯片。

方法 3：命令法。选择“开始”→“新建幻灯片”，在展开的选项中选择自己需要的幻灯片，如图 4—1—3 所示。

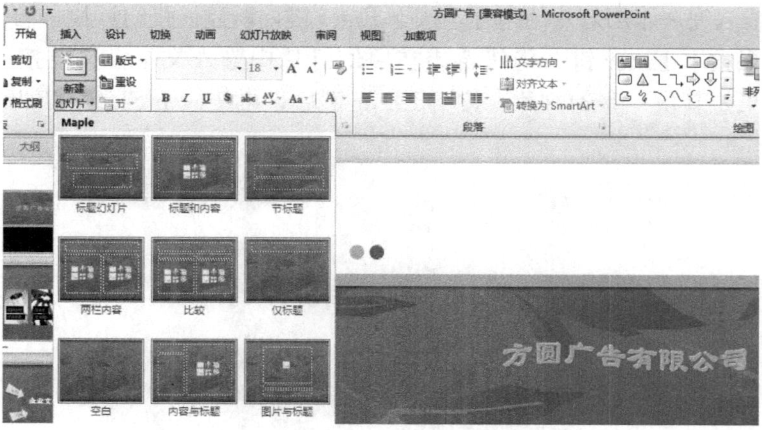

图 4—1—3

2. 插入文本框

通常情况下，在演示文稿的幻灯片中添加文本字符时，需要通过文本框来实现。

(1) 执行“插入”→“文本框”→“横排文本框（垂直文本框）”命令，然后在幻灯片中拖拉出一个文本框来。如图 4—1—4 所示。

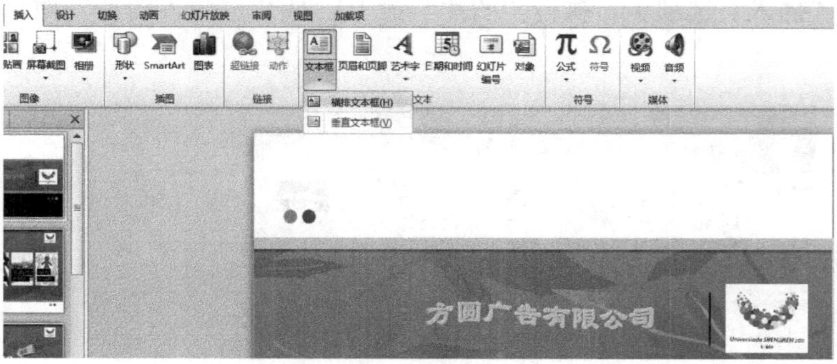

图 4—1—4

(2) 将相应的字符输入到文本框中。

(3) 设置好字体、字号和字符颜色等。

(4) 设置好文本框的大小，并将其定位在幻灯片的合适位置上。如图 4—1—5 所示。

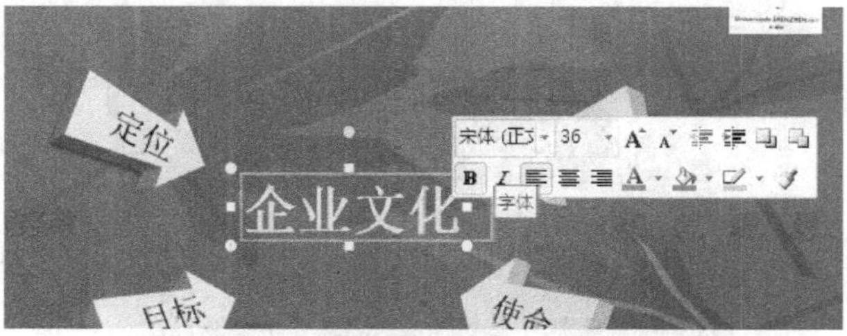

图 4—1—5

3. 直接输入文本

如果演示文稿中需要编辑大量文本，推荐使用直接输入文本的方法。

首先在“普通视图”下将鼠标定在左侧的窗格中，切换到“大纲”标签，然后直接输入文本字符。每输入完一张幻灯片的内容，按下 Enter 键，新建一张幻灯片，输入后面的内容。

注意：如果按下 Enter 键，仍然希望在原幻灯片中输入文本，只要按一下 Tab 键即可。此时，如果想新增一张幻灯片，按下 Enter 键后，再按一下 Shift+Tab 键即可，如图 4—1—6 所示。

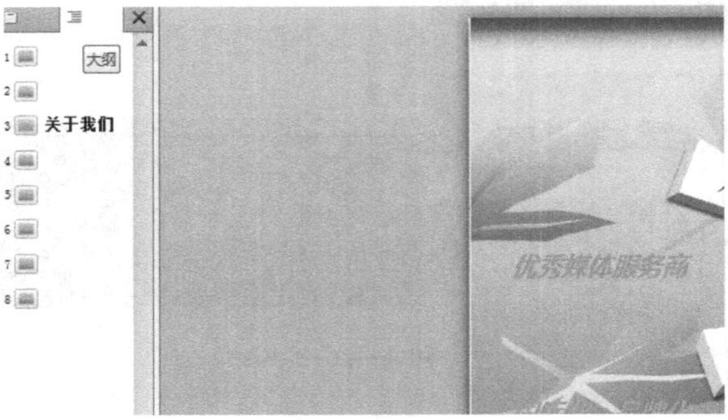

图 4—1—6

4. 插入图片

为了增强文稿的可视性，向演示文稿中添加图片是一项基本的操作。

(1) 选择“插入”选项卡，执行“图片”命令，打开“插入图片”对话框。如图 4—1—7 所示。

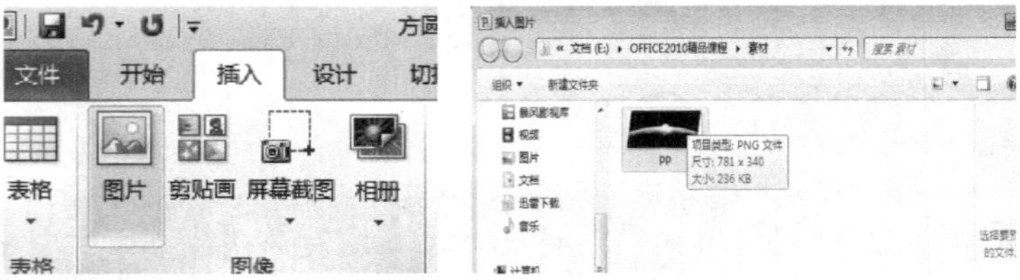

(a) (b)

图 4—1—7

(2) 定位到需要插入图片所在的文件夹，选中相应的图片文件，然后按下“插入”按钮，将图片插入到幻灯片中。如图 4—1—8 所示。

图 4—1—8

（3）用拖拉的方法调整好图片的大小，并将其定位在幻灯片的合适位置上。

注意：定位图片位置时，按住 Ctrl 键，再按动方向键，可以实现图片的微量移动，达到精确定位图片的目的。

5. 插入声音

为演示文稿配上声音，可以大大增强演示文稿的播放效果。

（1）选择“插入”功能区，执行“音频”命令，再选择“文件中的音频”，如图 4—1—9 所示。

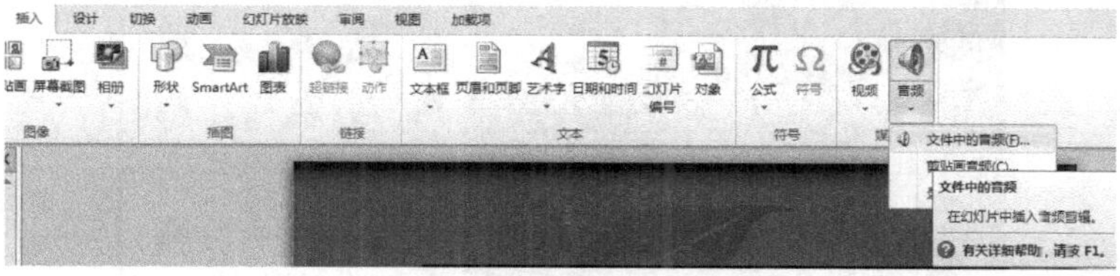

图 4—1—9

（2）定位到需要插入声音文件所在的文件夹，选中相应的声音文件，然后按下“确定”按钮。

注意：演示文稿支持 mp3、wma、wav、mid 等格式音频文件。

（3）在随后弹出的快捷菜单中，根据需要选择“是”或“否”选项返回，即可将声音文件插入到当前幻灯片中。

注意：插入声音文件后，会在幻灯片中显示一个小喇叭图片，在幻灯片放映时，通常会显示在画面中，为了不影响播放效果，通常将该图标移到幻灯片边缘处。如图 4—1—10 所示。

图 4—1—10

6. 插入视频

可以将视频文件添加到演示文稿中来增强播放效果。

（1）选择“插入”选项卡，执行“视频”命令，再选择“文件中的视频”。

定位到需要插入视频文件所在的文件夹，选中相应的视频文件，然后按下“确定”按钮。

注意：演示文稿支持 avi、wmv、mpg 等格式视频文件。

（2）在随后弹出的快捷菜单中，根据需要选择“是”或“否”选项返回，即可将视频文件插入到当前幻灯片中。

（3）调整视频播放窗口的大小，将其定位在幻灯片的合适位置上。

7. 插入艺术字

Office 多个组件中都有艺术字功能，在演示文稿中插入艺术字可以大大提高演示文稿的放映效果。

（1）选择“插入”功能区，执行“艺术字”命令，会出现艺术字样式面板，从中选择需要的艺术字样式，如图 4—1—11 所示。

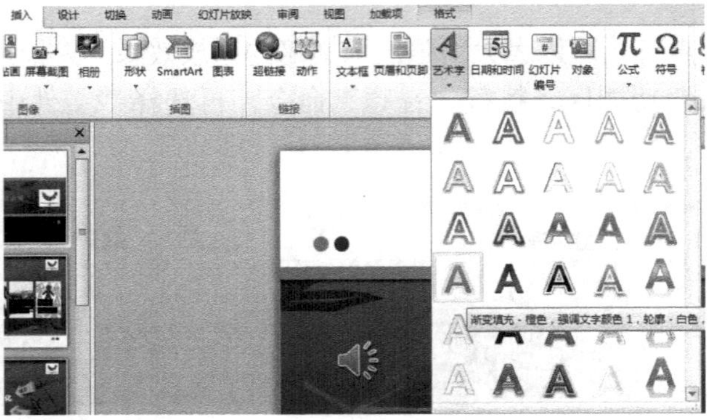

图 4—1—11

（2）选中一种样式后，出现一个文本框，可以直接在里面编辑艺术字，如图 4—1—12 所示。

图 4—1—12

（3）输入艺术字字符后，设置好字体、字号等要素，确定返回，如图 4—1—13 所示。

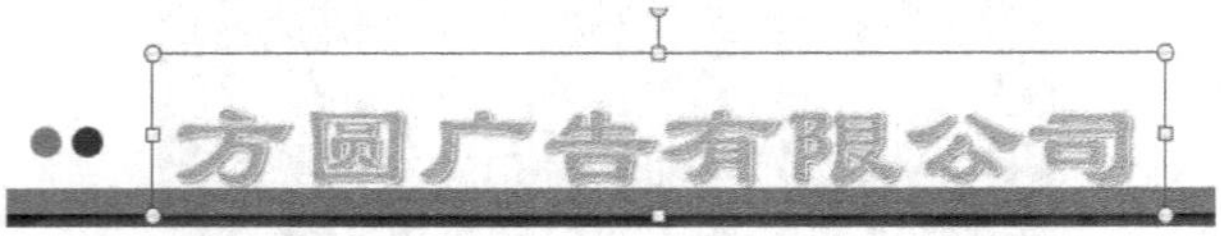

图 4—1—13

（4）再设置好艺术字的形状，如图 4—1—14 所示。

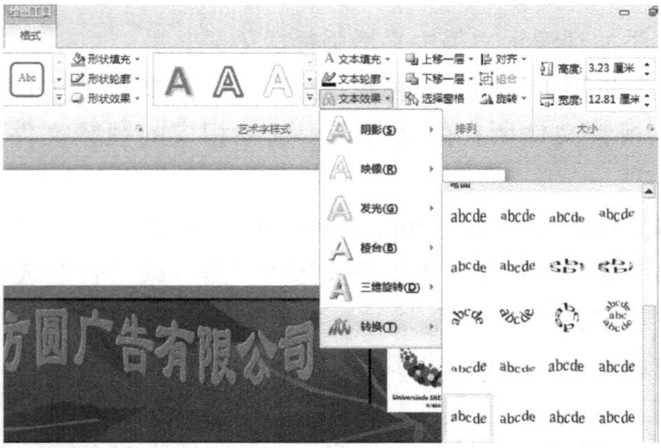

图 4—1—14

注意：选中插入的艺术字，拖动其周围黄色的控制柄，可以调整艺术字的外形，如图 4—1—15 所示。

图 4—1—15

8. 绘制图形

根据演示文稿的需要，经常要在其中绘制一些图形，利用其中的“绘图”工具，即可完成。

(1) 选择“插入”功能区，执行“形状”命令，出现形状列表。如图 4—1—16 所示。

图 4—1—16

(2) 点击工具栏上的“自选图形”按钮，在随后展开的快捷菜单中选择相应的选项（如“基本形状→太阳形”），然后在幻灯片中拖拉鼠标，即可绘制出相应的图形。在图形上右击，在弹出的快捷菜单中选择“设置形状格式”，弹出“设置形状格式”对话框，在里面可以设置相关命令，如图 4—1—17 所示。最终可以设置成如图 4—1—18 所示的效果。

注意：如果选择“自选图形”→“线条”下面的选项，可以绘制出所要的图形来。如果选中相应的选项（如“矩形”），然后在按住 Shift 键的同时拖拉鼠标，即可绘制出正的图形（如“正方形”）。

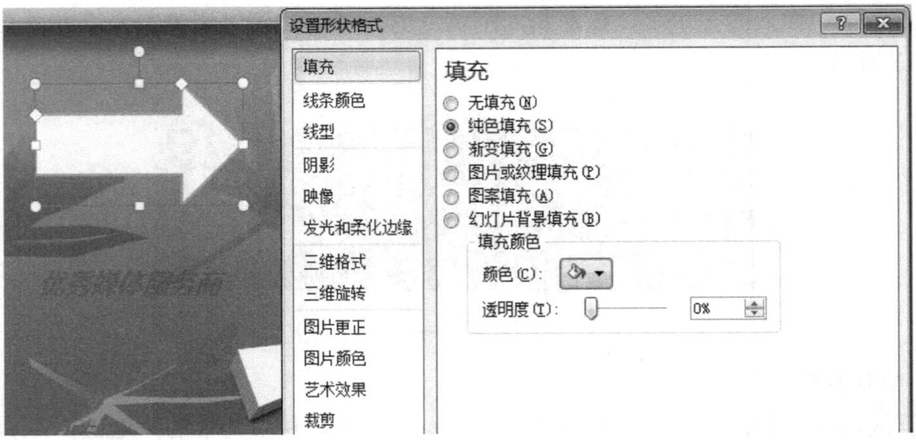

图 4—1—17

图 4—1—18

9. 公式编辑

在制作专业技术性演示文稿时，常常需要在幻灯片中添加一些复杂的公式，这可以利用“公式编辑器”来制作。

(1) 选择“插入”选项卡，执行“公式”命令，出现公式面板，如图 4—1—19 所示。

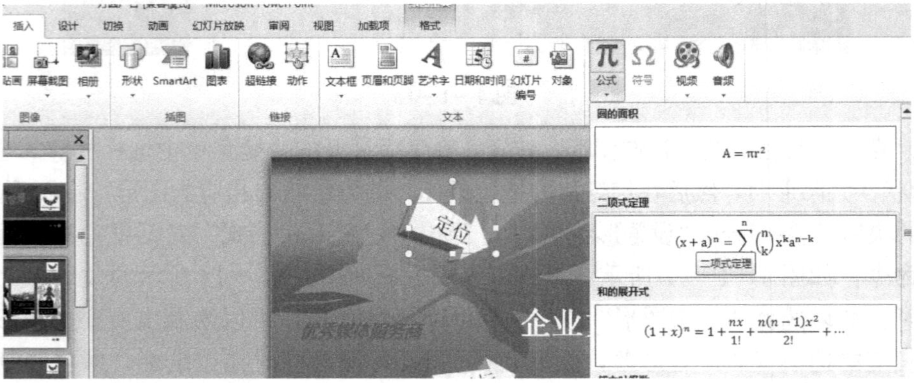

图 4—1—19

（2）在幻灯片中出现公式对象后，面板上同时显示“设计”功能区，里面是针对公式的相关格式命令，如图 4—1—20 所示。

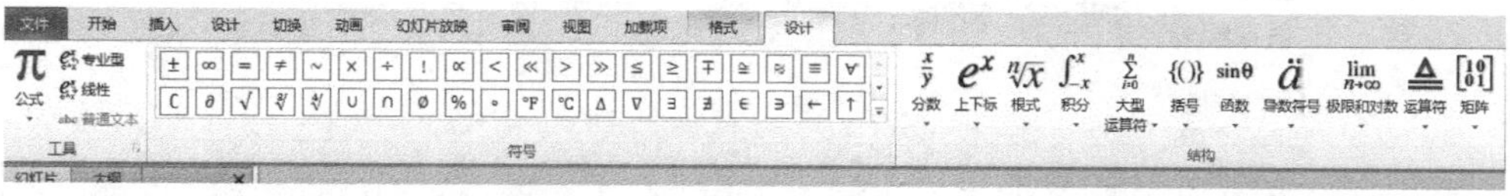

图 4—1—20

（3）利用工具栏上的相应模板，即可制作出相应的公式。

（4）调整好公式的大小，并将其固定在合适位置上。

10. 插入批注

审查他人的演示文稿时，可以利用批注功能提出自己的修改意见。批注内容并不会在放映过程中显示出来。

（1）选中需要添加意见的幻灯片，选择“审阅”选项卡，执行“新建批注”命令，如图 4—1—21 所示。

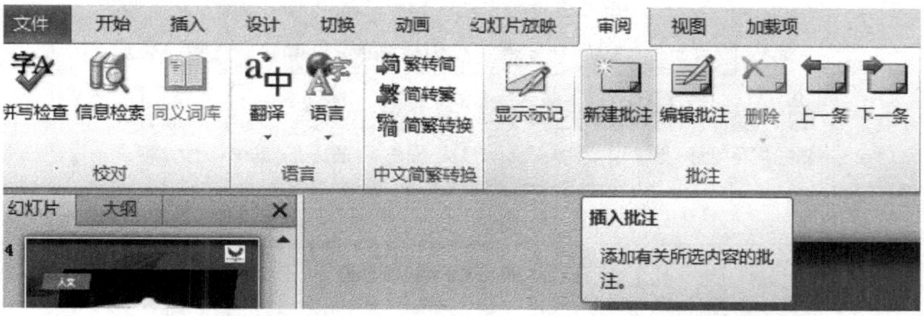

图 4—1—21

（2）进入批注编辑状态，输入批注内容。如图 4—1—22 所示。

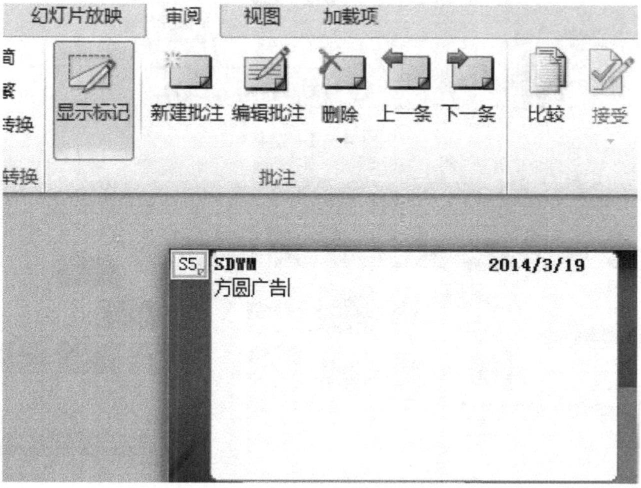

图 4—1—22

（3）将鼠标指向批注标识时，批注内容即刻显示出来，如图 4—1—23 所示。

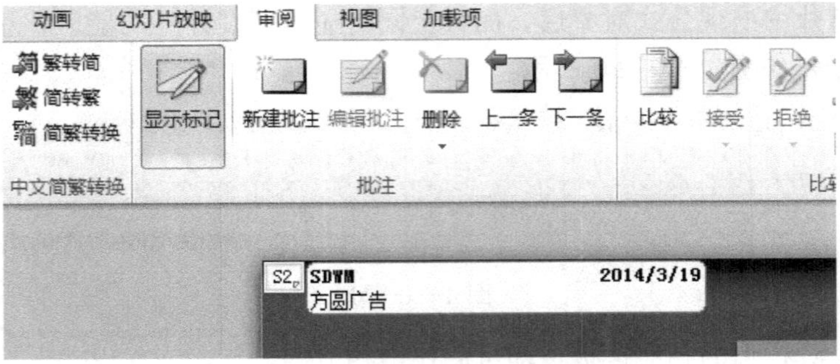

图 4—1—23

注意：右击批注标识，利用弹出的快捷菜单，可以对批注进行相应的编辑处理。

11. 插入组织结构图

利用组织结构图，可以更加直观地演示组织结构关系。

(1) 选择“插入”选项卡，执行“SmartArt”命令，如图 4—1—24 所示。弹出“选择 SmartArt 图形”对话框，选择“层次结构”中的组织结构图，如图 4—1—25 所示。

图 4—1—24

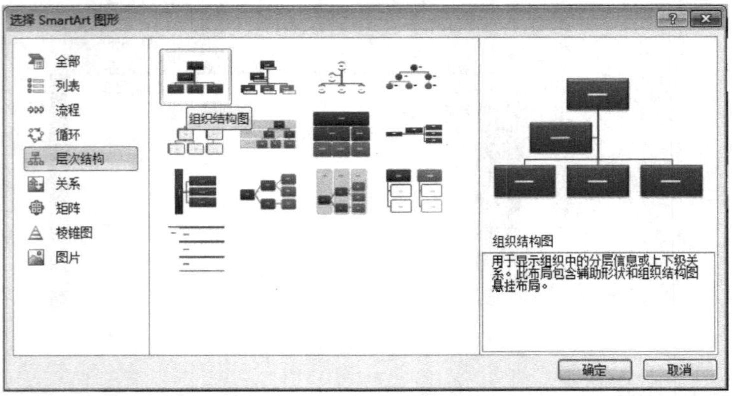

图 4—1—25

（2）先在数据表中编辑好相应的数据内容，然后在幻灯片空白处单击一下鼠标，即可退出图表编辑状态。如图 4—1—26 所示。

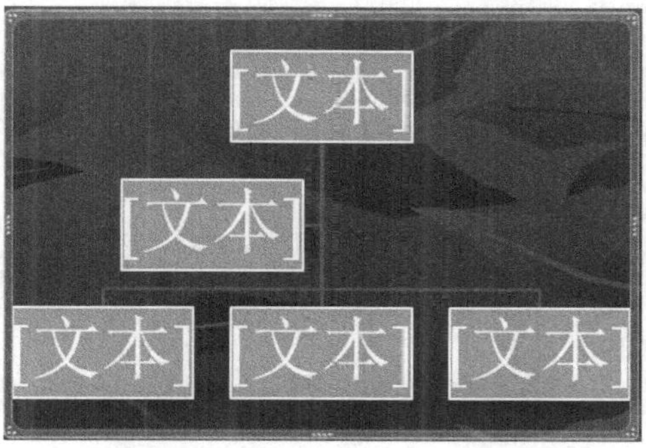

图 4—1—26

（3）设置好图表的大小，并将其固定在合适位置上，如图 4—1—27 所示。

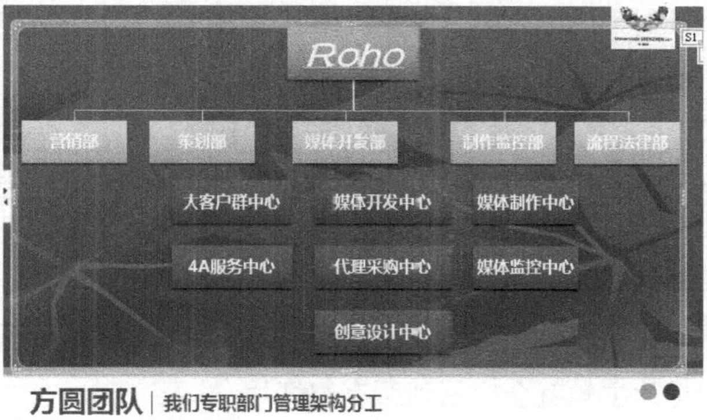

图 4—1—27

注意：如果发现数据有误，直接双击图表，即可再次进入图表编辑状态进行修改。

12. 插入 Excel 表格

由于 PowerPoint 2010 的表格功能不太强，如果需要添加表格，可先在 Excel 中制作好，然后将其插入到幻灯片中。

（1）执行“插入”→“对象”命令，打开“插入对象”对话框。

（2）选中“由文件创建”选项，然后单击“浏览”按钮，定位到 Excel 表格文件所在的文件夹，选中相应的文件，单击“确定”按钮返回，即可将表格插入到幻灯片中。

（3）调整好表格的大小，并将其固定在合适位置上。

注意：为了使插入的表格能够正常显示，需要在 Excel 中调整好行、列的数量及宽（高）度。如果在“插入对象”对话框选中“链接”选项，以后在 Excel 中修改了插入表格的数据，打开演示文稿时，相应的表格会自动随之修改。

4.1.4 PowerPoint 2010 的美化

1. 选择幻灯片主题

PowerPoint 2010 中提供了很多模板，它们将幻灯片的配色方案、背景和格式组合成各种主题。这些模板称为“幻灯片主题”。

选择“幻灯片主题”并将其应用到演示文稿，就可以使制作的所有幻灯片保持一致的设计，如图 4—1—28 所示。

图 4—1—28

点击主题右边的下拉箭头，可以选择更多的主题，如图 4—1—29 所示。

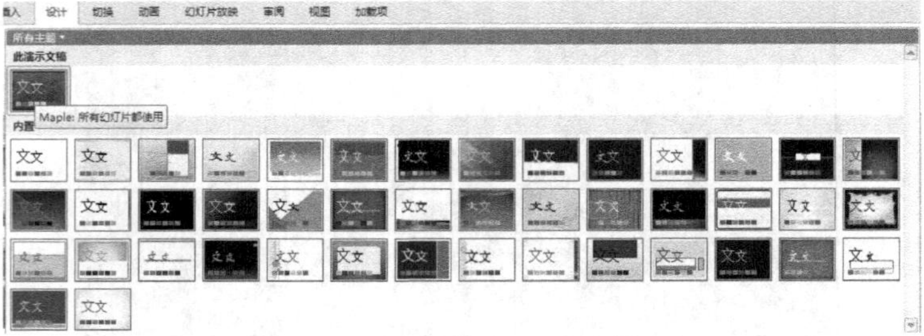

图 4—1—29

选定主题后，幻灯片主题就会应用到所有幻灯片。

2. 设置页眉、页脚

在编辑 PowerPoint 2010 演示文稿时，可以为每张幻灯片添加类似 Word 文档的页眉或页脚。这里以添加系统日期为例，说明具体的操作过程。

(1) 执行“插入”→“页眉和页脚”命令，如图 4—1—30 所示，打开“页眉和页脚”对话框。

图 4—1—30

(2) 选中“日期和时间”及下面的“自动更新”选项，然后单击其右侧的下拉按钮，选择一种时间格式，如图 4—1—31 所示。

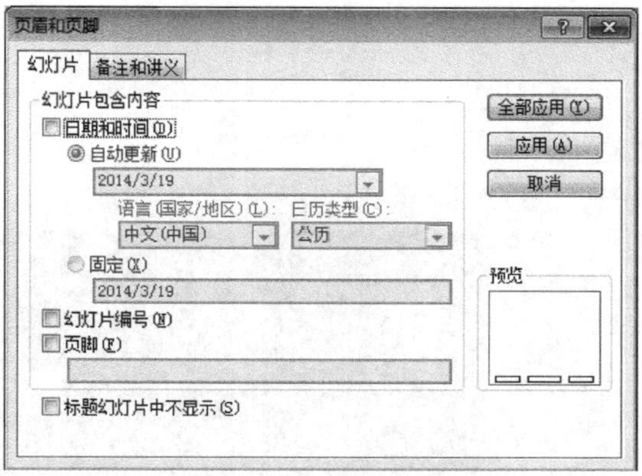

图 4—1—31

（3）再单击“全部应用”或“应用”按钮返回即可。

注意：在“页眉和页脚”对话框中，选中“幻灯片编号”选项，即可为每张幻灯片添加编号（类似页码）。

4.1.5 修改幻灯片母版

母版是指一张已设置了特殊格式占位符的幻灯片，这些占位符是为标题、主要文本及所有幻灯片中出现的对象而设置的。如果修改了幻灯片母版的样式，将会影响所有基于该母版设计的演示文稿的样式。当使用某一母版建立一篇演示文稿时，演示文稿中的所有幻灯片都采用该母版的特性，使演示文稿的风格更加统一。使用母版在很多情况下能简化用户的制作过程。

在演示文稿中，幻灯片母版控制所有幻灯片的属性（如字体、字号和颜色），也称为“母版文本”。另外，它还控制着背景色和项目符号样式。

如果我们希望为每一张幻灯片添加上一项固定的内容（如公司的 LOGO），可以通过修改母版来实现。

（1）选择“视图”选项卡，执行“幻灯片母版”命令，进入幻灯片母版编辑状态，如图 4—1—32 所示。

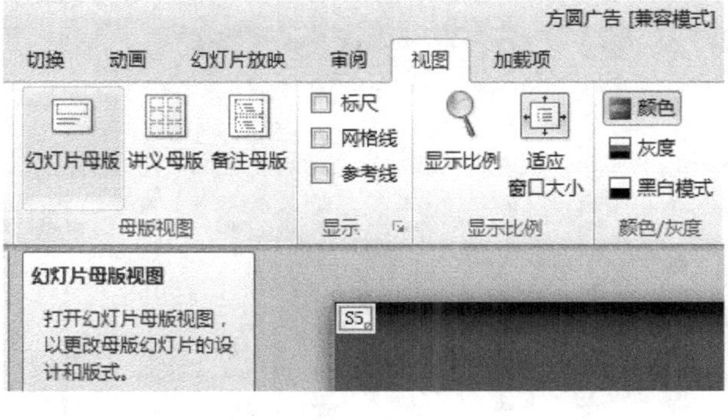

图 4—1—32

（2）仿照前面插入图片的操作，将公司 LOGO 图片插入到幻灯片中，调整好大小、位置，再单击“关闭母版视图”按钮退出“幻灯片母版”编辑状态，公司 LOGO 图片即添加完成，如图 4—1—33 所示。

图 4—1—33

4.2　企业宣传片动画效果

小明爸爸很满意小明做的公司宣传演示文稿，但他提出，如果能动起来就更好了。

4.2.1　设置动画

1. 选择动画种类

首先选中图片或文字，再选择动画菜单，可以对这个对象进行四种动画设置，分别是：进入、强调、退出和动作路径。“进入”是指对象“从无到有”；“强调”是指对象直接显示后再出现的动画效果；“退出”是指对象“从有到无”；“动作路径”是指对象沿着已有的或者自己绘制的路径运动。

“动画”菜单栏下的一排绿色的图标都是指“出现方式”，先单击某个图标，再单击左边的“预览”按钮可以查看效果，如果不满意，可以再单击别的方式更改。更多的动作方式可以通过单击右边的下拉箭头选择，如图 4—2—1 所示。

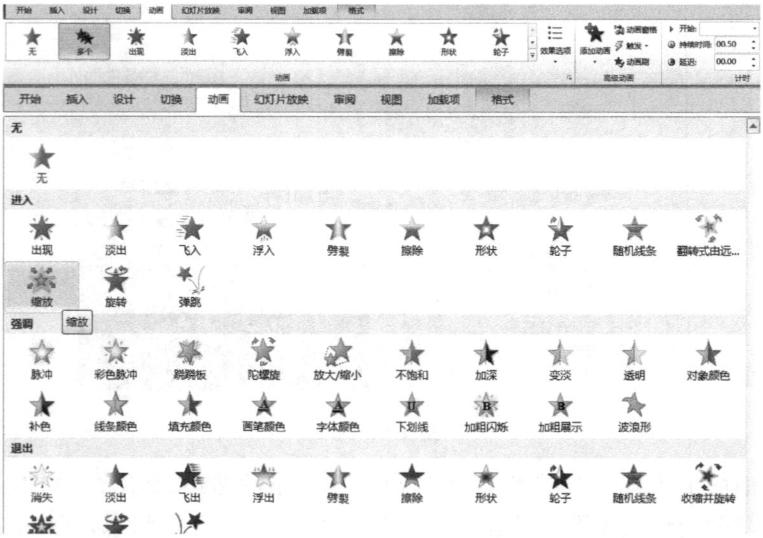

图 4—2—1

2. 方向序列设置

点击“效果选项”按钮，可以对动画出现的方向、序列等进行调整，如图 4—2—2 所示。

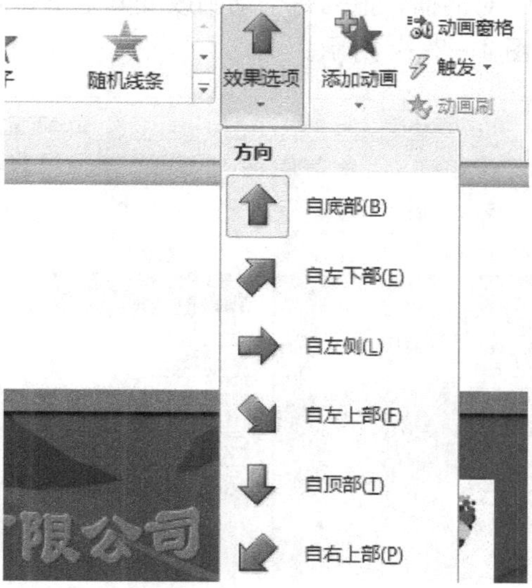

图 4—2—2

3. 开始时间设置

开始时间选择：默认为“单击时”。如果单击“开始”后的下拉选框，还会出现“与上一动画同时”和“上一动画之后”，如图 4—2—3 所示。选择前者，此动画就会和同一张 PPT 中的前一个动画同时出现（包含过渡效果在内）；选择后者，就表示上一动画结束后再立即出现。如果有多个动画，建议选择后两种开始方式，这样对于幻灯片的总体时间比较好把握。

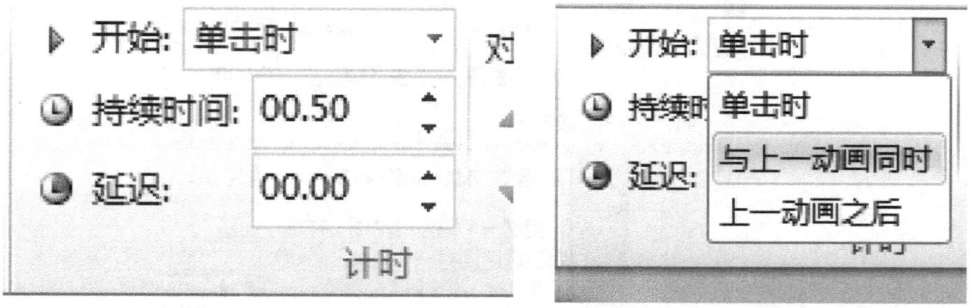

(a)　　　　(b)

图 4—2—3

4. 动画速度设置

调整“持续时间”，可以改变动画出现的快慢，如图 4—2—3 所示。

5. 延迟时间设置

调整“延迟”时间，可以让动画在“延迟”设置的时间到达后才开始出现，这对于动画之间的衔接特别重要，便于观众看清楚前一个动画的内容，如图 4—2—3 所示。

6. 调整动画顺序

如果需要调整一张 PPT 里多个动画的播放顺序，则单击一个对象，在“对动画重新排序”下面选择“向前移动”或“向后移动”。更为直接的办法是单击“动画窗格”，在右边框旁边出现“动画窗格”对话框，拖动每个动画改变其上下位置可以调整出现顺序，也可以右击将动画删除，如图 4—2—4 所示。

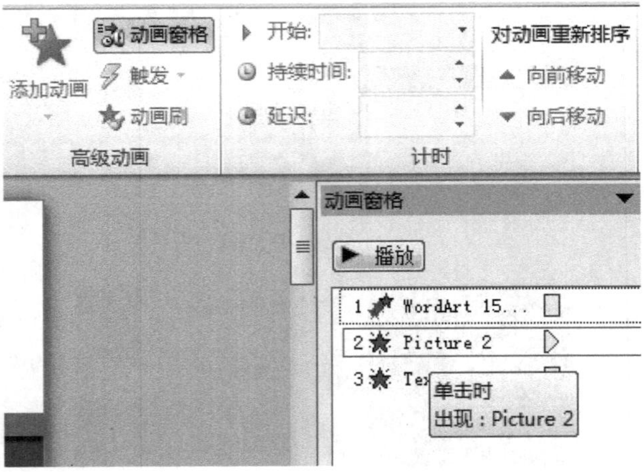

图 4—2—4

7. 设置相同动画

如果希望在多个对象上使用同一个动画，则先在已有动画的对象上单击，再选择“动画刷”，此时鼠标指针旁边会多一个小刷子图标。用这种格式单击另一个对象（文字、图片均可），则两个对象的动画完全相同，这样可以节约很多时间，如图 4—2—5 所示。但动画重复太多会显得单调，需要有一定的变化。

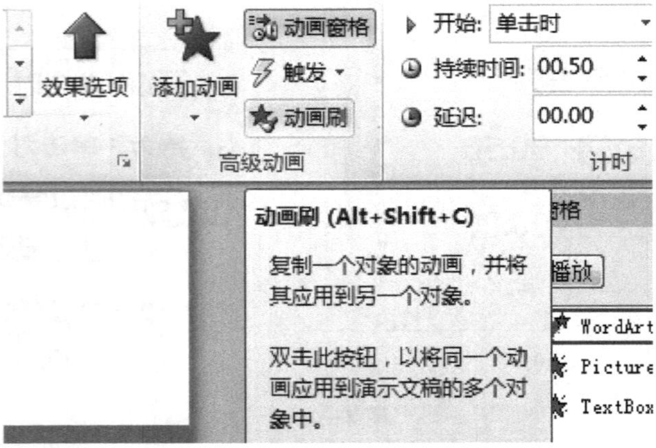

图 4—2—5

8. 添加多个动画

同一个对象，可以添加多个动画，如进入动画、强调动画、退出动画和路径动画。比如，设置好一个对象的进入动画后，单击“添加动画”按钮，可以再选择强调动画、退出动画或路径动画，如图 4—2—6 所示。

图 4—2—6

9. 添加路径动画

路径动画可以让对象沿着一定的路径运动，PPT 提供了几十种路径。如果没有自己需要的，可以选择“自定义路径”，此时，鼠标指针变成一支铅笔，可以用这支铅笔绘制自己想要的动画路径。如果想让绘制的路径更加完善，可以在路径的任一点上右击，出现“编辑顶点”，通过拖动线条上的每个顶点或线段上的任一点调节曲线的弯曲程度，如图 4—2—7 所示。

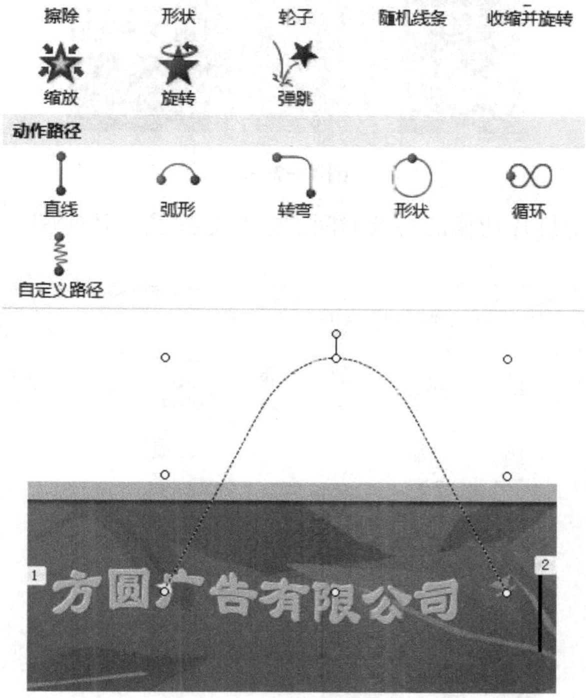

图 4—2—7

4.2.2　给幻灯片添加切换效果

切换是给幻灯片添加视觉效果的另一种方式。幻灯片切换效果是在演示期间从一张幻灯片移到下一张幻灯片时在“幻灯片放映”视图中出现的动画效果。PowerPoint 2010 可以控制切换效果的速度，添加声音，甚至还可以对切换效果的属性进行自定义。

（1）在包含“大纲和幻灯片”选项卡的窗格中，单击“幻灯片”选项卡。

（2）选择要应用切换效果的幻灯片的缩略图。

(3) 在“切换”选项卡的“切换到此幻灯片”组中，单击要应用于该幻灯片的幻灯片切换效果，如图 4—2—8 所示。

图 4—2—8

(4) 还可以选择幻灯片切换的持续时间、换片方式及换片时间，如图 4—2—9 所示。

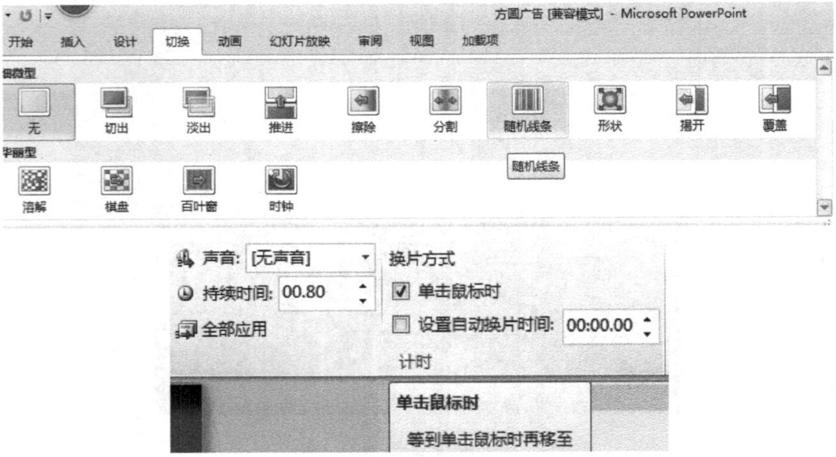

图 4—2—9

切换效果分为两大类：细微型、华丽型。“华丽型”中的很多切换效果只有 PowerPoint 2010 才有。

4.2.3 设置超链接

超链接是从一个网页指向另一个目的端的链接。

在 PowerPoint 演示文稿的放映过程中，要从某张幻灯片快速切换到另外一张不连续的幻灯片或切换到其他文档、程序网页，可以通过“超链接”来实现。

超链接的分类如图 4—2—10 所示。

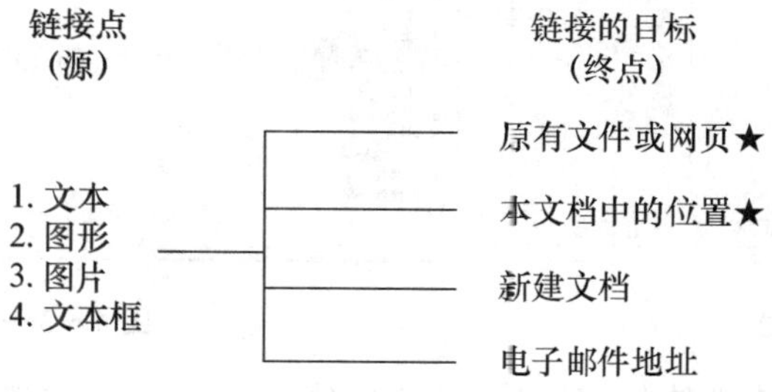

图 4—2—10

超链接设置步骤如下：

(1) 选中要链接的对象（链接点）。

(2) 执行“插入”→“超链接”命令，打开“插入超链接”对话框，如图 4—2—11 所示。设置好后，单击“确定”即可。

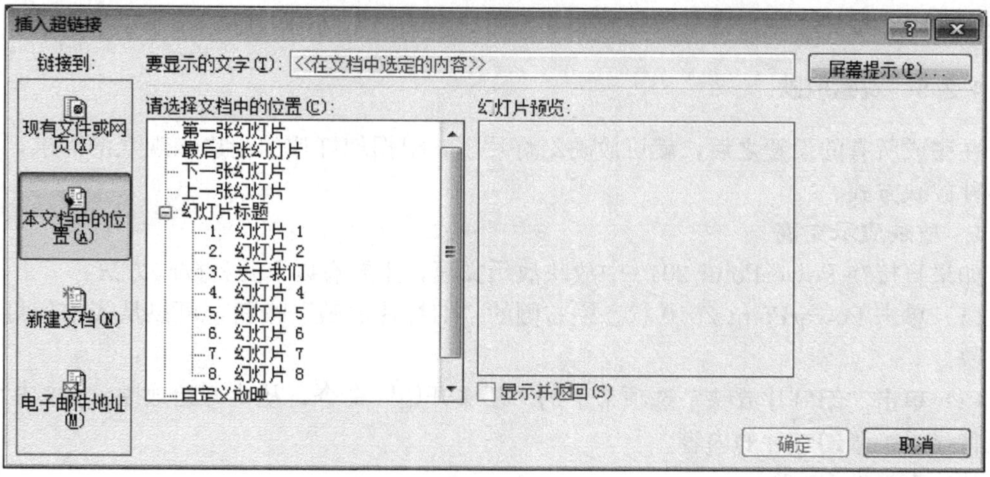

图 4—2—11

4.2.4　自定义放映

即针对不同的听众，将不同的幻灯片组合起来，形成一套新的演示文稿，并加以命名，然后根据各种需要，选择其中的自定义放映名进行放映。创建自定义放映的操作步骤如下：

(1) 在演示文稿窗口，选择“幻灯片放映”选项卡，单击“自定义幻灯片放映”命令，弹出“自定义放映”对话框，如图 4—2—12 所示。

(2) 单击“新建”按钮，弹出“定义自定义放映”对话框，如图 4—2—13 所示。

(3) 在该对话框的左边列出了演示文稿中的所有幻灯片的标题或序号。从中选择要添加到自定义放映的幻灯片后，单击“添加”按钮，这时选定的幻灯片就出现在右边框中。当右边框中出现多个幻灯片标题时，可通过右侧的上、下箭头调整顺序。

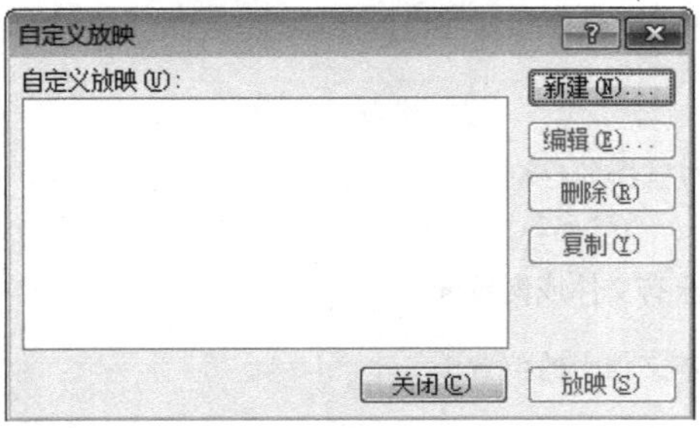

图 4—2—12

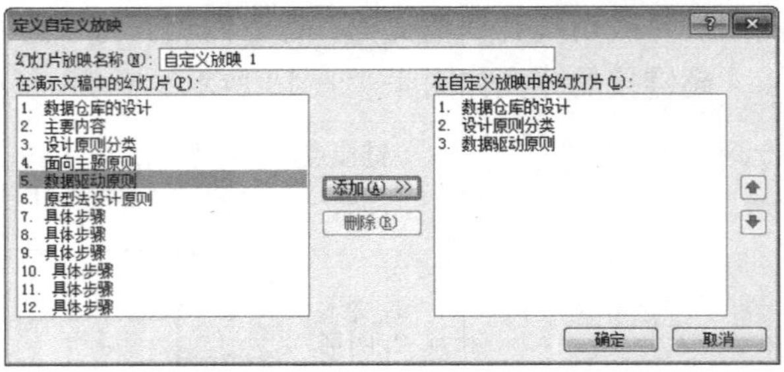

图 4—2—13

(4) 如果右边框中有选错的幻灯片，选中幻灯片后，单击“删除”按钮就可以从自定义放映幻灯片中删除，但它仍然在演示文稿中。幻灯片选取并调整完毕后，在“幻灯片放映名称”框中输入名称，单击“确定”按钮，回到“自定义放映”对话框。如果要预览自定义放映，单击“放映”按钮。

(5) 如果要添加或删除“自定义放映”中的幻灯片，单击“编辑”按钮，重新进入“定义自定义放映”对话框，利用“添加”或“删除”按钮进行调整。如果要删除整个自定义的幻灯片放映，可以在“自定义放映”对话框中选择其中要删除的自定义名称，然后单击“删除”按钮，则自定义放映被删除，而原来的演示文稿仍存在。

4.2.5 观看放映

在完成所有的设置之后，就可放映幻灯片了，根据幻灯片的用途和观众的需求，可以有多种放映方式。

1. 放映演示文稿

如果直接在 PowerPoint 2010 中放映演示文稿，主要有以下几种放映方法：

(1) 单击 PowerPoint 2010 状态栏右侧的“幻灯片放映”按钮，可以从当前幻灯片开始放映。

(2) 单击“幻灯片放映”选项卡下的“从头开始”命令，从头开始放映。放映时，屏幕上将显示一张幻灯片的内容。

(3) 直接按 F5 键。

第 (1) 种方法将从演示文稿的当前幻灯片开始播放，而其他两种方法将从第一张幻灯片开始播放。

2. 控制幻灯片的前进

在放映幻灯片时有以下几种方法控制幻灯片的前进：按 Enter 键；按空格键；鼠标单击；右击鼠标，在弹出的快捷菜单中选择“下一张”；按 PgDn 键；按向下或向右方向键；在屏幕的左下角单击“下一页”按钮。

3. 控制幻灯片的后退

在放映幻灯片时有以下几种方法控制幻灯片的后退：右击鼠标，在弹出的快捷菜单中选择“上一张”；按 Backspace 键；按 PgUp 键；按向上或向左方向键；在屏幕的左下角单击“上一页”按钮。

4. 幻灯片的退出

在放映幻灯片时有以下几种方法退出幻灯片的放映：按 Esc 键；鼠标右击，在弹出的快捷菜单中选择“结束放映”；在屏幕的左下角单击按钮，再在弹出的菜单中选择“结束放映”。

4.2.6　排练计时和录制幻灯片演示

1. 排练计时

打开要设置放映时间的演示文稿，单击“幻灯片放映”选项卡下的“排练计时”命令，此时开始排练放映幻灯片，同时开始计时。在屏幕上除显示幻灯片外，还有一个“录制”对话框，如图 4—2—14 所示，在该对话框中显示有时钟，记录当前幻灯片的放映时间。当幻灯片放映时间到，准备放映下一张幻灯片时，单击带有“➡”的换页按钮，即开始记录下一张幻灯片的放映时间。如果认为该时间不合适，可以单击“⮌”按钮，对当前幻灯片重新计时。放映到最后一张幻灯片时，屏幕上会显示一个确认的消息框，如图 4—2—15 所示，询问是否接受已确定的排练时间。幻灯片的放映时间设置好以后，就可以按照设置的时间自动放映。

图 4—2—14

图 4—2—15

2. 录制幻灯片演示

PowerPoint 2010 的录制幻灯片演示是一项新功能，该功能可以记录 PowerPoint 2010 幻灯片的放映时间，同时允许用户使用鼠标激光或麦克风为幻灯片加上注释。也就是制作者对 PowerPoint 2010 的一切相关注释都可以使用录制幻灯片演示功能记录下来，使得 PowerPoint 2010 幻灯片的互动性能大大提高。而其最实用的地方在于：录好的幻灯片可以脱离讲演者来放映。

在 PowerPoint 2010 幻灯片放映功能区找到“录制幻灯片演示”功能，单击之后出现“录制幻灯片演示”对话框，如图 4—2—16 所示，默认勾选“幻灯片和动画计时”与“旁白和激光笔”，此处需要用户根据实际需要选择。单击“开始录制”按钮，开始放映 PowerPoint 幻灯片，幻灯片录制同时开始。结束幻灯片放映时，录制结束并将录制内容自动保存在演示文稿中。当放映演示文稿时，所录制的幻灯片和动画计时及旁白和激光笔都会播放出来。如果要清除录制的计时和旁白，可选择“录制幻灯片演示”下的“清除”命令来完成。

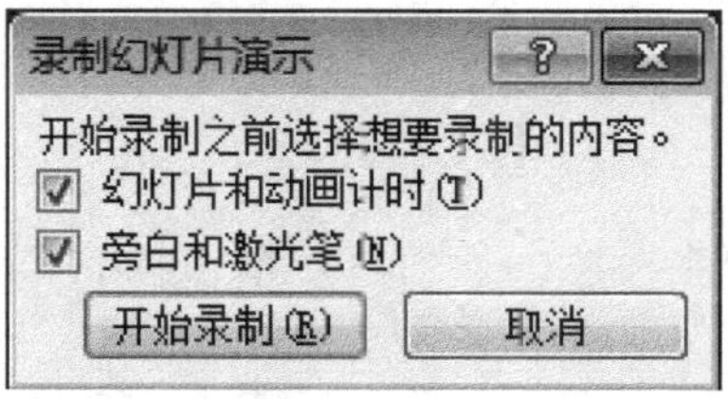

图 4—2—16

图书在版编目（CIP）数据

Office 2010 应用基础/张俊主编. —北京：中国人民大学出版社，2014.6
中等职业教育计算机应用专业规划教材
ISBN 978-7-300-19530-8

Ⅰ.①O… Ⅱ.①张… Ⅲ.①办公自动化-应用软件-中等专业学校-教材 Ⅳ.①TP317.1

中国版本图书馆 CIP 数据核字（2014）第 134646 号

中等职业教育计算机应用专业规划教材
Office 2010 应用基础
主　编　张　俊
副主编　赵　竞　王万珍　何潮育

出版发行	中国人民大学出版社		
社　　址	北京中关村大街 31 号	**邮政编码**	100080
电　　话	010－62511242（总编室）		010－62511770（质管部）
	010－82501766（邮购部）		010－62514148（门市部）
	010－62515195（发行公司）		010－62515275（盗版举报）
网　　址	http://www.crup.com.cn		
	http://www.ttrnet.com（人大教研网）		
经　　销	新华书店		
印　　刷	固安县铭成印刷有限公司		
规　　格	185 mm×260 mm　16 开本	**版　　次**	2014 年 7 月第 1 版
印　　张	13.5	**印　　次**	2024 年 8 月第 6 次印刷
字　　数	318 000	**定　　价**	28.00 元